21 世纪应用型本科土木建筑系列实用规划教材

工程量清单的编制与投标报价
（第 2 版）

主　　编　刘富勤　　陈友华　　宋会莲
副主编　　马朝霞　　胡军安
参　　编　解文雯　　张　玲

北京大学出版社
PEKING UNIVERSITY PRESS

内 容 简 介

本书依据中华人民共和国住房和城乡建设部发布的《建设工程工程量清单计价规范》(GB 50500—2013)和《房屋建筑与装饰工程工程量计算规范》(GB 50854—2013)编写，着重介绍了编制工程量清单计价的规范要求和具体的操作思路，并结合实际工程案例进行讲解，力求突出本书的实用性。

全书共分7章，具体内容包括：绪论；工程量清单概述；工程量清单编制；工程量清单下定额的应用；工程量清单计价方法；工程量清单投标报价；计算机在工程造价管理中的应用。

本书可作为土木工程专业、工程管理专业及工程造价专业的教材，也可作为从事招标、投标工作及相关工程管理人员的参考用书。

图书在版编目(CIP)数据

工程量清单的编制与投标报价/刘富勤，陈友华，宋会莲主编. —2版. —北京：北京大学出版社，2016.4

(21世纪应用型本科土木建筑系列实用规划教材)

ISBN 978-7-301-16220-0

Ⅰ.①工… Ⅱ.①刘…②陈…③宋… Ⅲ.①建筑工程—工程造价—高等学校—教材②建筑工程—投标—高等学校—教材 Ⅳ.①TU723

中国版本图书馆 CIP 数据核字(2016)第 058793 号

书　　　名	工程量清单的编制与投标报价(第2版)
	Gongchengliang Qingdan de Bianzhi yu Toubiao Baojia
著作责任者	刘富勤　陈友华　宋会莲　主编
策 划 编 辑	卢　东
责 任 编 辑	刘　鹏
标 准 书 号	ISBN 978-7-301-16220-0
出 版 发 行	北京大学出版社
地　　　址	北京市海淀区成府路 205 号　100871
网　　　址	http://www.pup.cn　新浪微博：@北京大学出版社
电 子 邮 箱	编辑部 pup6@pup.cn　总编室 zpup@pup.cn
电　　　话	邮购部 010-62752015　发行部 010-62750672　编辑部 010-62750667
印 刷 者	北京虎彩文化传播有限公司
经 销 者	新华书店
	787 毫米×1092 毫米　16 开本　16.75 印张　402 千字
	2006 年 1 月第 1 版
	2016 年 4 月第 2 版　2025 年 1 月第 9 次印刷
定　　　价	34.00 元

第 2 版前言

《工程量清单的编制与投标报价》自 2006 年出版以来，得到了广大读者的认可和好评，非常感谢读者朋友对我们工作的支持和帮助。

随着近年来国家关于建设工程的新政策、新法规的不断出台，一些新的标准、法规、规范相继颁布实施，为了更好地反映工程量清单计价的最新内容，我们对该书进行了修订。

本版基本保持了第 1 版的篇章结构，并在第 1 版的基础上，根据住房和城乡建设部建标(2013)44 号文，对清单计价费用构成进行了调整；按《建设工程工程量清单计价规范》(GB 50500—2013)和《房屋建筑与装饰工程工程量计算规范》(GB 50854—2013)修订了工程量清单概述、工程量清单编制及工程量清单计价的内容；按《建筑工程建筑面积计算规范》(GB/T 50353—2013)修订了建筑面积计算规则的内容。

本书由刘富勤、陈友华、宋会莲担任主编，马朝霞、胡军安担任副主编。本书具体编写分工为：湖北工程学院陈友华编写第 1 章，南华大学宋会莲编写第 2 章，贵州工程应用技术学院解文雯编写第 3 章，武汉科技大学张玲编写第 4 章，湖北第二师范学院马朝霞编写第 5 章，湖北工业大学刘富勤编写 6 章，湖北工业大学胡军安编写第 7 章。全书由刘富勤完成统稿。

本书在编写过程中，参考了许多专家、学者的相关著作与教材，在此向他们表示深深的谢意。

由于编者知识及水平有限，书中不足与疏漏之处在所难免，衷心希望广大读者、专家、同行批评指正。

编　者

2015 年 12 月

第 1 版前言

我国的工程造价计算方法，一直采用定额加取费的模式，即使经过三十多年的改革开放，这一模式也没有根本改变。在国际上，工程量清单计价法是通用的原则，是大多数国家所采用的工程计价方式。中国加入 WTO 后，为了与国际接轨，这一造价模式面临着重大的改革。为此，中华人民共和国建设部发布的《建设工程工程量清单计价规范》（GB 50500—2003），作为强制性标准，在全国统一实施。并于 2003 年 7 月 1 日起开始执行。

为了贯彻执行建设工程计价新的国家标准，也为了适应土木工程专业、工程管理专业教学的需要，北京大学出版社联合高校从事本课程教学的第一线教师，出版了《工程量清单的编制与投标报价》一书。

本书由刘富勤、陈德方担任主编，宋会莲、陈友华担任副主编。具体的编写分工是：孝感学院土木系陈友华编写了第 1 章，山西大学工程学院建管系申桂英编写了第 2 章，湖北工业大学土木工程与建筑学院刘富勤编写了第 3 章，刘富勤和南华大学建筑工程与资源环境学院宋会莲共同编写了第 4 章，江西科技师院土木工程系陈德方编写了第 5 章，长江大学城市建设学院李文芳编写了第 6 章。全书由刘富勤完成统稿，并由太原理工大学李立军担任主审。

由于编者水平有限，时间仓促，不妥之处在所难免，衷心希望广大读者批评指正。

编　者
2005 年 12 月

目　　录

第1章
绪　论

教学目标

本章主要讲述我国工程造价改革的状况以及国内外工程造价管理的特点。通过学习本章，应达到以下目标。

（1）熟悉我国工程造价改革的基本历程、工程造价改革的现状。

（2）熟悉国内和国外工程造价管理的特点。

教学要求

知识要点	能力要求	相关知识
我国工程造价改革的思路及过程	（1）熟悉定额产生的背景 （2）熟悉实行清单计价的目的和意义 （3）掌握清单计价的影响因素	（1）定额在计划经济发展中的作用 （2）清单计价的特点
我国工程造价管理	（1）熟悉传统工程造价管理体制存在的问题 （2）掌握我国工程造价管理的现状	（1）工程造价的宏观管理 （2）工程造价的微观管理 （3）造价协会
国外工程造价管理	（1）熟悉国外工程造价管理的特点 （2）熟悉日本、美国造价管理模式	（1）间接调控、造价信息、动态管理 （2）通用的合同文本

基本概念

清单计价、造价管理、造价工程师

引例

一个建设项目，从最初的策划到最后的建设完成，直至竣工交付使用，都离不开造价的计算。在不同的经济历史时期会有不同的造价管理体制，我国工程造价的改革历程充分说明了这一点。加入了WTO以后，我国的经济市场进一步开放，国际之间的工程建设合作也越来越频繁，建筑市场的国际化已经有抬头的趋势，适时地了解国内外造价管理的异同可以更好地把握国家造价体制改革的方向。

为了适应市场经济发展的要求、适应对外开放建设市场的形式，2003年2月17日，原建设部以第119号公告批准发布了国家标准《建设工程工程量清单计价规范》（GB 50500—2003），自2003年7月1日起实施。这标志着我国的造价管理进入了一个崭新的模式。之后在2008年和2013年分别又对清单计

1

价规范进行了修订、补充和完善。2013 版清单计价规范还规定了合同价款约定、合同价款调整、合同价款中期支付、竣工结算支付，以及合同解除的价款结算与支付、合同价款争议的解决方法，展现了加强市场监管的措施，强化了清单计价的执行力度。

1.1 我国工程造价改革的状况

1.1.1 我国工程造价改革的思路及过程

建设工程造价，是指某项工程建设自开始至竣工，到形成固定资产为止的全部费用。建设工程计价是整个建设工程程序中非常重要的一环，计价方式的科学正确与否，从小处讲，关系到一个企业的兴衰；从大处讲，则关系到整个建筑工程行业的发展。因此，建设工程计价一直是建筑工程各方最为重视的工作之一。

在改革开放前，我国在经济上实行的根本制度是计划经济体制，与之相适应的建设工程计价方法就是定额计价法。定额计价法是由政府有关部门颁发各种工程预算定额，实际工作中以定额为基础计算建筑安装工程造价。

我国建筑工程定额工作从无到有，从不健全到逐步健全，经历了一个"分散—集中—分散—集中"统一领导与分级管理相结合的发展过程，该发展过程大体上可分为如下几个阶段。

我国东北地区开展定额工作较早。从 1950 年开始，该地区铁路、煤炭、纺织等部门，大部分实行了劳动定额。在 1951 年制定了东北地区统一劳动定额。1952 年前后，华东、华北等地也相继编制劳动定额或工料消耗定额。这一时期是我国劳动定额工作的创立阶段，主要是培训干部，建立定额机构，开展劳动定额工作试点。

随着大规模社会主义经济建设的开始，为了加强企业管理、合理安排劳动力，推行了计件工资制，劳动定额工作因此得到迅速发展。全国大部分省（市）国营建筑企业都建立了定额管理机构，建筑工程部在上海、天津两地设立了干部学校，培训了大批劳动定额干部充实基层。当时，由于各地所制定的劳动定额水平高低不一，项目粗细不同，工人苦乐不均，不利于工人在地区之间调动，给企业管理带来很多问题。因此，各地要求由中央统一管理。1954 年，大区机构撤销后，为适应生产管理需要，劳动部和建筑工程部于 1955 年联合主持编制了全国统一劳动定额，编有项目 4964 个，这是建筑业第一次编制的全国统一定额，标志着建筑工程定额集中管理的开始。1956 年国家建委对 1955 年统一劳动定额进行了修订，增加了材料消耗和机械台班定额部分，编制了 1956 年全国统一施工定额。

1957 年，建筑工程劳动定额的编制和管理工作下放给省（市）负责。定额的编制和管理工作下放后，经过两年的实践，在适应地方特点上起了一定的作用。但也存在一些问题，主要是定额项目过粗，工作内容口径不一、定额水平不平衡，地区之间、企业之间失去了统一衡量的尺度，不利于贯彻执行。同时，各地编制定额的力量不足，定额中技术错误也不少。为此，1959 年，国务院有关部委联合作出决定，定额管理权限回收中央，由建筑工程部统一编制管理。因此，1962 年正式修订颁发了全国建筑安装工程统一劳动定额。

1978 年党的十一届三中全会，作出了把全党工作重点转移到社会主义现代化建设上来的战略决策，我国进入了社会主义现代化建设的新的历史时期。中央有关部门发出指示，明确指出要加强建筑企业劳动定额工作，全国大多数省、直辖市、自治区先后恢复、建立了劳动定额机构，充实了定额专职人员，同时对原有定额进行了修订，颁发了新的定额，这大大地调动了工人的生产积极性，对提高建筑业劳动生产率起了明显的作用。

我国加入 WTO 后，全球经济一体化的趋势使我国的经济更多地融入世界经济中，我国必须进一步改革开放。从建筑工程市场来看，更多的国际资本将进入我国的建筑工程市场，从而使我国的建筑工程市场的竞争更加激烈。我国的建筑企业也必然更多地走向世界，在世界建筑市场的激烈竞争中占据应有的份额。在这种形势下，我国的工程造价管理制度，不仅要适应社会主义市场经济的需求，还必须与国际惯例接轨。因此，我国的工程造价计算方法应该适应社会主义市场经济和全球经济一体化的需求，要进行重大的改革。长期以来，我国的工程造价计算方法，一直采用定额加取费的模式，即使经过三十多年的改革开放，这一模式也没有得到根本改变。中国加入 WTO 后，这一计价模式应该进行重大的改革。为了进行计价模式的改革，必须首先进行工程造价依据的改革。

我国加入 WTO 后，WTO 的自由贸易准则将促使我国尽快纳入全球经济一体化轨道。开放我国的建筑市场，大量国外建筑承包企业进入我国市场后，将以其采用的先进计价模式与我国企业竞争。这样，我们不得不被迫引进并遵循工程造价管理的国际惯例，所以我国工程造价管理改革的最终目标是建立适应市场经济的计价模式。

那么，市场经济的计价模式是什么？简言之，就是制定全国统一的工程量计算规则，在招标时，由招标方提供工程量清单，各投标单位（承包商）根据自己的实力自主报价，业主择优定标，以工程合同使报价法定化，施工中出现与招标文件或合同规定不符合的情况或工程量发生变化时据实索赔，调整支付。

市场化和国际化使工程量清单计价法势在必行。在国内，建筑工程的计价过去是政出多门，各省、市都有自己的定额管理部门，都有自己独立执行的预算定额。各省、市定额在工程项目划分、工程量计算规则、工程量计算单位上都有很大差别。甚至在同一省内，不同地区都有不同的执行标准。这样在各省、市之间，定额根本无法通用，也很难进行交流。可是现在的市场经济打破了地区和行业的界限，在工程施工招标过程中，按规定不允许搞地区及行业的垄断、不允许排斥潜在投标人。国内经济的发展，也促进了建筑行业跨省、市的互相交流、互相渗透和互相竞争，在工程计价方式上也亟须有一个全国通用和便于操作的标准，这就是工程量清单计价法。

在国际上，工程量清单计价法是通用的原则，是大多数国家所采用的工程计价方式。为了适应在建筑行业方面的国际交流，我国在加入 WTO 谈判中，在建设领域方面做了多项承诺，废止了一批部门规章、规范性文件，并修订一批部门规章、规范性文件。在适当的时期，我国允许设立外商投资建筑企业，外商投资建筑企业一经成立，便有权在中国境内承包建筑工程。这种竞争是国际性的，假如我们不进行计价方式的改革，不采用工程量清单计价法，在建筑领域也将无法和国际接轨，与外国企业也无法进行交流。

在国外，许多国家在工程招投标中采用工程量清单计价，不少国家还为此制定了统一的规则。我国加入 WTO 以来，建设市场将进一步对外开放，国外的企业及投资的项目越来越多地进入国内市场，我国企业走出国门在海外投资的项目也会增加。为了适应这种对外开放建设市场的形势，在我国工程建设中推行工程量清单计价，逐步与国际惯例接轨已十分必要。

同时，我国近几年在部分省、市开展工程量清单计价的试点，取得了明显的成效，这也说明推行工程量清单计价在我国是可行的。自 2000 年起，原建设部在广东、吉林、天津等地进行试点，有些省、市和行业在世界银行贷款项目中也进行了试点，推选工程量清单计价，使招投标活动的透明度增加，在充分竞争的基础上降低了造价，提高了投资效益，取得了很好的效果。

因此，一场国家取消定价，把定价权交还给企业和市场，实行量价分离，由市场形成价格的造价改革势在必行。其主导原则就是"确定量、市场价、竞争费"，具体改革措施就是在工程施工承发包过程中采用工程量清单计价法。

工程量清单计价，从名称来看，只表现出这种计价方式与传统计价方式在形式上的区别。但实质上，工程量清单计价模式是一种与市场经济相适应、允许承包单位自主报价、通过市场竞争确定价格、与国际惯例接轨的计价模式。因此，推行工程量清单计价是我国工程造价管理体制的一项重要改革措施，必将引起我国工程造价管理体制的重大变革。

1.1.2 实行工程量清单计价的目的和意义

1. 实行工程量清单计价，是工程造价深化改革的产物

长期以来，我国承发包计价、定价以工程预算定额作为主要依据。1992 年，为了适应建设市场改革的要求，针对工程预算定额编制和使用中存在的问题，提出了"控制量、指导价、竞争费"的改革措施，工程造价管理由静态管理模式逐步转变为动态管理模式。其中对工程预算定额改革的主要思路和原则是将工程预算定额中的人工、材料、机械的消耗量和相应的单价分离，人、材、机的消耗量是国家根据有关规范、标准及社会的平均水平来确定的。控制量的目的就是保证工程质量，指导价就是要逐步走向市场形成价格，这一措施在我国实行社会主义市场经济初期起到了积极的作用。但随着建设市场化进程的发展，这种做法仍然难以改变工程预算定额国家指令性的状况，难以满足招标、投标和评标的要求。因为，控制的量反映的是社会平均消耗水平，不能准确地反映各个企业的实际消耗量，不能全面地体现企业技术装备水平、管理水平和劳动生产率，还不能充分体现市场公平竞争，因此，需要实行工程量清单计价，改革以工程预算定额为计价依据的计价模式。

2. 实行工程量清单计价，是规范建设市场秩序，适应社会主义市场经济发展的需要

工程造价是工程建设的核心内容，也是建设市场运行的核心内容，建设市场上存在许多不规范行为，大多与工程造价有关。过去的工程预算定额在工程发包与承包工程计价中调节双方利益、反映市场价格等方面显得滞后，特别是在公开、公平、公正竞争方面，缺乏合理、完善的机制，甚至出现了一些漏洞。实现建设市场的良性发展除了法律法规和行政监管以外，发挥市场规律中"竞争""价格"的作用是治本之策。工程量清单计价是市场形成工程造价的主要形式，有利于发挥企业自主报价的能力，实现政府定价到市场定价的转变；有利于规范业主在招标中的行为，有效改变招标单位在招标中盲目压价的行为，从而真正体现公开、公平、公正的原则，反映市场经济规律。

3. 实行工程量清单计价，是促进建设市场有序竞争和企业健康发展的需要

采用工程量清单计价模式招标投标，对发包单位而言，由于工程量清单是招标文件的组成部分，招标单位必须编制出准确的工程量清单，并承担相应的风险，促进招标单位提高管理水平。由于工程量清单是公开的，将避免工程招标中弄虚作假和暗箱操作等不规范行为。对承包企业，采用工程量清单报价，必须对单位工程成本和利润进行分析，统筹考虑、精心选择施工方案，并根据企业的定额合理确定人工、材料、施工机械等要素的投入与配置，优化组合，合理控制现场费用和施工技术措施费用，确定投标价。企业根据自身的条件编制出自己的企业定额，从而改变过去过分依赖国家发布定额的状况。

工程量清单计价的实行，有利于规范建设市场计价行为，规范建设市场秩序，促进建设市场有序竞争；有利于控制建设项目投资，合理利用资源；有利于促进技术进步，提高劳动生产率；有利于提高造价工程师的素质，使其成为懂技术、懂经济、懂管理的全面发展的复合型人才。

4. 实行工程量清单计价，有利于我国工程造价管理政府职能的转变

按照政府部门真正履行起"经济调节、市场监管、社会管理和公共服务"职能的要求，政府对工程造价政府管理的模式要相应改变，将推行政府宏观调控、企业自主报价、市场竞争形成价格、社会全面监督的工程造价管理思路。实行工程量清单计价，有利于我国工程造价管理政府职能的转变，由过去政府控制的指令性定额转变为制定适应市场经济规律需要的工程量清单计价方法，由过去行政直接干预转变为对工程造价依法监管，有效地强化政府对工程造价的宏观调控。

5. 实行工程量清单计价，是适应我国加入世界贸易组织（WTO），融入世界大市场的需要

随着我国改革开放的进一步加快，中国经济日益融入全球市场，特别是我国加入世界贸易组织（WTO）后，行业壁垒降低，建设市场将进一步对外开放。国外企业及投资项目越来越多地进入国内市场，我国企业走出国门在海外投资和经营的项目也在增加。为了适应这种对外开放建设市场的形势，就必须与国际通行的计价方法相适应，为建设市场主体创造一个与国际惯例接轨的市场竞争环境。工程量清单计价是国际通行的计价做法，在我国实行工程量清单计价，有利于提高国内建设各方主体参与国际竞争的能力，有利于提高工程建设的管理水平。

1.1.3 工程量清单计价的影响因素

以工程量清单中标的工程，其施工过程与传统的投标形式没有很大区别，但对工程成本要素的确认同以往传统投标工程却大相径庭。现就工程量清单中标的工程成本要素如何管理，进行一些分析研究。

工程单价的计价方法，大致可分为3种形式：完全费用单价法、综合单价法、工料机单价法。

工程成本要素最核心的内容包含在工料机单价法之中，也是下面论述的主要方面。《建设工程工程量清单计价规范》中采用的综合单价法为不完全费用单价法，完全费用单

价是在《建设工程工程量清单计价规范》综合单价的基础上增加了规费、税金等工程造价内容的扩展。具体内容组成为：

$$完全费用单价＝工料机单价＋管理费用＋利润＋规费＋税金$$
$$综合单价＝工料机单价＋管理费用＋利润$$

工程量清单报价中标的工程，无论是以上哪种形式，在正常情况下，基本说明工程造价已确定，只是当出现设计变更或工程量变动时，才通过签证再结算调整另行计算。工程量清单工程成本要素的管理重点，是在既定收入的前提下，如何控制成本支出。

1. 对用工批量的有效管理

人工费支出约占建筑产品成本的17％，且随市场价格波动而不断变化。对人工单价在整个施工期间作出切合实际的预测，是控制人工费用支出的前提条件。

首先根据施工进度，月初依据工序合理作出用工数量预测，结合市场人工单价计算出本月控制指标。

其次在施工过程中，依据工程分部分项，对每天用工数量连续记录，在完成一个分项后，就与工程量清单报价中的用工数量进行对比，找出存在问题，办理相应手续以便对控制指标加以修正。每月完成几个工程分项后，各自与工程量清单报价中的用工数量进行对比，考核控制指标完成情况。通过这种控制节约用工数量的管理，能降低人工费支出，增加了相应的效果。这种对用工数量控制的方法，其最大优势在于不受任何工程结构形式的影响，分阶段加以控制，有很强的实用性。

2. 对材料费用的管理

材料费用开支约占建筑产品成本的63％，是成本要素控制的重点。材料费用因工程量清单报价形式不同、材料供应方式不同而有所不同，如业主限价的材料价格及如何管理等问题。其主要问题可从施工企业采购过程降低材料单价来把握。首先对本月施工分项所需材料用量下发采购部门，在保证材料质量的前提下货比三家。采购过程中以工程清单报价中的材料价格为控制指标，确保采购过程节约成本。对业主供材，确保数量及质量，严把验收入库关。其次在施工过程中，严格执行质量方面的程序文件，做到材料堆放合理布局，减少二次搬运。具体操作过程中依据工程进度实行限额领料，完成一个分项后，考核控制效果。最后是杜绝没有收入的支出，把返工损失降到最低限度。月末应将控制材料用量和价格同实际用量和价格进行横向对比，考核实际效果，对超用材料数量落实清楚，如造成超用材料的工程子项及其超用原因、是否存在同业主计取材料差价的问题等。

3. 对机械费用的管理

机械费用开支约占建筑产品成本的7％，其控制指标主要是根据工程量清单计算出使用的机械控制台班数。在施工过程中，每天应做详细的台班记录，记录是否存在维修、待班的台班。如存在现场停电超过合同规定的时间，应在当天同业主做好台班现场签证记录，月末再将实际使用台班同控制台班的绝对数进行对比，分析量差发生的原因。对机械费价格一般采取租赁协议，合同一般在结算期内不变动，所以控制实际用量是关键。依据现场情况做到设备合理布局，充分利用，特别是要合理安排大型设备进出场时间，以降低费用。

4. 对施工过程中水电费的管理

水电费的管理，在以往工程施工中一直被忽视。水作为人类赖以生存的宝贵资源，越来越短缺，正在给人类敲响警钟，加强施工过程中水电费管理的重要性不言而喻。为便于对施工过程支出的控制管理，应把控制用水量计算到施工子项中，以便于控制水电费用。月末依据完成子项所需水电用量同实际用量对比，找出差距的出处，以便制定改进措施。总之，施工过程中对水电用量控制不仅是一个经济效益的问题，更是一个合理利用宝贵资源的问题。

5. 对设计变更和工程签证的管理

在施工过程中，时常会遇到一些原设计未预料的实际情况或业主单位提出要求改变某些施工做法、材料代用等情况，从而引发设计变更；同样，对施工图以外的内容及停水、停电，或因材料供应不及时造成停工、窝工等都需要办理工程签证。对于以上两部分工作，首先，应由负责现场施工的技术人员做好工程量的确认，如存在工程量清单不包括的施工内容，应及时通知技术人员，将需要办理工程签证的内容落实清楚。其次，工程造价人员审核变更或签证签字内容是否清楚完整、手续是否齐全，如手续不齐全，应在当天督促施工人员补办手续。变更或签证的资料应连续编号。最后，工程造价人员还应特别注意在施工方案中涉及的工程造价问题。在投标时，工程量清单是依据以往的经验计价，建立在既定的施工方案基础上的。施工方案的改变便是对工程量清单造价的修正。变更或签证是工程量清单工程造价中所不包括的内容，但在施工过程中费用已经发生，因此工程造价人员应及时编制变更及签证后的变动价值。加强设计变更和工程签证工作是施工企业经济活动中的一个重要组成部分，它可防止应得效益的流失，反映工程真实造价构成，对施工企业各级管理者来说很重要。

6. 对其他成本要素的管理

成本要素除工料机单价法包含的以外，还有管理费用、利润、临时设施费、税金、保险费等。这部分收入已分散在工程量清单的子项之中，中标后已成既定的数，因而在施工过程中应注意以下几点。

(1) 节约管理费用是重点，制定切实的预算指标，对每笔开支严格依据预算指标执行审批手续；提高管理人员的综合素质，做到高效精干，提倡一专多能。对办公费用的管理，从节约一张纸、减少每次通话时间等方面着手，精打细算，控制费用支出。

(2) 利润作为工程量清单子项收入的一部分，在成本不亏损的情况下，就是企业的既定利润。

(3) 临时设施费管理的重点是，依据施工的工期及现场情况合理布局临时设施。尽可能就地取材搭建临时设施，工程接近竣工时及时减少临时设施的占用。如对购买的彩板房每次安拆要高抬轻放，以延长使用次数；及时维护易损部位，以延长使用寿命。

(4) 对税金、保险费的管理重点是一个资金问题，依据施工进度及时拨付工程款，确保国家规定的税金及时上缴。

以上6个方面是施工企业的成本要素，针对工程量清单形式带来的风险性，施工企业要从加强过程控制的管理入手，才能将风险降到最低。积累各种结构形式下成本要素的资料，逐步形成科学、合理的，具有代表人力、财力、技术力量的企业定额体系。通过企业定额的形成，使报价不再盲目，避免了一味过低或过高报价所形成的亏损、废标，以适应激烈的市场竞争。

在工程量清单计价中，按照分部分项工程单价组成来分，工程量清单报价有两种形式，即综合单价和全费用单价。无论哪一种报价形式，单价中都含有机械费。目前这种普遍做法效仿于工业企业单位产品成本计算模式，但是建设项目具有单件性、一次性等特点。在项目实施过程中，发生的机械成本都是一次性投入到单位产品中的，其费用应直接计入分部分项工程综合单价。而且施工机械的选择与施工方案息息相关，它与非实体工程部分的造价一样具有竞争性质。因此按工程量清单报价时，机械费用应结合企业自身的技术装备水平和施工方案来制定，以反映出施工机械投入量，最大限度地体现企业自身的竞争能力。

单价中，有些费用对投标企业而言是不可控的，比如材料费用，按照我国工程造价改革精神，材料价格将逐渐脱离定额价，实行市场价。在项目实施过程中材料不是全部投入到项目中，而是有一定的损耗。这些损耗是不可避免的，而且损耗量大小取决于管理水平和施工工艺等。虽然投标人不会承担这部分损耗，但是作为管理水平的体现，它具有竞争性质，应单独反映在报价中。对于实体工程部分，可在各清单项目下直接反映。

劳动力市场价格对投标企业而言是不可控的，但是投标企业可以通过现场的有效管理、改进工艺流程等措施来降低单位工程量的人工投入，从而降低人工费用；而且人工费用与机械化水平有关。事实证明，各投标企业的现场技术力量、管理水平和机械化程度存在差异，单位工程量的人工费用也不相同。这些都表明人工费用具有竞争性质，但是这种竞争的目的不是降低工人收入，而是在维护工人现有权益的基础上，促使投标企业通过合理的组织与管理、改进工艺等措施来提高生产效率，因此人工费用也应该在报价中单独反映出来。

1.2 我国工程造价管理

1.2.1 我国传统工程造价管理体制存在的问题

在相当长的一段时期，工程预算定额都是我国建设工程承发包计价、定价的法定依据。全国各省、市都有自己独立实行的工程概、预算定额，作为编制施工图设计预算、编制建设工程招标标底、投标报价以及签订工程承包合同等的依据，任何单位、个人在使用中必须严格执行，不能违背定额所规定的原则。应当说，定额是计划经济时代的产物，这种量价合一的工程造价静态管理的模式，在特定的历史条件下起到了确定和衡量建安造价标准的作用，规范了建筑市场，使专业人士有所依据、有所凭借，其历史功绩是不可磨灭的。

20世纪90年代初，随着市场经济体制的建立，我国的工程施工发包与承包中开始初步实行招投标制度，但无论是业主编制标底，还是施工企业投标报价，在计价的规则上也还都没有超出定额规定的范畴。招投标制度的目的是引入竞争机制，可是因为定额的限制，实际上根本谈不上竞争，而且当时人们的思想也习惯于四平八稳，按定额计划，并没有什么竞争意识。

近年来，我国市场化经济已经基本形成，建设工程投资多元化的趋势已经出现。在经济成分中不仅仅包含了国有经济，集体经济、私有经济、三资经济、股份经济等也纷纷把资金投入建筑市场。企业作为市场的主体，必须是价格决策的主体，并应根据其自身的生产经营状况和市场供求关系决定其产品价格。这就要求企业必须具有充分的自主定价权，过去那种单一的、僵化的、一成不变的定额计价方式显然已不适应市场化经济发展的需要了。

传统定额模式对招投标工作的影响也是十分明显的。工程造价管理方式还不能完全适应招投标的要求。工程造价计价方式及管理模式上存在的问题主要有以下几方面。

（1）定额的指令性过强、指导性不足，反映在具体表现形式上主要是施工手段消耗部分统计得过死，把企业的技术装备、施工手段、管理水平等本属竞争内容的活跃因素固定化了，不利于竞争机制的发挥。

（2）组成工程总造价的定额单价虽然能够反映社会平均先进水平，但它是静态的单价，很难反映具体工程中千差万别的动态变化，无法在施工企业中实行有效竞争。

（3）量、价合一的定额表现形式不适应市场经济对工程造价实施动态管理的要求，难以就人工、材料、机械等价格的变化适时调整工程造价。

（4）各种取费计算烦琐，取费基础也不统一。

（5）缺乏全国统一的基础定额和计价办法，地区和部门自成体系，且地区间、部门间同样项目定额水平悬殊，不利于全国统一市场的形成。

（6）适应编制标底和报价要求的基础定额尚待制定。一直使用的概算指标和预算定额都有其自身的适用范围。概算指标，项目划分比较粗，只适用于初步设计阶段；预算定额，子目和各种系数过多，目前用它来编制标底和报价反映出来的问题是工作量大、进度迟缓。

（7）现行的费用定额计划经济的色彩非常浓厚，施工企业的管理费与利润等费率是固定不变的。每一个单位工程，施工单位报价都是采用相同的间接费率，这违背了市场的规律，不利于企业在提高自身管理水平上下功夫，也使施工企业难以发挥各自的优势，无法展开良性竞争。

（8）现行的造价管理及招投标管理模式跟不上市场经济发展的要求，目前工程招投标都以主管部门的指令为依据，发包方与投标方共用一本定额制定报价，施工企业不能根据自身的劳动生产率及经济灵活的施工方案合理制定报价，因此往往使预算人员的水平成为是否能中标的关键因素，也导致施工企业之间互相盲目压价，从而产生恶性竞争。

（9）建筑市场的不断更新发展，使得更多新技术、新工艺、新机具、新材料不断出现，相应的工、料、机水平也处于相对的变化中，现行的预算定额水平和更新速度赶不上建筑市场的发展，因此全部以预算定额来确定工程造价很难解决一些现实的复杂问题。

长期以来，我国承发包计价、定价是以工程预算定额作为主要依据的。为了适应建设市场改革的要求，针对工程预算定额编制和使用中存在的问题，原建设部于1992年提出了"控制量、指导价、竞争费"的改革措施，将工程预算定额中的人工、材料、机械台班的消耗量和相应的单价分离，这一措施在我国实行市场经济初期起到了积极的作用。但随着建设市场化进程的发展，这种做法难以改变工程预算定额中国家指令性的状况，不能准确地反映各个企业的实际消耗量，不能全面地体现企业技术装备水平、管理水平和劳动生产率。为了适应目前工程招投标竞争由市场形成工程造价的需要，特别是我国已经加入WTO，建设工程造价行业与国际接轨已是势在必行。而工程量清单计价方式在国际上通行已有上百年历史，其规章完备，体系成熟，必将为中国工程造价领域带来一场深刻的革命。

1.2.2 我国工程造价管理的现状

1. 政府对工程造价的管理

政府在工程造价管理中既是宏观管理主体，也是政府投资项目的微观管理主体。从宏观管理的角度来看，政府对工程造价的管理有一个严密的组织系统，设置了多层管理机构，规定了管理权限和职责范围。现在国家住房和城乡建设部标准定额司是归口领导机构，各专业部如交通部、水利部等也设置了相应的造价管理机构。住房和城乡建设部标准定额司负责制定工程造价管理的法规制度；制定全国统一经济定额和部管行业经济定额；负责咨询单位资质管理和工程造价专业人员的执业资格管理。各省、市、自治区和行业主管部门，在其管辖范围内行使管理职能；省辖市和地区的造价管理部门在所辖地区内行使管理职能。地方造价管理机构的职责和国家住房和城乡建设部的工程造价管理机构相对应。

2. 工程造价微观管理

设计单位和工程造价咨询单位，按照业主或委托方的意图，在可行性研究和规划设计阶段合理确定和有效控制建设项目的工程造价，通过限额设计等手段实现造价管理目标；在招标工作中编制标底，参加评标、议标；在项目实施阶段，通过对设计变更、工期、索赔和结算等项管理进行造价控制。设计单位和造价咨询单位，通过在全过程造价管理中的业绩，赢得自己的信誉，提高市场竞争力。承包商的工程造价管理是企业管理中的重要组成部分，设有专门的职能机构参与企业的投标决策，并通过对市场的调查研究，利用过去积累的经验，科学估价，研究报价策略，提出报价；在施工过程中，承包商进行工程造价的动态管理，注意各种调价因素的发生和工程价款的结算，避免收益的流失，以促进企业盈利目标的实现。承包商在加强工程造价管理的同时，还要加强企业内部的各项管理，特别要加强成本控制，才能切实保证企业有较高的利润水平。

3. 中国建设工程造价管理协会

中国建设工程造价管理协会成立于1990年7月，它的前身是1985年成立的"中国工程建设概预算委员会"。

协会的性质是：由从事工程造价管理与工程造价咨询服务的单位及具有造价工程师注册资格和资深的专家、学者自愿组成的具有社会团体法人资格的全国性社会团体，是对外代表造价工程师和工程造价咨询服务机构的行业性组织。经住房和城乡建设部同意，民政部核准登记，协会属非营利性社会组织。

协会在工程造价理论探索、信息交流、国际往来、咨询服务、人才培养等方面做了大量工作。但从国外的经验看，协会的作用还需要更好的发挥，其职责范围还可拓展。在政府机构改革、职能转换中，协会的职能应得到强化，由政府剥离出来的一些工作应该更多地由协会承担。

4. 我国工程造价管理改革的主要任务

工程造价管理体制改革的最终目的是逐步建立以市场形成价格为主的价格机制。改革的具体内容和任务如下。

（1）改革现行的工程定额管理方式，实行量价分离，逐步建立起由工程定额作为指导的通过市场竞争形成工程造价的机制。由国务院建设行政主管部门统一制定符合国家有关标准、规范，并反映一定时期施工水平的人工、材料、机械等消耗量标准，实现国家对消耗量标准的宏观管理；制定统一的工程项目划分、工程量计算规则，为逐步实行工程量清单报价创造条件。对人工、材料、机械单价等，由工程造价管理机构依据市场价格的变化发布工程造价相关信息和指数。但这些计价依据只能在编制预算时作为指导或指令性依据，在投标报价中仅作为报价参考资料。

（2）加强工程造价信息的收集、处理和发布工作。工程造价管理机构应做好工程造价资料积累工作，建立相应的信息网络系统，及时发布信息，借鉴国外工程造价管理经验，必须大力发展中介机构，加强协会对中介机构的联络功能，规定协会会员有责任和义务将自己经办的已完工程的造价资料按规定的格式认真填报后输入计算机的数据库，实现全国联网、数据共享，这样可以有效地提高专业管理水平。

（3）对政府投资工程和非政府投资工程，实行不同的定价方式。对于政府投资工程，应以统一的工程消耗量定额为依据，按生产要素的市场价格编制标底，并以此为基础，实行在合理幅度内确定中标价方式。对于非政府投资工程，应强化市场定价原则，既可参照政府投资工程的做法，采取合理低价中标方式，也可由承发包双方依照合同约定的其他方式定价。

（4）加强对工程造价的监督管理，逐步建立工程造价的监督检查制度，规范定价行为，确保工程质量和工程建设的顺利进行。

（5）合格的市场主体、完备的制度规范、完善的管理体制、配套的市场体系是工程造价管理改革的社会条件。

5. 我国香港工程造价管理

我国香港特别行政区仍沿袭着英联邦的工程造价管理方式，且与内地情况较为接近，其做法也较为成功，现将香港的工程造价管理归纳如下。

1）政府间接调控

在香港，建设项目划分为政府工程和私人工程两类。政府工程由政府专业部门以类似业主的身份组织实施，统一管理、统一建设；而对于占工程总量大约70％的私人工程的具体实施过程采取"不干预"政策。

香港特别行政区政府对工程造价的间接调控主要表现如下。

（1）建立完善的法律体系，以此制约建筑市场主体的价格行为。香港目前制定有100多项有关城市规划、建设与管理的法规，如《建筑条例》《香港建筑管理法规》《标准合同》《标书范本》等。一项建筑工程从设计、征地、筹资、标底制定、招标到施工结算、竣工验收、管理维修等环节都有具体的法规制度可以遵循，各政府部门依法照章办事，防止了办事人员的随意性，因而相互推诿、扯皮的事很少发生；业主、建筑师、工程师、测量师的责任在法律中都有明确规定，违法者将负民事、刑事责任。健全的法规，严密的机构，为建筑业的发展提供了有力保障。

（2）制定与发布各种工程造价信息，对私营建筑业施加间接影响。政府有关部门制定的各种应用于公共工程计价与结算的造价指数以及其他信息，虽然对私人工程的业主与承包商不存在行政上的约束力，但由于这些信息在建筑行业具有较高的权威性和广泛的代表性，因而能为业主与承包商所共同接受，实际上起到了指导价格的作用。

（3）政府与测量师学会及各测量师保持密切联系，间接影响测量师的估价。在香港，工料测量师受雇于业主，是进行工程造价管理的主要力量。政府在对其进行行政监督的同时，主要通过测量师学会的作用，如进行操守评定、资历与业绩考核等，以达到间接控制的目的。这种学会历来与政府有着密切关系，它们在保护行业利益与推行政府决策方面的重要作用，体现了政府与行业之间的对话，起到了政府与行业之间桥梁的作用。

2）动态估价，市场定价

在香港，无论是政府工程还是私人工程，均被视为商品，在工程招标报价中一般都采取自由竞争，按市场经济规律要求进行动态估价。香港政府和咨询机构虽然也有一些投资估算和概算指标，但只作为定价时参考，并没有统一的定额和消耗指标。然而香港的工程造价并不是无章可循的。英国皇家测量师学会香港分会编译的《香港建筑工程标准量度法》是香港建筑工程的工程量计算法规，该法规统一了全香港的工程量计算规则和工程项目划分标准，无论政府工程还是私人工程都必须严格遵守。

在香港，业主对工程估价一般委托工料测量师行来完成。测量师行的估价大体上是按比较法和系数法进行，经过长期的估价实践，他们都拥有极为丰富的工程造价实例资料，甚至建立了工程估价数据库。承包商在投标时的估价一般要凭自己的经验来完成，他们往往把投标工程划分为若干个分部工程，根据本企业定额计算出所需人工、材料、机械等的耗用量，而人工单价主要根据报价确定，材料单价主要根据各材料供应商的报价加以比较确定，承包商根据建筑市场供求情况随行就市，自行确定管理费率，最后做出体现当时当地实际价格的工程报价。总之，工程任何一方的估价，都是以市场状况为重要依据之一，是完全意义的动态估价。

3）发育健全的咨询服务业

伴随着建筑工程规模的日趋扩大和建筑生产的高度专业化，香港各类社会服务机构迅速发展起来，他们承担着各建设项目的管理和服务工作，是政府摆脱对微观经济活动直接控制和参与的保证，是承发包双方的顾问和代言人。

在这些社会咨询服务机构中，工料测量师行是直接参与工程造价管理的咨询部门。从20世纪60年代开始，香港的工程建设造价师已从以往的编制工程概算、预算、按施工完成的实物工程量编制竣工结算和竣工决算，发展成为对工程建筑全过程进行成本控制；造价师从以往的服务于建筑师、工程师的被动地位，发展到与建筑师和工程师并列，并相互制约、相互影响的主动地位，在工程建设的过程中发挥出积极作用。

4）多渠道的工程造价信息发布体系

在香港这个市场经济社会中，能否及时、准确地捕捉建筑市场价格信息是业主和承包商保持竞争优势和取得盈利的关键，是建筑产品估价和结算的重要依据，是建筑市场价格变化的指示灯。

工程造价信息的发布往往采取价格指数的形式。按照指数内涵划分，香港地区发布的主要工程造价指数可分为 3 类，即投入品价格指数、成本指数和价格指数，分别是依据投入品价格、建造成本和建造价格的变化趋势编制而成。在香港建筑工程诸多投入品中，劳动工资和材料价格是经常变动的因素，因而有必要定期发布指数信息，供估算及价格调整之用。建造成本(Construction Cost)是指承包商为建造一项工程所付出的代价。建造价格(Construction Price)是承包商为业主建造一项工程所收取的费用，除了包括建造成本外，还有承建商所赚取的利润。

1.3 国外工程造价管理

1.3.1 国外工程造价管理的特点

国外工程造价管理的特点简要归纳为以下几点。

1. 政府的间接调控

在国外，按项目投资来源渠道的不同，一般可划分为政府投资项目和私人投资项目。政府对建设工程造价的管理，主要采用间接手段，对政府投资项目和私人投资项目实施不同力度和深度的管理，重点控制政府投资项目。如英国对政府投资工程采取集中管理的办法，按政府的有关面积标准、造价指标，在核定的投资范围内进行方案设计、施工设计，实行目标控制，不得突破。如遇非正常因素，必须突破时，宁可在保证使用功能的前提下降低标准，也要将投资控制在额度范围内。美国对政府的投资项目则采用两种方式，一是由政府设专门机构对工程进行直接管理。美国各地方政府、州政府、联邦政府都设有相应的管理机构，如纽约市政府的综合开发部(DGS)、华盛顿政府的综合开发局(GSA)等都是代表各级政府专门负责管理建设工程的机构。二是通过公开招标委托承包商进行管理。美国在法律上规定所有的政府投资项目都要采用公开招标，特定情况下(涉及国防、军事机密等)可邀请招标和议标，但对项目的审批权限、技术标准(规范)、价格、指数都作出特殊规定，确保项目资金不突破审批的金额。而对于私人投资项目，国外先进的工程造价管理一般都是对各项目的具体实施过程不加干预，只进行政策引导和信息指导，由市场经济规律调节，体现政府对造价的宏观管理和间接调控。美国政府对私人工程项目投资方向的控制有一套完整的项目或产品目录，明确规定私人投资者应在哪些领域投资，应将资金投放在哪些行业上。政府鼓励私人投资投放方向，所采取的控制手段是使用经济杠杆，如价格、税收、利率、信息指导、城市规划等来引导和约束私人投资方向和区域分布。政府通过定期发布信息资料，使私人投资者了解市场状况，尽可能使投资项目符合经济发展的需要。

2. 有章可循的计价依据

从国外造价管理来看，一定的造价依据仍然是不可缺少的。美国对于工程造价计价的标准不由政府部门组织制定，没有统一的造价计价依据和标准。定额、指标、费用标准等，一般是由各大型的工程咨询公司制定。各地的咨询机构，根据本地区的具体特点，制订单位建筑面积的消耗量和基价，作为所管辖项目的造价估算的标准。此外，美国联邦政府、州政府和地方政府也根据各自积累的工程造价资料，并参考各工程咨询公司有关造价的资料，对各自管辖的政府工程项目制订相应的计价标准，作为项目费用估算的依据。英国工程量计算规则是参与工程建设各方共同遵守的计量、计价的基本规则，现行的《建筑工程工程量计算规则》（SMM）是皇家测量学会组织制订并为各方共同认可的，在英国使用最为广泛。此外，还有《土木工程工程量计算规则》等。英国政府投资的工程从确定投资和控制工程项目规模及计价的需要出发，各部门大都制订了并经财政部门认可的各种建设标准和造价指标，如政府办公楼人均面积标准"m^2/人"及"镑/m^2"，这些标准和指标均作为各部门向国家申报投资、控制规划设计、确定工程项目规模和投资的基础，也是审批立项、确定规模和造价限额的依据。英国十分重视已完工数据资料的积累和数据库的建设。每个皇家测量师学会会员都有责任和义务将自己经办的已完工程的数据资料，按照规定的格式认真填报，收入学会数据库，同时也即取得利用数据库资料的权利。计算机全国联网，所有会员资料共享。这些不仅为测算各类工程的造价指数提供基础，同时也为工程在没有设计图样及资料的情况下，提供类似工程造价资料和信息参考。在英国，对工程造价的调整及价格指数的测定、发布等有一整套比较科学、严密的办法，政府部门发布《工程调整规定》和《价格指数说明》等文件。

　　3. 多渠道的工程造价信息

　　及时、准确地捕捉建筑市场价格信息是业主和承包商保持竞争优势和取得盈利的关键。造价信息是建筑产品估价和结算的重要依据，是建筑市场价格变化的指示灯。在美国，建筑造价指数一般由一些咨询机构和新闻媒介来编制，在多种造价信息来源中，ENR（Engineering News-Record）造价指标是比较重要的一种。编制 ENR 造价指数的目的是为了准确地预测建筑价格，确定工程造价。它是一个加权总指数，由构件钢材、波特兰水泥、木材和普通劳动力 4 种个体指数组成。ENR 共编制两种造价指数，一是建筑造价指数，二是房屋造价指数。这两个指数在计算方法上基本相同，区别仅体现在计算总指数中的劳动力要素不同。ENR 指数资料来源于 20 个美国城市和 2 个加拿大城市，ENR 在这些城市中派有信息员，专门负责收集价格资料和信息。ENR 总部则将这些信息员收集到的价格信息和数据汇总，并在每周的星期四计算并发布最近的造价指数。

　　4. 造价工程师的动态估价

　　在英国，业主对工程估价一般要委托工料测量师来完成。测量师进行的估价大体上是按比较法和系数法进行，经过长期的估价实践，他们都拥有极为丰富的工程造价实例资料，甚至建立了工程造价数据库，对于标书中所列出的每一项目价格的确定都有自己的标准。在估价时，工料测量师将不同设计阶段提供的拟建工程项目资料与以往同类工程项目对比，结合当前建筑市场行情，确定项目单价，未能计算的项目（或没有对比对象的项目），则以其他建筑物的造价分析得来的资料补充。承包商在投标时的估价一般要凭自己的经验来完成，往往把投标工程划分为各分部工程，根据本企业定额计算出所需人工、材料、机械等的耗用量，而人工单价主要根据各工头的报价，材料单价主要根据各材料供应商的报价加以比较确定。承包商根据建筑市场供求情况随行就市，自行确定管理费率，最后作出体现当时当地实际价格的工程报价。总之，工程任何一方的估价，都是以市场状况为重要依据，是完全意义的动态估价。

　　在美国，工程造价的估算主要由设计部门或专业估价公司来承担，造价估算师在具体编制工程造价估算时，除了考虑工程项目本身的特征因素(如项目拟采用的独特工艺和新技术、项目管理方式、现有场地条件及资源获得的难易程度等)外，一般还对项目进行较为详细的风险分析，以确定适度的预备费。但确定工程预备费的比例并不固定，因项目风险程度大小而不同，对于风险较大的项目，预备费比较高，否则较小。造价估算师通过掌握不同的预备费率来调节造价估算的总体水平。

美国工程造价估算中的人工费由基本工资和工资附加两部分组成。其中，工资附加项目包括管理费、保险金、劳动保护金、退休金、税金等。至于材料费和机械使用费均以现行的市场行情或市场租赁价作为造价估算的基础，并在人工费、材料费和机械使用费总额的基础上按照一定的比例(一般为10%左右)再计提管理费和利润。

考虑到工程造价管理的动态性，美国造价估算也允许有一定的误差范围。目前在造价估算中允许的误差幅度一般为：

可行性研究估算为-20%~+30%；初步设计估算为-10%~+15%；施工图估算为-5%~+10%。

对造价估算规定一定的误差范围有利于有效控制造价。

总之，美国在编制造价估算方面的工作做到细致具体，而且考虑了动态因素对造价估算的影响。这种实事求是地确定工程造价的做法是值得我们借鉴和学习的。

5. 通用的合同文本

作为各方签订的契约，合同在国外工程造价管理中有着重要的地位，对双方都具有约束力，对于各方利益与义务的实现都有重要的意义。因此，国外都把严格按合同规定办事作为一项通用的准则来执行，并且有的国家还实行通用的合同文本。在英国其建筑合同制度已有几百年的历史，有着丰富的内容和庞大的体系。澳大利亚、新加坡和中国香港的建筑合同制度都始于英国，著名的国际咨询工程师联合会FIDIC合同文件，也以英国的一种文件作为母本。英国有着一套完整的标准建筑合同体系，包括JCT(Joint Contract Tribunal，联合合同化)合同系列、ACA(咨询顾问建筑师协会)合同系列、ICE(土木工程合同通用条文招标协议及保证金)合同系列、皇家政府合同系列。JCT是英国的主要合同体系，主要通用于房屋建筑工程。JCT合同系列本身又是一个系统的合同文件体系，它针对房屋建筑中不同的工程规模、性质、建造条件，提供各种不同的文本，供建设人员在发包、采购时选择。其内容由3部分组成，即条款、合同条件和附录。

6. 重视实施过程中的造价控制

国外对工程造价的管理是以市场为中心的动态控制。造价工程师能对造价计划执行中所出现的问题及时分析研究并采取纠正措施，这种强调项目实施过程中的造价管理的做法，体现了造价控制的动态性，并且重视造价管理所具有的随环境、工作的进行以及价格等变化而调整造价控制标准和控制方法的动态特征。以美国为例，造价工程师十分重视工程项目具体实施过程的控制和管理，对工作预算执行情况的检查和分析工作做得非常细致，对于建设工程的各分部分项工程都有详细的成本计划，美国的建筑承包商是以各分部分项工程的成本详细计划为依据来检查工程造价计划的执行情况。对于工程实施阶段实际成本与计划目标出现偏差的工程项目，首先按照一定标准筛选成本差异，然后进行重要成本差异分析，并填写成本差异分析报告表，由此反映出造成此项差异的原因、此项成本差异对项目其他成本项目的影响、拟采取的纠正措施，以及实施这些措施的时间、负责人和所需条件等。对于采取措施的成本项目，每月还应跟踪检查采取措施后费用的变化情况。如若采取的措施不能消除成本差异，则需重新进行此项成本差异的分析，再提出新的纠正措施，如果仍不奏效，造价控制项目经理则有必要重新审定项目的竣工决算。而且，美国一些大的工程公司，重视工程变更的管理工作，建立了较为详细的工程变更制度，可随时根据各种变化了的情况及时提出变更，修改造价估算。美国工程造价的动态控制还体现在造价信息的反馈系统上。各微观造价管理单位（工程公司）十分注意收集在造价管理各个阶段的造价资料，并把向有关行业提供造价信息资料视为一种应尽的义务，不仅注意收集造价资料，也派出调查员实地调查，以事实为依据。这种造价控制反馈系统使动态控制以事实为依据，保证了造价管理的科学性。

1.3.2　国外工程造价管理的情况

1. 日本建设工程造价管理

日本建设工程造价管理（建筑积算）起步较晚，主要是在明汉时代实行文明开放政策后，伴随西方建筑技术的引进，借鉴英国工料测量制度发展起来的，这对于我国如何结合本国实际，借鉴西方成功经验具有较高参考价值。

日本建设工程造价管理的特点归纳起来有 3 点：行业化、系统化、规范化。

1) 行业化

日本工程造价管理作为一个行业经历了较长的历史过程。早期的积算管理方法源于英国，早在明治十年，受英国的影响而懂得建筑积算在工程建设中的作用，并由设计部门在实际工作中应用建筑积算；到了大正时代，出版了《建筑工程工序及积算法》等书。昭和二十年（1945 年），民间咨询机构开始出现，昭和四十二年成立了民间建筑积算事务所协会，昭和五十年，日本建筑积算协会成为社团法人，从此建筑积算成为一个独立的行业活跃于日本各地。建设省于 1990 年正式承认日本建筑积算协会组织的全国统考，并授予通过考试者"国家建筑积算士"资格，使建筑积算得以职业化。

2) 系统化

日本的建设工程造价管理在 20 世纪 50 年代后通过借鉴国外经验逐步形成了一套科学体系。日本对国家投资工程的管理是分部门进行的。在建设省内设置了管厅营缮部、建设经济局、河川局、道路局、住宅局，分别负责国家机关建筑物的修建与维修、房地产开发、河川整治与水资源开发、道路建设和住宅建设等，基本上做到了分工明确。此外设有 8 个地方建设局，每个局设 15～30 个工程事务所，每个工程事务所下设若干个派出机构"出张所"。建设省负责制定计价规定、办法和依据，地方建设局和工程事务所负责具体投标厂商的指名、招标、定标和签订合同，以及政府统计计价依据的调查研究、工程项目的结算和决算等工作。出张所直接面对各具体工程，对造价实行监督、控制、检查。

日本政府对建设工程造价实行全过程管理。日本建筑工程的建设程序大致如下。

调查（规划）—计划（设计任务书）—设计（基本设计及实施设计）—积算（概预算）—契约（合同）—监理检查—引渡（交工）—保全（维修服务）。

在立项阶段，对规划设计做出切合实际的投资估算（包括工程费、设计费和土地购置费等），并根据审批权限审批。

立项后，政府主管部门依照批准的规划和投资估算，委托设计单位在估算限额内进行设计。一旦做出了设计，则要对不同阶段设计的工程造价进行详细计算和确认，检查其是否突破批准的估算。如未突破即以实施设计的预算作为施工发包的标底（也就是预定价格）；如突破了，则要求设计单位修改设计，缩小建设规模或降低建设标准。

在承发包和施工阶段，政府与项目主管部门以控制工程造价在预定价格内为中心，将管理贯穿于选择投标单位、组织招投标、确定中标单位和签订工程承发包合同，并对质量、工期、造价进行严格的监控。

3) 规范化

日本工程造价管理在 20 世纪 50 年代前大多凭经验进行，随着建筑业的发展，日本工程造价管理学习国外经验，制定各种规章，逐步形成了比较完整的法规体系。

日本政府各部门根据基本法准则，制定了一系列有关确定工程造价的规定和依据，如《新营预算单价》（估算指标）、《建筑工事积算基准》《土木工事积算基准》《建筑数量积算基准——解说》（工程量计算规则）、《建筑工事内识书标准书式》（预算书标准格式）等。

日本的预算定额的量和价分开：量是公开的，价是保密的。对于政府投资的工程，各级政府都掌握有自己的劳务、机械、材料单价。以建设省为例，它的劳务单价先选定 83 个工种进行调查，再按社会平均劳务价格确定。这项调查以地方建设局为主，通过各建筑企业进行，一般每半年调查一次。对于材料、设备价格变化情况的调查，日本有"建筑物价调查会"和"经济调查会"两个专业机构负责，定期进行收集、整理和编辑出版工作。

日本的法规既有指令性的又有指导性的。指令性的要做到有令必行、违令必究，维护其严肃性；而指导性的则提供丰富、真实且具有权威性的信息，真正做到其指导性。

2. 美国建设工程造价管理

1) 美国政府对工程造价的管理

美国政府对工程造价的管理包括对政府工程的管理和对私人投资工程的管理，美国政府对建设工程造价的管理主要采用间接手段。

（1）美国政府对政府工程的造价管理。

美国政府对政府工程的造价管理一般采用两种形式：一是由政府设专门机构对政府工程进行直接管理；二是将一些政府工程通过公开招标的形式，委托私营企业设计、估价，或委托专业公司按照该部门的规定进行管理。

对于政府委托给私营承包商的政府工程的管理，各级政府都十分重视，严把招标投标这一关，以确保合理的工程成本和良好的工程质量。定标的标准并不是报价越低越好，而是综合考虑投标者的信誉、施工技术、施工经验及过去对同类工程建设的历史记录，综合确定中标者。当政府工程被委托给私营承包商建设之后，各级政府还要对这些项目进行监督检查。

（2）美国政府对私营工程的造价管理。

在美国的建设工程总量中，私营工程占较大的比重。美国政府对私营工程项目的管理更加突出使用间接管理的手段，各级政府对于造价管理的具体事项，如计价标准、项目实施过程的造价控制手段等基本不予干预，而只是在宏观上协调全社会的投资项目。总之，各级政府对私营工程项目进行管理的中心思想是尊重市场调节的作用，提供服务引导型管理。美国政府对私人投资项目的管理体现在私人投资方向的诱导和对私人投资项目规模的管理两个方面。

2）美国工程造价编制

在美国，建设工程造价被称为建设工程成本。美国工程造价协会（AACE）统一将工程成本划分为两部分费用：其一是与工程设计直接有关的工程本身的建设费用，称为造价估算，主要包括设备费、材料费、人工费、机械使用费、勘测设计费等；其二是由业主掌握的一些费用，称为工程预算，主要包括场地使用费、生产准备费、执照费、保险费和资金筹措费等。在上述费用的基础上，还将按一定比例提取的管理费和利润也计入工程成本。

（1）工程造价计价标准和要求。

在美国，对确定工程造价的依据和标准并没有统一的规定。确定工程造价的依据基本上可分为两大类：一类是由政府部门制定的造价计价标准；另一类是由专业公司制定的造价计价标准。

美国各级政府都分别对各自管辖的工程项目制定计价标准，但这些政府发布的计价标准只适用于政府投资工程，对全社会并不要求强制执行，仅供参考。对于非政府工程主要由各地工程咨询公司根据本地区的特点，为所辖项目规定计价标准。这种做法可使计价标准更接近项目所在地区的具体实际。

（2）工程造价的具体编制。

在美国，工程造价主要由设计部门或专业估价公司来承担。造价师在编制工程造价时，除了考虑工程项目本身的特征因素外，如项目拟采用的独特工艺和新技术、项目管理方式、现有场地条件及资源获得的难易程度等，一般还对项目进行较为详细的风险评估，对于风险性较大的项目，预备费就比较高，否则较小。他们是通过掌握不同的预备费率来调节工程造价的总体水平。

3）美国工程造价的动态控制

（1）项目实施过程的造价控制。

美国建设工程造价管理十分重视工程项目具体实施过程中的造价控制和管理。他们对工程预算执行情况的检查和分析工作做得非常细致。对于建设工程各分部分项工程都有详细的成本计划，美国的建筑承包商以各分部分项工程的成本详细计划为根据来检查工程造价计划的情况。对于不同类型的工程变更，如合同变更、工程内部调整和正式重新规划等都详细规定了执行工程变更的基本程序，而且建立了较为详细的工程变更记录制度。

（2）工程造价的反馈控制。

美国工程造价的动态控制还体现在造价信息的反馈系统。就单一的微观造价管理单位而言，他们十分注意收集在造价管理各个阶段上的造价资料。微观组织向有关行业提供造价信息资料，几乎成为一种制度，微观组织也把提供造价信息视为一种应尽的义务，这就使得一些专业咨询公司能够及时将造价信息公布于众，便于全社会实施造价的动态管理。

4）美国工程造价的职能化管理及其社会基础

在美国，大多数的工程项目都是由专业公司来管理的。这些专业公司包括设计部门、专业估价公司、专业工程公司和咨询服务公司。这些专业公司脱离于业主之外，无论是政府工程还是私营工程，都需要到社会中、到市场上去寻找自己信得过的专业公司来承担工程项目的全方位管理。

（1）工程造价职能化管理。

实施工程造价的全过程管理，是美国工程造价管理的一个主要特点。即对工程项目从方案选择、编制估算，到优化设计、编制概预算，再到项目实施阶段的造价控制，一般都是由业主委托同一个专业公司全面负责。专业公司在实施其造价管理的职能过程中，有相当大的自主权。在工程各个设计阶段的造价估算、标底的编制、承发包价格的制定、工程进度及造价控制、合同管理、工程支付的认可、索赔处理以及造价控制紧急应变措施的采取方面，只要不违反业主或有关部门的要求和规定，便可自行决策。这种职责对应的造价管理，有利于专业公司发挥造价管理的主动性和创造性，提高了他们对造价控制的责任心。

（2）工程造价职能化管理的社会基础。

美国实行的是市场经济体制，体系较为完善、发育比较健全的市场经济机制是美国建设工程造价职能化管理的重要基础。特别是规模庞大的社会咨询服务业在美国的工程造价管理中起着不可低估的作用。众多的咨询服务机构在政府与私人承包商之间起到了中介作用，在对政府投资工程的管理方面，咨询服务机构的活动使得政府不必对项目进行直接管理，而主要依靠间接管理手段即可达到其目的。因此，规模庞大、信誉良好的社会咨询服务机构可以充当业主和承包商的代理人，同时也是美国建设工程造价实施专业化职能管理的必要前提。

（3）工程造价职能化的手段。

在美国，社会咨询服务业在造价管理中作用的发挥，还得益于发达的计算机信息网络系统。各种造价资料及其变化通过计算机联网系统，可及时提供到全国各地。各地的造价信息也通过社会化的计算机网络互通有无，及时交流。这不仅便于对造价实施动态管理，而且保证了造价信息的及时性、准确性和科学性。

本 章 小 结

通过本章学习，可以了解我国工程造价改革的基本历程，定额产生的背景，实行清单计价的目的和意义；熟悉传统工程造价管理体制存在的问题，我国工程造价管理的现状及改革方向。熟悉美国和日本工程造价管理的特点及管理模式。

习 题

思考题

（1）实施工程量清单计价的目和意义有哪些？

（2）我国工程造价管理改革的主要任务有哪些？

（3）国外工程造价管理有哪些特点？

第**2**章
工程量清单概述

教学目标

本章主要讲述工程量清单的基本概念和内容。通过学习本章，应达到以下目标。

（1）掌握房屋建筑与装饰工程工程量清单项目及计算规则；掌握建筑面积的计算规则。

（2）熟悉工程量清单的内容及建设工程工程量清单计价规范与计量规范的相关内容。

教学要求

知识要点	能力要求	相关知识
工程量清单的基本概念和内容	（1）理解《计价规范》和《计量规范》的特点 （2）熟悉工程量清单的内容及《建设工程工程量清单计价规范》（GB 50500—2013）	（1）工程量清单的基本概念 （2）工程量清单的五个组成部分
房屋建筑与装饰工程工程量清单项目及计算规则	（1）熟悉《房屋建筑与装饰工程工程量计算规范》（GB 50854—2013） （2）掌握房屋建筑与装饰工程工程量清单项目的计算规则	（1）建筑工程工程量清单项目计算 （2）装饰工程工程量清单项目计算 （3）拆除工程工程量清单项目计算 （4）措施项目的计算
建筑面积计算规则	（1）熟悉《建筑工程建筑面积计算规范》（GB/T 50353—2013） （2）掌握建筑面积的计算规则	（1）建筑面积的概念及作用 （2）建筑面积的计算规则

基本概念

计价规范、计量规范、工程量清单、工程量清单计价、分部分项工程量清单、措施项目清单、其他项目清单、规费清单、税金清单、建筑面积

引例

在清单计价模式中，要求招标人把所建工程的工程量清单（招标工程量清单）作为招标文件的一部分，随招标文件发布给所有的投标人，并对工程量清单的准确性负责，这就要求清单编制人熟练运用计价规

范关于清单内容的规定和计量规范关于清单工程量计算规则的规定。

如某工程在招标人提供的清单中，现浇混凝土基础工程量是 164m³，实际施工时，现浇混凝土基础工程量是 175m³，那么招标人就应该对多出的 11m³ 混凝土工程量负责，在结算时对多出部分混凝土工程量给付结算款项。

《建设工程工程量清单计价规范》（以下简称《计价规范》）（GB 50500—2003）实施以来，在各地和有关部门的工程建设中得到了有效推行，积累了宝贵的经验，取得了丰硕的成果。但在执行中也反映出一些不足之处。之后在 2008 年 7 月 9 日中华人民共和国住房和城乡建设部、中华人民共和国国家质量监督检验检疫总局联合发布了《建设工程工程量清单计价规范》（GB 50500—2008），自 2008 年 12 月 1 日起实施。2008 版《计价规范》对 2003 版《计价规范》做了相应的修改和完善，使之具有更好的可操作性和实用性。通过 2003 版和 2008 版工程量清单计价规范的普遍使用，我国工程建设项目已由定额计价体系转变为工程量清单计价体系。

随着建筑业市场的发展，我国建设工程项目的参与者对于合同管理和项目管理的能力正逐步增强，对新一版的比 2008 版清单更加全面、深入、操作性强的清单的需求也逐步增强。建筑业的发展要求建设项目参与方要对工程价款进行精细化、科学化的管理，保证参与方的利益。在 2003 版《计价规范》和 2008 版《计价规范》的基础上，2013 版《计价规范》和《计量规范》应运而生。2013 版《计价规范》和《计量规范》由中华人民共和国住房和城乡建设部与中华人民共和国国家质量监督检验检疫总局于 2012 年 12 月 25 日联合发布，从 2013 年 7 月 1 日起实施。

2013 版《计价规范》和《计量规范》（简称新《规范》）的编制是对 2003 版、2008 版《建设工程工程量清单计价规范》（简称原《规范》）的修改、补充和完善，它不仅较好地解决了原《规范》执行以来存在的主要问题，而且对清单编制和计价的指导思想进行了深化，在"政府宏观调控、部门动态监管、企业自主报价、市场决定价格"的基础上，新《规范》规定了合同价款约定、合同价款调整、合同价款中期支付、竣工结算支付，以及合同解除的价款结算与支付、合同价款争议的解决方法，展现了加强市场监管的措施，强化了清单计价的执行力度。新《规范》的发布施行，将提高工程量清单计价改革的整体效力。

2.1 《计价规范》与《计量规范》概述

2.1.1 《计价规范》与《计量规范》简介

工程量清单计价涵盖了计价规范和计量规范两方面的内容，计价规范与计量规范由《建设工程工程量清单计价规范》（GB 50500—2013）以及《房屋建筑与装饰工程工程量计算规范》（GB 50854—2013）、《仿古建筑工程工程量计算规范》（GB 50855—2013）、《通用安装工程工程量计算规范》（GB 50856—2013）、《市政工程工程量计算规范》（GB 50857—2013）、《园林绿化工程工程量计算规范》（GB 50858—2013）、《矿山工程工程量计算规范》（GB 50859—2013）、《构筑物工程工程量计算规范》（GB 50860—2013）、《城市轨道交通工程工程量计算规范》（GB 50861—2013）、《爆破工程工程量计算规范》（GB 50862—2013)共 9 本工程量计算规范组成。规范本着工程计量规则标准化、工程计价行为规范化、工程造价形成市场化的原则，从 2013 年 7 月 1 日起施行。

1.《计价规范》简介

最新版的《建设工程工程量清单计价规范》于 2013 年 2 月 17 日由"中华人民共和国住房和城乡建设部与中华人民共和国国家质量监督检验检疫总局"联合发布，代号"GB 50500—2013"，从 2013 年 7 月 1 日起施行。全文分正文和附录两部分，两者具有同等效力。

第一部分：正文（共 16 章内容）

第一章：总则（共 7 条）

规定了《计价规范》制定的目的、依据、适用范围、造价组成、工程量清单计价活动的主体及其责任、计价活动应遵循的基本原则和规定等。

（1）制定目的：规范了建设工程工程量清单计价行为，统一了清单的编制和计价方法。要求参与招标、投标活动的各方必须一致遵守，以保证工程量清单计价方式的顺利实施。

（2）编制依据：《中华人民共和国建筑法》《中华人民共和国合同法》《中华人民共和国招标投标法》和中华人民共和国住房和城乡建设部令第 16 号发布的《建筑工程施工发包与承包计价管理办法》等直接涉及工程造价的工程质量、安全及环境保护等方面的工程建设强制性标准规范。

（3）适用范围：主要适用于建设工程发承包及实施阶段的计价活动。建设工程包括：房屋建筑与装饰工程、仿古建筑工程、通用安装工程、市政工程、园林绿化工程、矿山工程、构筑物工程、城市轨道交通工程、爆破工程等。

（4）工程造价组成：建设工程发承包及实施阶段的工程造价由分部分项工程费、措施项目费、其他项目费、规费和税金组成。

（5）工程量清单计价活动的主体：工程造价文件编制与核对的人员应由具有专业资格的工程造价人员承担。

（6）工程造价成果文件的责任主体：承担工程造价文件编制与核对的人员和单位应对工程造价文件的质量负责。

（7）遵循原则：客观、公正、公平的原则。要求建设工程发承包及其实施阶段的计价活动有高度透明度，要实事求是、不弄虚作假，对所有投标人机会均等。投标人从本企业的实际情况出发，不能低于成本价报价，不能串通报价，双方应以诚实、信用的态度进行工程竣工结算。

（8）计价规范与其他标准的关系：建设工程发承包及其实施阶段的计价活动除应遵守《计价规范》外，尚应符合国家现行有关标准的规定。

第二章：术语（共 52 条）

对《计价规范》中采用的术语给予定义。包括：工程量清单、招标工程量清单、已标价工程量清单、分部分项工程、措施项目、项目编码、项目特征、综合单价、风险费用、工程成本、工程变更、暂列金额、暂估价、总承包服务费等 52 项（在以下各章、节中详细讲）。

第三章：一般规定（共 4 节、19 条）

规定了计价方式、发包人提供材料和工程设备、承包人提供材料和工程设备、计价风险等内容。主要作出了以下规定。

（1）使用国有资金投资的建设工程必须采用工程量清单计价。这是强制性条文，必须遵守。国有资金投资的建设工程包括使用国有资金投资和国家融资投资的工程建设项目。

（2）工程量清单应采用综合单价计价。这也是强制性条文。工程量清单不论分部分项工程项目，还是措施项目，不论是单价项目，还是总价项目，均应采用综合单价法计价，即包括除规费和税金以外的全部费用。

（3）措施项目中安全文明施工费必须按国家或省级、行业建设主管部门的规定计算，不得作为竞争性费用。

（4）规费和税金必须按国家或者省级、行业建设主管部门的规定计算，不得作为竞争性费用。

（5）建设工程发承包，必须在招标文件、合同中明确计价中的风险内容及其范围，不得采用无限风险、所有风险或类似语句规定计价中的风险内容及范围。

第四章：工程量清单的编制（共 6 节、19 条）

规定了招标工程量清单的编制人、编制责任、作用、组成内容、编制依据，以及分部分项工程项目清单、措施项目清单、其他项目清单、规费、税金的编制原则及内容。

（1）招标工程量清单编制人及编制责任：招标工程量清单应由具有编制能力的招标人或受其委托具有相应资质的工程造价咨询人编制。招标工程量清单必须作为招标文件的组成部分，其准确性和完整性应由招标人负责。

（2）招标工程量清单的作用：招标工程量清单是工程量清单计价的基础，应作为编制招标控制价、投标报价、计算或调整工程量、索赔等的依据之一。

（3）招标工程量清单组成：应以单位（项）工程为单位编制，应由分部分项工程量清单、措施项目清单、其他项目清单、规费和税金项目清单组成。

（4）分部分项工程项目清单五个要件：项目编码、项目名称、项目特征、计量单位、工程量。

（5）措施项目清单：措施项目指为完成工程项目施工，发生于该工程施工准备和施工过程中的技术、生活、安全、环境保护等方面的项目。措施项目清单应根据拟建工程的实际情况列项。

（6）其他项目清单：应按暂列金额、暂估价（包括材料暂估单价、工程设备暂估单价、专业工程暂估单价）、计日工和总承包服务费列项。

（7）规费项目清单：应包括社会保险费、住房公积金和工程排污费等项目。

（8）税金项目清单：应包括营业税、城市维护建设税、教育费附加和地方教育附加等内容。

第五章：招标控制价（共 3 节、21 条）

对招标控制价的编制主体、原则、公布、备案、招标控制价编制和复核的依据和计价原则及投诉和处理等作了专门性规定。

（1）编制主体：招标控制价应由具有编制能力的招标人或受其委托具有相应资质的工程造价咨询人编制和复核。

（2）公布与备案：招标人应在发布招标文件时公布招标控制价，同时应将招标控制价及有关资料报送工程所在地或有该工程管辖权的行业管理部门工程造价管理机构备查。

（3）投诉和处理：投标人经复核认为招标人公布的招标控制价未按规定进行编制的，应在招标控制价公布后 5 天内向招投标监督机构和工程造价管理机构投诉。

工程造价管理机构应当在受理投诉的 10 天内完成复查，特殊情况下可适当延长，并作出书面结论通知投诉人、被投诉人及负责该项目工程招投标监督的招投标管理机构。

第六章：投标报价（共 2 节、13 条）

规定了投标报价的编制主体、报价原则及编制依据。

第七章：合同价款约定（共 2 节、5 条）

对工程合同价款的约定作了原则规定。从合同签订起，就将其纳入工程计价规范的内容，保证合同价款的结算依法进行。

第八章：工程计量（共 3 节、15 条）

明确规定了工程计量的原则，不同合同形式下工程计量的要求等。

第九章：合同价款调整（共 15 节、59 条）

总结我国工程建设合同的实践经验和建筑市场的交易习惯，对所有涉及合同价款的调整、变动的因素或其范围进行了归并，包括法律法规变化、工程变更、项目特征不符、工程量清单缺项、工程量偏差、计日工、物价变化、暂估价、不可抗力、提前竣工（赶工补偿）、误期赔偿、索赔、现场签证、暂列金额等内容。

第十章：合同价款期中支付（共 3 节、24 条）

规定了预付款、安全文明施工费、进度款的支付以及违约责任。

第十一章：竣工结算与支付（共 6 节、35 条）

规定竣工结算的办理原则、办理主体、投诉权利、备案管理、编制依据、各种项目的计价原则、结算款支付、质量保证金及最终结清等方面的内容。

第十二章：合同解除的价款结算与支付（共 4 条）

规定了在发承包双方协商一致解除合同的前提下，以双方达成的协议办理结算和支付合同价款。由于不可抗力致使合同无法履行解除合同的，发包人应向承包人支付合同解除之日前相应的合同价款。还规定了由于承包人违约解除合同及发包人违约解除合同，关于价款结算与支付的原则。

第十三章：合同价款争议的解决（共 5 节、19 条）

规定了总监理工程师或造价工程师对有关合同价款争议的处理流程和职责期限，规定了工程造价管理机构对发承包双方提出的需解释或认定的处理程序、效力等，还规定了发承包双方和解、调解、仲裁和诉讼的解决办法。

第十四章：工程造价的鉴定（共 3 节、19 条）

对工程造价鉴定的委托、回避、取证、质询、鉴定等主要事项作了规定。

第十五章：工程计价资料与档案（共 13 条）

计价文件的归档表明整个计价工作的完成。此章规定了计价文件的形式、送达、签收，以及发承包双方管理人员的职责和计价文件的归档要求。

第十六章：工程计价表格（共 5 种封面、22 种表样）

规定了工程计价表的统一格式及表格的设置原则，并对工程量清单编制表及工程量清单计价表的使用作出了规定。

第二部分：附录（共 11 个附录）

附录 A：物价变化合同价款调整方法

附录 B：工程计价文件封面

附录 C：工程计价文件扉页

附录 D：工程计价总说明

附录 E：工程计价汇总表

附录 F：分部分项工程和措施项目计价表

附录 G：其他项目计价表

附录 H：规费、税金项目计价表

附录 J：工程计量申请（核准）表

附录 K：合同价款支付申请（核准）表

附录 L：主要材料、工程设备一览表

2.《计量规范》简介

《计量规范》由 9 本工程量计算规范组成，专业包括房屋建筑与装饰工程、仿古建筑工程、通用安装工程、市政工程、园林绿化工程、矿山工程、构筑物工程、城市轨道交通工程、爆破工程。

《房屋建筑与装饰工程工程量计算规范》（GB 50854—2013）的内容包括正文、附录、条文说明三个部分，其中正文包括总则、术语、工程计量、工程量清单编制，共计 29 项条款；附录部分包括附录 A 土石方工程，附录 B 地基处理与边坡支护工程，附录 C 桩基工程，附录 D 砌筑工程，附录 E 混凝土及钢筋混凝土工程，附录 F 金属结构工程，附录 G 木结构工程，附录 H 门窗工程，附录 J 屋面及防水工程，附录 K 保温、隔热、防腐工程，附录 L 楼地面装饰工程，附录 M 墙、柱面装饰与隔断、幕墙工程，附录 N 天棚工程，附录 P 油漆、涂料、裱糊工程，附录 Q 其他装饰工程，附录 R 拆除工程，附录 S 措施项目共 17 个附录，共计 557 个项目。

本书以《建设工程工程量清单计价规范》（GB 50500—2013）和《房屋建筑与装饰工程工程量计算规范》（GB 50854—2013）为基础编写。

2.1.2 《计价规范》与《计量规范》的特点

1. 统一性

主要表现在统一了清单的项目和组成，统一了各分部分项工程的项目名称、项目特征、计量单位、项目编码和工程量计算规则，即"五统一"规则。规定了分部分项工程的项目清单和措施项目清单一律以"综合单价"报价，为建立全国统一计价方式和计价行为提供了依据。

2. 强制性

强制性地要求"使用国有资金投资的建设工程必须采用工程量清单计价"，而且明确工程量清单是招标文件的组成部分，并规定了招标人在编制清单和投标人编制投标报价时，必须遵守《计价规范》的规定。《计价规范》还将安全文明施工费纳入国家强制性管理范围，要求按国家或省级建设行政主管部门或行业建设主管部门的规定费用标准计价，招标人不得要求投标人对该项费用进行优惠，投标人也不得将该项费用参与市场竞争。

3. 实用性

《计量规范》中工程量清单项目名称清晰、计量单位明确、计算规则简洁，投标人根据所描述的项目特征和工作内容，结合自身的实际情况确定报价，简明适用，易于计算。《计价规范》的内容全面，贴近现实，它涵盖了建设工程施工准备阶段的各个方面：工程量清单编制、建设工程招标控制价和建设工程投标报价的编制；建设工程承、发包施工合同的签订，含合同价款的约定；工程施工过程中工程量的计量与价款支付；索赔与现场签证；工程价款调整；工程竣工后竣工结算与支付的办理和工程计价争议的处理等。使每一个计价阶段，都有"章"可依，有"规"可循。

4. 竞争性

《计量规范》中清单项目没有规定工、料、机的消耗量，而是由企业根据自己的实际情况确定，工、料、机的单价企业可根据市场行情确定；相关的措施项目，投标企业也可根据工程的实际情况和施工组织设计自行确定，视具体情况以企业的个别成本报价，最后由市场形成价格。这种方式为企业的报价提供了适用于自身生产效率的自主空间，体现出企业的实力，而且为了不断提高自身的竞争能力，还会促使施工企业总结经验，努力提高自己的管理水平和技术能力，同时引导企业积累资料，编制自己的消耗量定额，以适应市场发展的需要。

5. 通用性

采用工程量清单计价，能与国际惯例接轨，符合工程量计算方法标准化、工程量计算规则统一化、工程造价确定市场化的要求。

2.2 工程量清单的内容

2.2.1 基本概念

工程量清单，是将拟建工程中的实体项目和非实体项目，按照《计价规范》的要求，载明建设工程分部分项工程项目、措施项目、其他项目的名称和相应数量，以及规费、税金项目等内容的明细清单，由分部分项工程项目清单、措施项目清单、其他项目清单、规费和税金项目清单这5种清单组成，反映拟建工程的全部工程内容和为实现这些工程内容而进行的一切工作。

工程量清单有招标工程量清单和已标价工程量清单。招标工程量清单是招标人依据国家标准、招标文件、设计文件以及施工现场实际情况编写的，随招标文件发布供投标报价的工程量清单，包括其说明和表格。招标工程量清单是招标文件的组成部分，是对招标人和投标人都具有约束力的重要文件，体现了招标人要求投标人完成的工程项目及相应的工程数量，全面反映了报价的要求，也是编制标底和投标报价的依据。已标价工程量清单是构成合同文件组成部分的投标文件中已标明价格，经算术性错误修正（如有）且承包人已确认的工程量清单，包括其说明和表格。

工程量清单计价，是投标人完成招标人提供的招标工程量清单中的各个项目的内容、数量所需的全部费用，包括分部分项工程费、措施项目费、其他项目费、规费和税金这 5 种清单的费用。企业可根据拟建工程的施工组织设计和具体的施工方案，结合自身的实际情况自主报价，为了简化计价程序，实现与国际接轨，采用综合单价（该单价包括人工费、材料费、机械使用费、管理费、利润，还需要考虑风险因素），规费和税金按照国家及各行业的规定执行。

2.2.2　分部分项工程量清单

分部分项工程是"分部工程"和"分项工程"的总称。分部工程是单项或单位工程的组成部分，是按结构部位、路段长度及施工特点或施工任务将单项或单位工程划分为若干分部的工程。例如，房屋建筑与装饰工程分为土石方工程、地基处理与边坡支护工程、桩基工程、砌筑工程、混凝土及钢筋混凝土工程等分部工程。分项工程是分部工程的组成部分，是按不同施工方法、材料、工序及路段长度等将分部工程划分为若干个分项或项目的工程。例如，现浇混凝土基础分为垫层、带形基础、独立基础、满堂基础、桩承台基础、设备基础等分项工程。

根据《计价规范》规定，分部分项工程项目清单必须载明项目编码、项目名称、项目特征、计量单位和工程量，这五个要件在分部分项工程量清单的组成中缺一不可。分部分项工程项目清单必须根据相关工程现行国家计量规范规定的项目编码、项目名称、项目特征、计量单位和工程数量计算规则进行编制。

1. 项目编码

项目编码是分部分项工程项目和措施项目清单名称的阿拉伯数字标识。工程量清单的项目编码以五级编码设置，采用十二位阿拉伯数字表示。一至九位应按相关工程《计量规范》附录的规定统一设置，不得变动；十至十二位应根据拟建工程的工程量清单项目名称和项目特征，由清单编制人设置，并应自 001 起顺序编制。同一招标工程的项目编码不得有重码。各级编码代表的含义如下。

① 第一级为专业工程代码（分两位）：房屋建筑与装饰工程为 01、仿古建筑工程为 02、通用安装工程为 03、市政工程为 04、园林绿化工程为 05、矿山工程为 06、构筑物工程为 07、城市轨道交通工程为 08、爆破工程为 09。

② 第二级表示专业工程附录分类顺序码（分两位）。

③ 第三级表示分部工程顺序码（分两位）。

④ 第四级表示分项工程项目名称顺序码（分三位）。

⑤ 第五级为清单项目名称顺序码（分三位）。

项目编码结构如图 2.1 所示（以房屋建筑与装饰工程为例）。

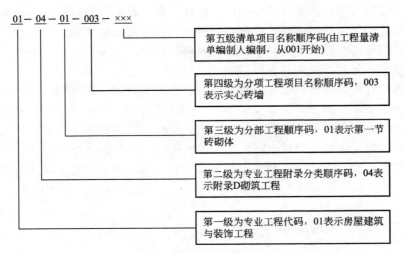

图 2.1　清单项目编码结构图

2. 项目名称

分部分项工程量清单的项目名称应根据各工程《计量规范》附录的项目名称结合拟建工程的实际情况确定。

3. 项目特征

项目特征是指构成分部分项工程项目、措施项目自身价值的本质特征。工程量清单项目特征应按各工程《计量规范》附录中规定的项目特征，结合拟建工程项目的实际予以描述。

4. 计量单位

工程量清单的计量单位应按《计量规范》附录中规定的计量单位确定。

5. 工程数量

按照《计量规范》附录中规定的计算规则计算。工程数量的有效位数应遵守下列规定。

（1）以"t"为单位，应保留小数点后三位数字，第四位四舍五入。

（2）以"m³""m²""m"为单位，应保留小数点后两位数字，第三位四舍五入。

（3）以"个""项"等为单位，应取整数。

2.2.3 措施项目清单

措施项目是指为完成工程项目施工，发生于该工程施工准备和施工过程中的技术、生活、安全、环境保护等方面的项目。措施项目分两种情况：一种是能计量的措施项目，即单价措施项目，如脚手架、混凝土模板及支架等，也同分部分项工程一样，编制工程量清单时必须列出项目编码、项目名称、项目特征、计量单位；另一种是不能计量的且以清单形式列出的项目，即总价措施项目，如安全文明施工、夜间施工和二次搬运等，编制工程量清单时必须按规定的项目编码、项目名称确定清单项目，不必描述项目的特征和确定计量单位。

2.2.4 其他项目清单

其他项目清单是指分部分项工程量清单、措施项目清单所包含的内容以外，因招标人的特殊要求而发生的与拟建工程有关的其他费用项目和相应数量的清单。

根据工程的组成内容、建设标准的高低、工程的复杂程度、工期长短、发包人对工程管理的要求等因素，规范列出了其他项目清单的四项内容：暂列金额、暂估价、计日工、总承包服务费。

（1）暂列金额：招标人在工程量清单中暂定并包括在合同价款中的一笔款项。用于工程合同签订时尚未确定或者不可预见的所需材料、工程设备、服务的采购，施工中可能发生的工程变更、合同约定调整因素出现时的合同价款调整，以及发生的索赔、现场签证确认等的费用。为保证工程的顺利实施，针对施工过程中可能出现的各种不确定因素对造价的影响，在招标控制价中需估算一笔暂列金额。暂列金额在实际履行中可能发生，也可能不发生，暂列金额如不能列出明细也可只列暂定金额总额。暂列金额明细表由招标人填写，投标人应将暂列金额计入投标总价中。

（2）暂估价：招标人在工程量清单中提供的用于支付必然发生但暂时不能确定价格的材料、工程设备的单价及专业工程的金额，包括材料暂估单价、工程设备暂估单价和专业工程暂估价。材料暂估单价、工程设备暂估单价应根据工程造价信息或参照市场价格估算，列出明细表；专业工程暂估价应分不同专业，按有关计价规定估算，列出明细表。材料及设备暂估单价由招标人填写，投标人应将材料、设备暂估单价计入工程量清单综合单价报价中，专业工程暂估价也由招标人填写，投标人应将"暂估金额"计入投标总价中，结算时按合同约定结算金额填写。

（3）计日工：在施工过程中，承包人完成发包人提出的工程合同范围以外的零星项目或工作，按合同中约定的单价计价的一种方式。计日工应列出项目名称、计量单位和暂估数量。项目名称、暂估数量由招标人填写，编制招标控制价时，单价由招标人按有关计价规定确定，投标时，单价由投标人自主报价，按暂定数量计算合价计入投标总价中。结算时，按发承包双方确认的实际数量计算合价。

（4）总承包服务费：总承包人为配合协调发包人进行的专业工程发包，对发包人自行采购的材料、工程设备等进行保管，以及施工现场管理、竣工资料汇总整理等服务所需的费用。总承包服务费应列出服务项目及其内容。招标人应当预计该项费用并按投标人的投标报价向投标人支付该项费用。

2.2.5 规费项目清单和税金项目清单

1. 规费项目清单

规费是指根据国家法律、法规规定，由省级政府或省级有关权利部门规定施工企业必须缴纳的，应计入建筑安装工程造价的费用。规费项目清单应按照下列内容列项。

（1）社会保险费：包括养老保险费、失业保险费、医疗保险费、工伤保险费、生育保险费。

（2）住房公积金。

（3）工程排污费。

出现《计价规范》未计列的项目，应根据省级政府或省级有关权力部门的规定列项。

2. 税金项目清单

税金是指国家税法规定的应计入建筑安装工程造价内的营业税、城市维护建设税、教育费附加和地方教育附加。税金项目清单应按照下列内容列项。

（1）营业税。

（2）城市维护建设税。

（3）教育费附加。

（4）地方教育附加。

出现《计价规范》未计列的项目，应根据税务部门的规定列项。

2.3 房屋建筑与装饰工程工程量计算规则

2.3.1 概况

《房屋建筑与装饰工程工程量计算规范》（GB 50854—2013）包括正文、附录、条文说明三个部分。其中正文包括总则、术语、工程计量、工程量清单编制，共计 29 项条款；附录部分包括土石方工程，地基处理与边坡支护工程，桩基工程，砌筑工程，混凝土与钢筋混凝土工程，金属结构工程，木结构工程，门窗工程，屋面及防水工程，保温、隔热、防腐工程，楼地面装饰工程，墙、柱面装饰与隔断、幕墙工程，天棚工程，油漆、涂料、裱糊工程，其他装饰工程，拆除工程，措施项目，共计 557 个项目。该规范适用于工业与民用的房屋建筑与装饰工程施工发承包及其实施阶段计价活动中的工程计量和工程量清单编制。

2.3.2 土石方工程

这一部分包括 3 节：土方工程；石方工程；回填。共 13 个项目。

1. 土石方工程工程量清单项目设置及工程量计算规则

1）土方工程（编码 010101）

（1）平整场地（010101001）按设计图示尺寸以建筑物的首层建筑面积计算。

（2）挖一般土方（010101002）按设计图示尺寸以体积计算。

（3）挖沟槽土方（010101003）按设计图示尺寸以基础垫层底面积乘以挖土深度以体积计算。

（4）挖基坑土方（010101004）按设计图示尺寸以基础垫层底面积乘以挖土深度计算。

（5）冻土开挖（010101005）按设计图示尺寸开挖面积乘以厚度以体积计算。

（6）挖淤泥、流砂（010101006）按设计图示位置、界线以体积计算。

（7）管沟土方（010101007）。

① 以米计量，按设计图示以管道中心线长度计算。

② 以立方米计量，按设计图示管底垫层面积乘以挖土深度计算；无管底垫层按管外径的水平投影面积乘以挖土深度计算。不扣除各类井的长度，井的土方并入。

2）石方工程（编码010102）

（1）挖一般石方（010102001）按设计图示尺寸以体积计算。

（2）挖沟槽石方（010102002）按设计图示尺寸沟槽底面乘以挖石深度以体积计算。

（3）挖基坑石方（010102003）按设计图示尺寸基坑底面积乘以挖石深度以体积计算。

（4）挖管沟石方（010102004）。

① 以米计量，按设计图示以管道中心线长度计算。

② 以立方米计量，按设计图示截面积乘以长度计算。

3）回填（编码010103）

（1）回填方（010103001）按设计图示尺寸以体积计算。其中：

① 场地回填：回填面积乘以平均回填厚度。

② 室内回填：主墙间净面积乘以回填厚度，不扣除间隔墙。

③ 基础回填：按挖方清单项目工程量减去自然地坪以下埋设的基础体积（包括基础垫层及其他构筑物）。

（2）余方弃置（010103002）按挖方清单项目工程量减去利用回填方体积（正数）计算。

2. 有关内容的说明

（1）"土石方"各项目，均涉及土壤及岩石的类别，其分类参见《计量规范》中：按国家标准《岩土工程勘察规范》（GB 50021—2001）（2009年版）和国家标准《工程岩体分级标准》（GB/T 50218—2014）定义的分类标准分类。

（2）土石方体积，应按挖掘前的天然密实体积计算，如需按天然密实体积折算时，应按表2-1、表2-2所规定的系数计算。

表 2-1 土方体积折算系数表

天然密实度体积	虚方体积	夯实后体积	松填体积
1.00	1.30	0.87	1.08
0.77	1.00	0.67	0.83
1.15	1.50	1.00	1.25
0.92	1.20	0.80	1.00

表 2-2 石方体积折算系数表

石方类别	天然密实度体积	虚方体积	松填后体积	码方
石方	1.00	1.54	1.31	
块石	1.00	1.75	1.43	1.67
砂夹石	1.00	1.07	0.94	

（3）"平整场地"项目，适用于建筑场地厚度在±30cm以内的挖、填、运、找平。±30cm以外的竖向布置挖土或山坡切土，按"挖一般土方"项目编码列项。

（4）"挖一般土方"项目，适用于建筑场地厚度在±30cm以外的竖向布置挖土或山坡切土，其平均厚度，应按自然地面测量标高至设计地坪标高间的平均厚度确定。基础土方、石方开挖深度，应按基础垫层底表面标高至交付施工场地标高确定，无交付施工场地标高时，应按自然地面标高确定。

（5）"挖沟槽土方"项目，应按不同底宽和深度，分别编码列项。

（6）"挖基坑土方"项目，包括独立基础、满堂基础（包括地下室基础）及设备基础等的挖方。应按不同底面积和深度分别编码列项。

（7）"管沟土方"项目，有管沟设计时，平均深度以管沟垫层底表面标高至交付施工场地标高计算；无管沟设计时，直埋管深度应按管底外表面标高至交付施工场地标高的平均高度计算。管沟土方项目适用于管道（给排水、工业、电力、通信）、光（电）缆沟及连接井（检查井）等。

（8）"石方开挖"项目，适用于人工凿石、人工打眼爆破、机械打眼爆破等，并包括指定范围内的石方清除运输。

（9）挖方出现流砂、淤泥时，可根据实际情况由发包人与承发包人双方认证。

【例2.1】 根据图2.2所示，试计算编制工程量清单时，人工平整场地的工程量（首层外墙墙厚均为240mm）。

解： 根据计算规则的要求，按建筑物首层面积计算：

$$S = (30.8+0.24)\times(32.4+0.24)$$
$$-(10.8-0.24)\times21.6 = 785.05 (\text{m}^2)$$

【例2.2】 某工程人工挖一独立钢筋混凝土基础基坑，其垫层长为1.8m，宽为1.5m，挖土深度为2.4m，三类土，如图2.3所示，试计算编制工程量清单时，挖基坑土方工程量。

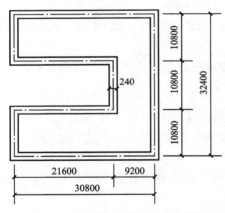

图 2.2 某建筑物底层平面示意图

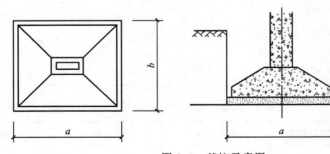

图 2.3 基坑示意图

解： 根据计算规则的要求，以垫层底面积乘以挖土深度计算：

$$V = 1.8\times1.5\times2.4 = 6.48 (\text{m}^3)$$

【例 2.3】 某钢筋混凝土带形基础工程，基础采用 C25 混凝土，体积为 329m³，垫层采用 C15 混凝土，底部宽度为 1.6m，厚度为 0.1m，基础总长为 320m，挖土深度为 2m，试计算编制工程量清单时，挖基坑土方、土方回填的工程量。

解：根据计算规则的要求，挖基坑土方为：$V = 1.6 \times 2 \times 320 = 1024(\text{m}^3)$

垫层体积为：$V = 1.6 \times 0.1 \times 320 = 51.2(\text{m}^3)$

回填土方为：$V = 1024 - 329 - 51.2 = 643.8(\text{m}^3)$

2.3.3 地基处理与边坡支护工程

这一部分包括 2 节：地基处理；基坑与边坡支护。共 28 个项目。适用于地基与边坡的处理、加固。

1. 地基处理工程量清单项目设置及工程量计算规则

(1) 换填垫层(010201001)按设计图示尺寸以体积计算。

(2) 铺设土工合成材料(010201002)按设计图示规定以面积计算。

(3) 预压地基(010201003)按设计图示处理范围以面积计算。

(4) 强夯地基(010201004)按设计图示处理范围以面积计算。

(5) 振冲密实(不填料)(010201005)按设计图示处理范围以面积计算。

(6) 振冲桩(010201006)。

① 以米计量，按设计图示尺寸以桩长计算。

② 以立方米计量，按设计桩截面乘以桩长以体积计算。

(7) 砂石桩(010201007)。

① 以米计量，按设计图示尺寸以桩长(包括桩尖)计算。

② 以立方米计量，按设计桩截面乘以桩长(包括桩尖)以体积计算。

(8) 水泥粉煤灰碎石桩(010201008)按设计图示尺寸以桩长(包括桩尖)计算。

(9) 深层搅拌桩(010201009)按设计图示尺寸以桩长计算。

(10) 粉喷桩(010201010)按设计图示尺寸以桩长计算。

(11) 夯实水泥土桩(010201011)按设计图示尺寸以桩长(包括桩尖)计算。

(12) 高压喷射注浆桩(010201012)按设计图示尺寸以桩长计算。

(13) 石灰桩(010201013)按设计图示尺寸以桩长(包括桩尖)计算。

(14) 灰土(土)挤密桩(010201014)按设计图示尺寸以桩长(包括桩尖)计算。

(15) 柱锤冲扩桩(010201015)按设计图示尺寸以桩长计算。

(16) 注浆地基(010201016)。

① 以米计量，按设计图示尺寸以钻孔深度计算。

② 以立方米计量，按设计图示尺寸以加固体积计算。

(17) 褥垫层(010201017)。

① 以平方米计量，按设计图示尺寸以铺设面积计算。

② 以立方米计量，按设计图示尺寸以体积计算。

2. 基坑与边坡支护工程量清单项目设置及工程量计算规则

(1) 地下连续墙(010202001)按设计图示墙中心线长乘以厚度乘以槽深以体积计算。

（2）咬合灌注桩（010202002）。

① 以米计量，按设计图示尺寸以桩长计算。

② 以根计量，按设计图示数量计算。

（3）圆木桩（010202003）。

① 以米计量，按设计图示尺寸以桩长（包括桩尖）计算。

② 以根计量，按设计图示数量计算。

（4）预制钢筋混凝土板桩（010202004）。

① 以米计量，按设计图示尺寸以桩长（包括桩尖）计算。

② 以根计量，按设计图示数量计算。

（5）型钢桩（010202005）。

① 以吨计量，按设计图示尺寸以质量计算。

② 以根计量，按设计图示数量计算。

（6）钢板桩（010202006）。

① 以吨计量，按设计图示尺寸以质量计算。

② 以平方米计量，按设计图示墙中心线长乘以桩长以面积计算。

（7）锚杆（锚索）（010202007）。

① 以米计量，按设计图示尺寸以钻孔深度计算。

② 以根计量，按设计图示数量计算。

（8）土钉（010202008）。

① 以米计量，按设计图示尺寸以钻孔深度计算。

② 以根计量，按设计图示数量计算。

（9）喷射混凝土、水泥砂浆（010202009）按设计图示尺寸以面积计算。

（10）钢筋混凝土支撑（010202010）按设计图示尺寸以体积计算。

（11）钢支撑（010202011）按设计图示尺寸以质量计算。不扣除孔眼质量，焊条、铆钉、螺栓等不另增加质量。

3. 有关内容的说明

（1）地层情况按相应分类规定，并根据岩土工程勘察报告按单位工程各地层所占比例进行描述。对无法准确描述的地层情况，可注明由投标人根据岩土工程勘察报告自行决定报价。

（2）项目特征中的桩长应包括桩尖，空桩长度＝孔深－桩长，孔深为自然地面至设计桩长的深度。

（3）采用泥浆护壁成孔，工作内容包括土方、废泥浆外运，如采用沉管灌注成孔，工作内容包括桩尖制作、安装。

（4）土钉植入方法包括钻孔植入、打入或射入。

（5）地下连续墙和喷射混凝土的钢筋网、咬合灌注桩的钢筋笼及钢筋混凝土支撑的钢筋制作、安装，要按混凝土及钢筋混凝土工程相关项目列项。

2.3.4　桩基工程

这一部分包括 2 节：打桩；灌注桩。共 11 个项目。

1. 打桩工程量清单项目设置及工程量计算规则

(1) 预制钢筋混凝土方桩(010301001)。

① 以米计量,按设计图示尺寸以桩长(包括桩尖)计算。

② 以立方米计量,按设计图示截面积乘以桩长(包括桩尖)以实体积计算。

③ 以根计量,按设计图示数量计算。

(2) 预制钢筋混凝土管桩(010301002)。

① 以米计量,按设计图示尺寸以桩长(包括桩尖)计算。

② 以立方米计量,按设计图示截面积乘以桩长(包括桩尖)以实体积计算。

③ 以根计量,按设计图示数量计算。

(3) 钢管桩(010301003)。

① 以吨计量,按设计图示尺寸以质量计算。

② 以根计量,按设计图示数量计算。

(4) 截(凿)桩头(010301004)。

① 以立方米计量,按设计桩截面乘以桩头长度以体积计算。

② 以根计量,按设计图示数量计算。

2. 灌注桩工程量清单项目设置及工程量计算规则

(1) 泥浆护壁成孔灌注桩(010302001)。

(2) 沉管灌注桩(010302002)。

(3) 干作业成孔灌注桩(010302003),这三种桩的计算规则如下。

① 以米计量,按设计图示尺寸以桩长(包括桩尖)计算。

② 以立方米计量,按不同截面在桩上范围内以体积计算。

③ 以根计量,按设计图示数量计算。

(4) 挖孔桩土(石)方(010302004)按设计图示尺寸(含护壁)截面积乘以挖孔深度以立方米计算。

(5) 人工挖孔灌注桩(010302005)。

① 以立方米计量,按桩芯混凝土体积计算。

② 以根计量,按设计图示数量计算。

(6) 钻孔压浆桩(010302006)。

① 以米计量,按设计图示尺寸以桩长计算。

② 以根计量,按设计图示数量计算。

(7) 灌注桩后压浆(010302007)按设计图示以注浆孔数计算。

3. 有关内容的说明

(1) 泥浆护壁成孔灌注桩是指在泥浆护壁条件下成孔,采用水下灌注混凝土的桩。其成孔方法包括冲击钻成孔、冲抓锥成孔、回旋钻成孔、潜水钻成孔、泥浆护壁的旋挖成孔等。

(2) 沉管灌注桩的沉管方法包括锤击沉管法、振动沉管法、振动冲击沉管法、内夯沉管法等。

(3) 混凝土灌注桩的钢筋笼制作、安装,应按混凝土及钢筋混凝土工程相关项目编码列项。

2.3.5　砌筑工程

这一部分包括 5 节：砖砌体；砌块砌体；石砌体；垫层；相关问题及说明。共 27 个项目。适用于建筑物的砌筑工程。

1. 砌筑工程工程量清单项目设置及工程量计算规则

1）砖砌体（编码 010401）

（1）砖基础（编码 010401001）按设计图示尺寸以体积计算，包括附墙垛基础宽出部分体积，扣除地梁（圈梁）、构造柱所占体积，不扣除基础大放脚 T 形接头处的重叠部分及嵌入基础内的钢筋、铁件、管道、基础砂浆防潮层和单个面积≤0.3m² 的孔洞所占体积，靠墙暖气沟的挑檐不增加。砖基础的长度：外墙按中心线、内墙按净长线计算。

（2）砖砌挖孔桩护壁（010401002）按设计图示尺寸以立方米计算。

（3）实心砖墙（010401003）。

（4）多孔砖墙（010401004）。

（5）空心砖墙（010401005）。

以上三种墙均按设计图示尺寸以体积计算，其中：

① 扣除门窗、洞口、嵌入墙内的钢筋混凝土柱、梁、圈梁、挑梁、过梁及凹进墙内的壁龛、管槽、暖气槽、消火栓箱所占体积。

② 不扣除梁头、板头、檩头、垫木、木楞头、沿椽木、木砖、门窗走头、砖墙内加固钢筋、木筋、铁件、钢管及单个面积≤0.3m² 的孔洞所占的体积。

③ 凸出墙面的腰线、挑檐、压顶、窗台线、虎头砖、门窗套的体积也不增加，凸出墙面的砖垛并入墙体体积内计算。

④ 墙长度：外墙按中心线、内墙按净长线计算。

⑤ 墙高度。外墙：斜（坡）屋面无檐口天棚者算至屋面板底；有屋架且室内外均有天棚者算至屋架下弦底另加 200mm；无天棚者算至屋架下弦底另加 300mm；出檐宽度超过 600mm 时按实砌高度计算；与钢筋混凝土楼板隔层者算至板顶；平屋面算至钢筋混凝土板底。内墙：位于屋架下弦者，算至屋架下弦底；无屋架者算至天棚底另加 100mm；有钢筋混凝土楼板隔层者算至楼板顶；有框架梁时算至梁底。女儿墙：从屋面板上表面算至女儿墙顶面（如有混凝土压顶时算至压顶下表面）。内、外山墙：按其平均高度计算。

⑥ 框架间墙：不分内外墙按墙体净尺寸以体积计算。

⑦ 围墙：高度算至压顶上表面（如有混凝土压顶时算至压顶下表面），围墙柱并入围墙体积内。

（6）空斗墙（010401006）按设计图示尺寸以空斗墙外形体积计算。墙角、内外墙交接处、门窗洞口立边、窗台砖、屋檐处的实砌部分体积并入空斗墙体积内。

（7）空花墙（010401007）按设计图示尺寸以空花部分外形体积计算，不扣除空洞部分体积。

（8）填充墙（010401008）按设计图示尺寸以填充墙外形体积计算。

（9）实心砖柱（010401009）按设计图示尺寸以体积计算，扣除混凝土及钢筋混凝土梁垫、梁头、板头所占的体积。

(10) 多孔砖柱(010401010)按设计图示尺寸以体积计算,扣除混凝土及钢筋混凝土梁垫、梁头、板头所占的体积。

(11) 砖检查井(010401011)按设计图示数量计算(座)。

(12) 零星砌砖(010401012)。

① 以立方米计量,按设计图示尺寸截面积乘以长度计算。

② 以平方米计量,按设计图示尺寸水平投影面积计算。

③ 以米计量,按设计图示尺寸长度计算。

④ 以个计量,按设计图示数量计算。

(13) 砖散水、地坪(010401013)按设计图示尺寸以面积计算。

(14) 砖地沟、明沟(010401014)以米计量,按设计图示以中心线长度计算。

2) 砌块砌体(编码 010402)

(1) 砌块墙(010402001)按设计图示尺寸以体积计算,其中:

① 扣除门窗、洞口、嵌入墙内的钢筋混凝土柱、梁、圈梁、挑梁、过梁及凹进墙内的壁龛、管槽、暖气槽、消火栓箱所占体积。

② 不扣除梁头、板头、檩头、垫木、木楞头、沿椽木、木砖、门窗走头、砌块墙内加固钢筋、木筋、铁件、钢管及单个面积≤0.3m² 的孔洞所占的体积。

③ 凸出墙面的腰线、挑檐、压顶、窗台线、虎头砖、门窗套的体积也不增加,凸出墙面的砖垛并入墙体体积内计算。

④ 墙长度:外墙按中心线、内墙按净长线计算。

⑤ 墙高度。外墙:斜(坡)屋面无檐口天棚者算至屋面板底;有屋架且室内外均有天棚者算至屋架下弦底另加 200mm;无天棚者算至屋架下弦底另加 300mm;出檐宽度超过 600mm 时按实砌高度计算;与钢筋混凝土楼板隔层者算至板顶;平屋面算至钢筋混凝土板底。内墙:位于屋架下弦者,算至屋架下弦底;无屋架者算至天棚底另加 100mm;有钢筋混凝土楼板隔层者算至楼板顶;有框架梁时算至梁底。女儿墙:从屋面板上表面算至女儿墙顶面(如有混凝土压顶时算至压顶下表面)。内、外山墙:按其平均高度计算。

⑥ 框架间墙:不分内外墙按墙体净尺寸以体积计算。

⑦ 围墙:高度算至压顶上表面(如有混凝土压顶时算至压顶下表面),围墙柱并入围墙体积内。

(2) 砌块柱(010402002)设计图示尺寸以体积计算,扣除混凝土及钢筋混凝土梁垫、梁头、板头所占的体积。

3) 石砌体(编号 010403)

(1) 基础(010403001)按设计图示尺寸以体积计算,包括附墙垛基础宽出部分体积,不扣除基础砂浆防潮层及单个面积≤0.3m² 的孔洞所占体积,靠墙暖气沟的挑檐不增加体积。础长度:外墙按中心线、内墙按净长线计算。

(2) 石勒脚(010403002)按设计图示尺寸以体积计算,扣除单个面积>0.3m² 的孔洞所占体积。

(3) 石墙(010403003)按设计图示尺寸以体积计算,其中:

① 扣除门窗、洞口、嵌入墙内的钢筋混凝土柱、梁、圈梁、挑梁、过梁及凹进墙内

的壁龛、管槽、暖气槽、消火栓箱所占体积。

② 扣除梁头、板头、檩头、垫木、木楞头、沿椽木、木砖、门窗走头、石墙内加固钢筋、木筋、铁件、钢管及单个面积≤0.3m² 的孔洞所占体积。

③ 凸出墙面的腰线、挑檐、压顶、窗台线、虎头砖、门窗套的体积也不增加，凸出墙面的砖垛并入墙体体积内计算。

④ 墙长度：外墙按中心线、内墙按净长线计算。

⑤ 墙高度。外墙：斜(坡)屋面无檐口天棚者算至屋面板底；有屋架且室内外均有天棚者算至屋架下弦底另加 200mm；无天棚者算至屋架下弦底另加 300mm；出檐宽度超过600mm 时按实砌高度计算；有钢筋混凝土楼板隔层者算至板顶；平屋面算至钢筋混凝土板底。内墙：位于屋架下弦者、算至屋架下弦底；无屋架者算至天棚底另加 100mm；有钢筋混凝土楼板隔层者算至楼板顶；有框架梁时算至梁底。女儿墙：从屋面板上表面算至女儿墙顶面(如有混凝土压顶时算至压顶下表面)。内、外山墙：按其平均高度计算。

⑥ 围墙：高度算至压顶上表面(如有混凝土压顶时算至压顶下表面)，围墙柱并入围墙体积内。

（4）石挡土墙(010403004)按设计图示尺寸以体积计算。

（5）石柱(010403005)按设计图示尺寸以体积计算。

（6）石栏杆(010403006)按设计图示尺寸以长度计算。

（7）石护坡(010403007)设计图示尺寸以体积计算。

（8）石台阶(010403008)设计图示尺寸以体积计算。

（9）石坡道(010403009)按设计图示尺寸以水平投影面积计算。

（10）石地沟、石明沟(010403010)按设计图示以中心线长度计算。

4）垫层

垫层(010404001)按设计图示尺寸以立方米计算。

2. 有关内容的说明

（1）垫层项目，除混凝土垫层应按混凝土工程相关项目编码列项外，没有包括垫层要求的清单项目应按本表垫层项目编码列项。例如：灰土垫层、楼地面等(非混凝土)垫层按本项目编码列项。

（2）标准砖尺寸应为 240mm×115mm×53mm。标准砖墙厚度应按表 2-3 标准砖墙墙厚度计算表计算。

表 2-3　标准砖墙墙厚度计算表

砖数(厚度)	$\frac{1}{4}$	$\frac{1}{2}$	$\frac{3}{4}$	1	$1\frac{1}{2}$	2	$2\frac{1}{2}$	3
计算厚度/mm	53	115	180	240	365	490	615	740

（3）"砖基础"项目，适用于各种类型的砖基础：柱基础、墙基础、管道基础等。

（4）基础与墙(柱)身使用同一种材料时，以设计室内地面为界(有地下室的按地下室室内设计地面为界)，以下为基础，以上为墙(柱)身；当基础与墙身使用不同材料，位于设计室内地面高度≤±300mm 时，以不同材料为界，高度>±300mm 时，以设计室内地面为界；砖围墙以设计室外地坪为界，以下为基础，以上为墙身。

（5）空斗墙的窗间墙、窗台下、楼板下、梁头下等的实砌部分，按零星砌砖项目编码列项。

（6）框架外表面的镶贴砖部分，应按零星项目编码列项。

（7）台阶、台阶挡墙、梯带、锅台、炉灶、蹲台、池槽、池槽腿、砖胎膜、花台、花池、楼梯栏板、阳台栏板、地垄墙、≤0.3m² 孔洞填塞等，应按零星砌砖项目编码列项。

① 砖砌锅台、炉灶可按外形尺寸以个计算，以长×宽×高顺序标明外形尺寸。

② 砖砌台阶可按水平投影面积计算（不包括梯带或台阶挡墙）。

③ 小便槽、地垄墙可按长度计算。

④ 其他工程量可按体积计算。

（8）附墙烟囱、通风道、垃圾道应按设计图示尺寸以体积（扣除孔洞所占体积）计算，并入所依附的墙体体积内。当设计规定孔洞内需抹灰时，应按墙、柱面装饰与隔断、幕墙工程相关项目编码列项。

（9）砖检查井项目同样适用于各类砖砌的沼气池、公厕生化池。

工程量"座"包括了井内各种构件。井内爬梯按钢构件相关项目编码列项，构件内的钢筋按混凝土及钢筋混凝土相关项目编码列项。

（10）空花墙项目适用于各种类型的空花墙，使用混凝土花格砌筑的空花墙，实砌墙体与混凝土花格应分别计算，混凝土花格按混凝土及钢筋混凝土中预制构件相关项目编码列项。

（11）石基础、石勒脚、石墙、石挡土墙项目，包括：各种不同规格、不同材质的基础、勒脚、墙体、挡土墙；不同类型的（柱基、墙基、直形、弧形等）基础；不同类型的（直形、弧形等）勒脚、墙体；不同类型的（直形、弧形、台阶形等）挡土墙。

（12）石基础、石勒脚、石墙的划分：

① 基础与勒脚，应以设计室外地坪为界；勒脚与墙身，应以设计室内地面为界。

② 石围墙内外地坪标高不同时，应以较低地坪标高为界，以下为基础；内外标高之差为挡土墙时，挡土墙以上为墙身。

（13）石柱项目适用于各种规格、各种石质、各种类型的石柱。

（14）石栏杆项目适用于无雕饰的一般石栏杆。

（15）石护坡项目适用于各种石质和各种石料。

（16）石台阶项目包括石梯带，不包括石梯膀，石梯膀应按石挡土墙项目编码列项。

【例2.4】 根据图2.4所示基础施工图的尺寸，试计算编制工程量清单时砖基础的工程量（基础墙厚为240mm，其做法为三层等高大放脚，增加的断面面积为 $\Delta S = 0.0945 \text{m}^2$，折加高度为 $\Delta h = 0.394 \text{m}$）。

解：基础与墙身由于采用同一种材料，以室内地面为界，基础高度为1.8m。根据计算规则的要求，计算如下。

外墙砖基础长：
$$L = \left[(4.5+2.4+5.7)+(3.9+6.9+6.3)\right] \times 2 = 59.4(\text{m})$$

内墙砖基础长：
$$L = (5.7-0.24)+(8.1-0.12)+(4.5+2.4-0.24)$$
$$+(6+4.8-0.24)+(6.3-0.12) = 36.84(\text{m})$$

砖基础的工程量为 $V = (0.24 \times 1.8 + 0.0945) \times (59.4 + 36.84) = 50.6(\text{m}^3)$

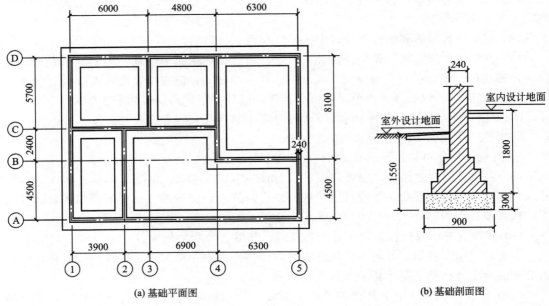

(a) 基础平面图　　　　(b) 基础剖面图

图 2.4　砖基础施工图

或

$$V = 0.24 \times (1.8 + 0.394) \times (59.4 + 36.84) = 50.6 (\mathrm{m}^3)$$

【例 2.5】　根据图 2.5 所示某建筑为砖墙结构，有屋架，下弦标高为 3.1m，无天棚，门窗均用钢筋混凝土过梁，外墙中过梁体积为 0.8m³，内墙中过梁体积为 0.12m³，墙厚均为 240mm，门窗洞口尺寸：M1 为 1000mm×2100mm，M2 为 900mm×2100mm，C1 为 1000mm×1500mm，C2 为 1500mm×1500mm，C3 为 1800mm×1500mm，试计算编制工程量清单时该建筑砖墙的工程量。

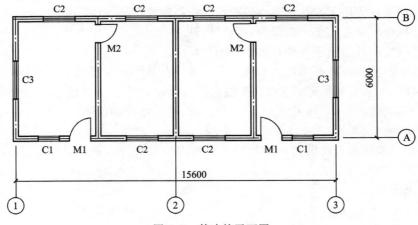

图 2.5　某建筑平面图

解：门窗洞口面积 M1 = 1×2.1×2 = 4.2(m²)，　　M2 = 0.9×2.1×2 = 3.78(m²)，
　　　　C1 = 1×1.5×2 = 3(m²)，　　C2 = 1.5×1.5×6 = 13.5(m²)，

$$C3 = 1.8 \times 1.5 \times 2 = 5.4(m^2)$$

根据计算规则的要求，计算如下。

外墙长：$L = (15.6+6) \times 2 = 43.2(m)$

内墙长：$L = (6-0.24) \times 3 = 17.28(m)$

外墙高：$H = 3.1+0.3 = 3.4(m)$（无天棚算至屋架下弦底另加300mm）

内墙高：$H = 3.1m$（算至屋架下弦）

外墙工程量 $V = [(43.2 \times 3.4) - (4.2+3+13.5+5.4)] \times 0.24 - 0.8 = 28.18(m^3)$

内墙工程量 $V = [(17.28 \times 3.1) - 3.78] \times 0.24 - 0.12 = 11.83(m^3)$

2.3.6 混凝土及钢筋混凝土工程

这一部分包括17节：现浇混凝土基础；现浇混凝土柱；现浇混凝土梁；现浇混凝土墙；现浇混凝土板；现浇混凝土楼梯；现浇混凝土其他构件；后浇带；预制混凝土柱；预制混凝土梁；预制混凝土屋架；预制混凝土板；预制混凝土楼梯；其他预制构件；钢筋工程；螺栓、铁件；相关问题及说明。共76个项目。适用于建筑物的混凝土工程。

1. 混凝土及钢筋混凝土工程工程量清单项目设置及工程量计算规则

1）现浇混凝土基础（编码010501）

(1) 垫层（010501001）；(2) 带形基础（010501002）；(3) 独立基础（010501003）；(4) 满堂基础（010501004）；(5) 桩承台基础（010501005）；(6) 设备基础（010501006）。以上6项内容均按设计图示尺寸以体积计算，不扣除构件内钢筋、预埋铁件和伸入承台基础的桩头所占体积。

2）现浇混凝土柱（编码010502）

(1) 矩形柱（010502001）；(2) 构造柱（010502002）；(3) 异形柱（010502003）。以上3项内容均按设计图示尺寸以体积计算。其中柱高：

① 有梁板的柱高，应自柱基上表面（或楼板上表面）至上一层楼板上表面之间的高度计算。

② 无梁板的柱高，应自柱基上表面（或楼板上表面）至柱帽下表面之间的高度计算。

③ 框架柱的柱高，应自柱基上表面至柱顶高度计算。

④ 构造柱按全高计算，嵌接墙体部分并入柱身体积计算。

⑤ 依附柱上的牛腿和升板的柱帽，并入柱身体积计算。

3）现浇混凝土梁（编码010503）

(1) 基础梁（010503001）；(2) 矩形梁（010503002）；(3) 异形梁（010503003）；(4) 圈梁（010503004）；(5) 过梁（010503005）；(6) 弧形、拱形梁（010503006）。

以上6项内容均按设计图示尺寸以体积计算，伸入墙内的梁头、梁垫并入梁体积内计算。其中梁长：

① 梁与柱连接时，梁长算至柱侧面。

② 主梁与次梁连接时，次梁长算至主梁侧面。

4）现浇混凝土墙（编码010504）

(1) 直形墙（010504001）；(2) 弧形墙（010504002）；(3) 短肢剪力墙（010504003）；

（4）挡土墙（010504004）。

以上 4 项内容均按设计图示尺寸以体积计算，扣除门窗洞口及单个面积＞0.3m² 的孔洞所占体积，墙垛及凸出墙面部分并入墙体体积计算。

5）现浇混凝土板（编码 010505）

（1）有梁板（010505001）；（2）无梁板（010505002）；（3）平板（010505003）；（4）拱板（010505004）；（5）薄壳板（010505005）；（6）栏板（010505006）。

以上 6 项内容均按设计图示尺寸以体积计算，不扣除单个面积≤0.3m² 的柱、垛及孔洞所占体积。其中：

① 压形钢板混凝土楼板扣除构件压形钢板所占体积。

② 有梁板（包括主、次梁与板）按梁、板体积之和计算，无梁板按板和柱帽体积之和计算。

③ 各类板伸入墙内的板头并入板体积内计算。

④ 薄壳板的肋、基梁并入薄壳体积内计算。

（7）天沟（檐沟）、挑檐板（010505007）按设计图示尺寸以体积计算。

（8）雨篷、悬挑板、阳台板（010505008）按设计图示尺寸以墙外部分体积计算，包括伸出墙外的牛腿和雨篷反挑檐的体积。

（9）空心板（010505009）按设计图示尺寸以体积计算。空心板（GBF 高强薄壁蜂巢芯板等）应扣除空心部分体积。

（10）其他板（0105050010）按设计图示尺寸以体积计算。

6）现浇混凝土楼梯（编码 010506）

（1）直形楼梯（010506001）；（2）弧形楼梯（010506002）。

以上两项内容：①以平方米计量，按设计图示尺寸以水平投影面积计算，不扣除宽度小于 500mm 的楼梯井，伸入墙内部分不计算；②以立方米计量，按设计尺寸以体积计算。

7）现浇混凝土其他构件（编码 010507）

（1）散水、坡道（010507001）；（2）室外地坪（010507002）。

以上两项内容均按设计图示尺寸以水平投影面积计算，不扣除单个面积在 0.3m² 以内的孔洞所占面积。

（3）电缆沟、地沟（010507003）按设计图示以中心线长度计算。

（4）台阶（010507004）：①以平方米计量，按设计图示尺寸水平投影面积计算；②以立方米计量，按设计图示尺寸以体积计算。

（5）扶手、压顶（010507005）：①以米计量，按设计图示的中心线延长米计算；②以立方米计量，按设计图示尺寸以体积计算。

（6）化粪池、检查井（010507006）：①按设计图示尺寸以体积计算；②以座计量，按设计图示数量计算。

（7）其他构件（010507007）按设计图示尺寸以体积计算。

8）后浇带（编码 010508）

后浇带（010508001）按设计图示尺寸以体积计算。

9）预制混凝土柱（编码 010509）

（1）矩形柱（010509001）；（2）异形柱（010509002）。以上两项内容：①以立方米计量，按设计图示尺寸以体积计算；②以根计量，按设计图示尺寸以数量计算。

10) 预制混凝土梁(编码 010510)

(1)矩形梁(010510001);(2)异形梁(010510002);(3)过梁(010510003);(4)拱形梁(010510004);(5)鱼腹式吊车梁(010510005);(6)其他梁(010510006)。

以上 6 项内容:①以立方米计量,按设计图示尺寸以体积计算;②以根计量,按设计图示尺寸以数量计算。

11) 预制混凝土屋架(编码 010511)

(1)折线形屋架(010511001);(2)组合屋架(010511002);(3)薄腹屋架(010511003);(4)门式刚架(010511004);(5)天窗架(010511005)。

以上 5 项内容:①以立方米计量,按设计图示尺寸以体积计算;②以榀计量,按设计图示尺寸以数量计算。

12) 预制混凝土板(编码 010512)

(1)平板(010512001);(2)空心板(010512002);(3)槽形板(010512003);(4)网架板(010512004);(5)折线板(010512005);(6)带肋板(010512006);(7)大型板(010512007)。

以上 7 项内容:①以立方米计量,按设计图示尺寸以体积计算,不扣除单个面积≤300mm×300mm 的孔洞所占体积,扣除空心板空洞体积;②以块计量,按设计图示尺寸以数量计算。

(8)沟盖板、井盖板、井圈(010512008):①以立方米计量,按设计图示尺寸以体积计算;②以块计量,按设计图示尺寸以数量计算。

13) 预制混凝土楼梯(编码 010513)

预制混凝土楼梯(010513001):①以立方米计量,按设计图示尺寸以体积计算,扣除空心踏步板空洞体积;②以段计量,按设计图示以数量计算。

14) 其他预制构件(编码 010514)

(1)垃圾道、通风道、烟道(010514001);(2)其他构件(010514002)。

以上两项内容:①以立方米计量,均按设计图示尺寸以体积计算,不扣除单个面积≤300mm×300mm 的孔洞所占体积,扣除烟道、垃圾道、通风道的孔洞所占体积;②以平方米计量,按设计图示尺寸以面积计算,不扣除单个面积≤300mm×300mm 的孔洞所占面积;③以根计量,按设计图示尺寸以数量计算。

15) 钢筋工程(编码 010515)

(1)现浇构件钢筋(010515001);(2)预制构件钢筋(010515002);(3)钢筋网片(010515003);(4)钢筋笼(010515004)。

以上 4 项内容均按设计图示钢筋(网)长度(面积)乘以单位理论质量计算。

(5)先张法预应力钢筋(010515005)按设计图示钢筋长度乘以单位理论质量计算。

(6)后张法预应力钢筋(010515006);(7)预应力钢丝(010515007);(8)预应力钢绞线(010515008)。

以上(6)~(8)项内容均按设计图示钢筋(丝束、绞线)长度乘以单位理论质量计算。其中:

① 低合金钢筋两端均采用螺杆锚具时,钢筋长度按孔道长度减 0.35m 计算,螺杆另行计算。

② 低合金钢筋一端采用镦头插片,另一端采用螺杆锚具时,钢筋长度按孔道长度计算,螺杆另行计算。

③ 低合金钢筋一端采用镦头插片，另一端采用帮条锚具时，钢筋增加 0.15m 计算；两端均采用帮条锚具时，钢筋长度按孔道长度增加 0.3m 计算。

④ 低合金钢筋采用后张混凝土自锚时，钢筋长度按孔道长度增加 0.35m 计算。

⑤ 低合金钢筋（钢绞线）采用 JM、XM、QM 型锚具，孔道长度在≤20m 时，钢筋长度增加 1m 计算；孔道长度＞20m 时，钢筋长度增加 1.8m 计算。

⑥ 碳素钢丝采用锥形锚具，孔道长度≤20m 时，钢丝束长度按孔道长度增加 1m 计算；孔道长度＞20m 时，钢丝束长度按孔道长度增加 1.8m 计算。

⑦ 碳素钢丝束采用镦头锚具时，钢丝束长度按孔道长度增加 0.35m 计算。

（9）支撑钢筋（铁马）（010515009）按钢筋长度乘以单位理论质量计算。

（10）声测管（010515010）按设计图示尺寸以质量计算。

16）螺栓、铁件（编码 010516）

（1）螺栓（010516001）按设计图示尺寸以质量计算（t）。

（2）预埋铁件（010516002）按设计图示尺寸以质量计算（t）。

（3）机械连接（010516003）按数量计算（个）。

2．有关内容的说明

（1）预制混凝土构件或预制钢筋混凝土构件，如施工图设计标注做法见标准图集时，项目特征注明标准图集的编码、页号及节点大样即可。

（2）现浇或预制混凝土和钢筋混凝土构件，不扣除构件内钢筋、螺栓、预埋铁件、张拉孔道所占体积，但应扣除劲性骨架的型钢所占体积。

（3）现浇构件中伸出构件的锚固钢筋应并入钢筋工程量内。除设计标明的搭接外，其他施工搭接不计算工程量，在综合单价中综合考虑。

（4）现浇构件中固定位置的支撑钢筋、双层钢筋用的"铁马"在编制工程量清单时，如果设计未明确，其工程数量可为暂估量，结算时按现场签证数量计算。

（5）毛石混凝土基础，项目特征应描述毛石所占比例。

（6）混凝土种类指清水混凝土、彩色混凝土等，如在同一地区既使用预拌（商品）混凝土，又允许现场搅拌混凝土时，也应注明。

（7）现浇挑檐、天沟板、雨篷、阳台与板（包括屋面板、楼板）连接时，以外墙外边线为分界线；与圈梁（包括其他梁）连接时，以梁外边线为分界线，外边线以外为挑檐、天沟、雨篷或阳台。

（8）整体楼梯（包括直形楼梯、弧形楼梯）水平投影面积包括休息平台、平台梁、斜梁和楼梯的连接梁。当整体楼梯与现浇楼梯无梯梁连接时，以楼梯的最后一个踏步边缘加 300mm 为界。

（9）现浇混凝土小型池槽、垫块、门框等，应按现浇混凝土其他构件项目编码列项。

（10）架空式混凝土台阶按现浇楼梯计算。

【例 2.6】 某单层工业厂房，预制钢筋混凝土工字形柱，单根体积 1.709m³，共 14 根，矩形抗风柱截面为 600mm×400mm，柱高 10.8m，共 4 根，采用 C30 混凝土，试计算编制工程量清单时该厂房预制柱的工程量。

解： 根据计算规则的要求，工字形柱即异形柱：$V=1.709\times14=23.93(m^3)$

矩形柱：$V=0.6\times0.4\times10.8\times4=10.36(m^3)$

2.3.7 金属结构工程

这一部分包括8节：钢网架；钢屋架、钢托架、钢桁架、钢架桥；钢柱；钢梁；钢板楼板、墙板；钢构件；金属制品；相关问题及说明。共31个项目。适用于建筑物的钢结构工程。

1. 金属结构工程工程量清单项目设置及工程量计算规则

1) 钢网架（编码 010601）

钢网架（010601001）按设计图示尺寸以质量计算。不扣除孔眼的质量，焊条、铆钉等不另增加质量。

2) 钢屋架、钢托架、钢桁架、钢架桥（编码 010602）

（1）钢屋架（010602001）：①以榀计量，按设计图示数量计算；②以吨计量，按设计图示尺寸以质量计算，不扣除孔眼的质量，焊条、铆钉、螺栓等不另增加质量。

（2）钢托架（010602002）；（3）钢桁架（010602003）；（4）钢架桥（010602004）。

以上3项内容均按设计图示尺寸以质量计算。不扣除孔眼的质量，焊条、铆钉、螺栓等不另增加质量。

3) 钢柱（编码 010603）

（1）实腹钢柱（010603001）；（2）空腹钢柱（010603002）。

以上两项内容均按设计图示尺寸以质量计算。不扣除孔的质量，焊条、铆钉、螺栓等不另增加质量，依附在钢柱上的牛腿及悬臂梁，并入钢柱工程量内计算。

（3）钢管柱（010603003）按设计图示尺寸以质量计算。不扣除孔眼的质量，焊条、铆钉、螺栓等不另增加质量，钢管柱上的节点板、加强环、内衬管、牛腿等，并入钢管柱工程量内计算。

4) 钢梁（编码 010604）

（1）钢梁（010604001）；（2）钢吊车梁（010604002）。

以上两项内容均按设计图示尺寸以质量计算。不扣除孔眼的质量，焊条、铆钉、螺栓等不另增加质量，制动梁、制动板、制动桁架、车挡并入钢吊车梁工程量内计算。

5) 钢板楼板、墙板（编码 010605）

（1）钢板楼板（010605001）按设计图示尺寸以铺设水平投影面积计算。不扣除单个面积≤0.3m² 的柱、垛及孔洞所占面积。

（2）钢板墙板（010605002）按设计图示尺寸以铺挂展开面积计算。不扣除单个面积≤0.3m² 的梁、孔洞所占面积。包角、包边、窗台泛水等不另增加面积。

6) 钢构件（编码 010606）

（1）钢支撑、钢拉条（010606001）；（2）钢檩条（010606002）；（3）钢天窗架（010606003）；（4）钢挡风架（010606004）；（5）钢墙架（010606005）；（6）钢平台（010606006）；（7）钢走道（010606007）；（8）钢梯（010606008）；（9）钢护栏（010606009）。

以上9项内容均按设计图示尺寸以质量计算。不扣除孔眼的质量，焊条、铆钉、螺栓等不另增加质量。

（10）钢漏斗（010606010）；（11）钢板天沟（010606011）。

以上两项内容均按设计图示尺寸以质量计算，不扣除孔眼的质量，焊条、铆钉、螺栓等不另增加质量，依附漏斗或天沟的型钢并入漏斗或天沟工程量内计算。

（12）钢支架（010606012）；（13）零星钢构件（010606013）。

以上两项内容均按设计图示尺寸以质量计算，不扣除孔眼的质量，焊条、铆钉、螺栓等不另增加质量。

7）金属制品（编码 010607）

（1）成品空调金属百叶护栏（010607001）；（2）成品栅栏（010607002）。

以上两项内容均按设计图示尺寸以框外围展开面积计算。

（3）成品雨篷（010607003）：①以米计量，按设计图示接触边以米计算；②以平方米计量，按设计图示尺寸以展开面积计算。

（4）金属网栏（010607004）按设计图示尺寸以框外围展开面积计算。

（5）砌块墙钢丝网加固（010607005）；（6）后浇带金属网（010607006）。

以上两项内容均按图示尺寸以面积计算。

2．有关内容的说明

（1）实腹钢柱类型指十字形、T形、L形、H形等。

（2）空腹钢柱类型指箱形、格构式等。

（3）型钢混凝土柱、型钢混凝土梁及钢板楼板上需浇筑钢筋混凝土，其混凝土和钢筋应按混凝土和钢筋混凝土工程中的相关项目编码列项。

（4）梁类型指 H 形、L 形、T 形、箱形、格构式等。

（5）钢墙架项目包括墙架柱、墙架梁和连接杆件。

（6）抹灰钢丝网加固按砌块墙钢丝网加固项目编码列项。

（7）加工铁件等小型构件，应按钢构件中零星钢构件项目编码列项。

2.3.8　木结构工程

这一部分包括 3 节：木屋架；木构件；屋面木基层。共 8 个项目。

1．木结构工程工程量清单项目设置及工程量计算规则

1）木屋架（编码 010701）

（1）木屋架（010701001）：①以榀计量，按设计图示数量计算；②以立方米计量，按设计图示的规格尺寸以体积计算。

（2）钢木屋架（010701002）：以榀计量，按设计图示数量计算。

2）木构件（编码 010702）

（1）木柱（010702001）；（2）木梁（010702002）。

以上两项内容均按设计图示尺寸以体积计算。

（3）木檩（010702003）：①以立方米计量，按设计图示尺寸以体积计算；②以米计量，按设计图示尺寸以长度计算。

（4）木楼梯（010702003）：按设计图示尺寸以水平投影面积计算，不扣除宽度≤300mm 的楼梯井，伸入墙内部分不计算。

（5）其他木构件（010702004）：①以立方米计量，按设计图示尺寸以体积计算；②以

米计量，按设计图示尺寸以长度计算。

3）屋面木基层（编码 010703）

屋面木基层（010703001）按设计图示尺寸以斜面积计算，不扣除房上烟囱、风帽底座、风道、小气窗、斜沟等所占的面积。小气窗出檐部分不增加面积。

2. 有关内容的说明

（1）屋架的跨度应以上、下弦中心线两交点之间的距离计算。

（2）带气楼的屋架和马尾、折角以及正交部分的半屋架，应按相关屋架项目编码列项。

（3）木楼梯的栏杆（栏板）、扶手，应按其他装饰工程相关项目编码列项。

（4）以米计量，项目特征必须描述构件规格尺寸。

2.3.9　门窗工程

这一部分包括 10 节：木门；金属门；金属卷帘（闸）门；厂库房大门、特种门；其他门；木窗；金属窗；门窗套；窗台板；窗帘、窗帘盒、轨。共 55 个项目。

1. 门窗工程工程量清单项目设置及工程量计算规则

1）木门（编码 010801）

（1）木质门（010801001）；（2）木质门带套（010801002）；（3）木质连窗门（010801003）；（4）木质防火门（010801004）。

以上 4 项内容：①以樘计量，按设计图示数量计算；②以平方米计量，按设计图示洞口尺寸以面积计算。

（5）木门框（0010801005）：①以樘计量，按设计图示数量计算；②以米计量，按设计图示框的中心线以延长米计算。

（6）门锁安装（010801006）按设计图示数量计算（个或套）。

2）金属门（编码 010802）

（1）金属（塑钢）门（010802001）；（2）彩板门（010802002）；（3）钢质防火门（010802003）；（4）防盗门（010802004）。

以上 4 项内容：①以樘计量，按设计图示数量计算；②以平方米计量，按设计图示洞口尺寸以面积计算。

3）金属卷帘（闸）门（编码 010803）

（1）金属卷帘（闸）门（010803001）；（2）防火卷帘（闸）门（010803002）。

以上两项内容：①以樘计量，按设计图示数量计算；②以平方米计量，按设计图示洞口尺寸以面积计算。

4）厂库房大门、特种门（编码 010804）

（1）木板大门（010804001）；（2）钢木大门（010804002）；（3）全钢板大门（010804003）。

以上 3 项内容：①以樘计量，按设计图示数量计算；②以平方米计量，按设计图示洞口尺寸以面积计算。

（4）防护铁丝门（010804004）：①以樘计量，按设计图示数量计算；②以平方米计量，按设计图示门框或扇以面积计算。

（5）金属格栅门（010804005）：①以樘计量，按设计图示数量计算；②以平方米计量，按设计图示洞口尺寸以面积计算。

（6）钢制花式大门（010804006）：①以樘计量，按设计图示数量计算；②以平方米计量，按设计图示门框或扇以面积计算。

（7）特种门（010804007）：①以樘计量，按设计图示数量计算；②以平方米计量，按设计图示洞口尺寸以面积计算。

5）其他门（编码010805）

（1）电子感应门（010805001）；（2）旋转门（010805002）；（3）电子对讲门（010805003）；（4）电动伸缩门（010805004）；（5）全玻自由门（010805005）；（6）镜面不锈钢饰面门（010805006）；（7）复合材料门（010805007）。

以上7项内容：①以樘计量，按设计图示数量计算；②以平方米计量，按设计图示洞口尺寸以面积计算。

6）木窗（编码010806）

（1）木质窗（010806001）；（2）木瓢（凸）窗（010806002）。

以上两项内容：①以樘计量，按设计图示数量计算；②以平方米计量，按设计图示洞口尺寸以面积计算。

（3）木橱窗（010806003）：①以樘计量，按设计图示数量计算；②以平方米计量，按设计图示尺寸以框外围展开面积计算。

（4）木纱窗（010806004）：①以樘计量，按设计图示数量计算；②以平方米计量，按框的外围尺寸以面积计算。

7）金属窗（编码010807）

（1）金属（塑钢，断桥）窗（010807001）；（2）金属防火窗（010807002）；（3）金属百叶窗（010807003）。

以上3项内容：①以樘计量，按设计图示数量计算；②以平方米计量，按设计图示洞口尺寸以面积计算。

（4）金属纱窗（010807004）：①以樘计量，按设计图示数量计算；②以平方米计量，按框的外围尺寸以面积计算。

（5）金属格栅窗（010807005）：①以樘计量，按设计图示数量计算；②以平方米计量，按设计图示洞口尺寸以面积计算。

（6）金属（塑钢，断桥）橱窗（010807006）；（7）金属（塑钢，断桥）飘（凸）窗（010807007）。

以上两项内容：①以樘计量，按设计图示数量计算；②以平方米计量，按设计图示尺寸以框外围展开面积计算。

（8）彩板窗（010807008）；（9）复合材料窗（010807009）。

以上两项内容：①以樘计量，按设计图示数量计算；②以平方米计量，按设计图示洞口尺寸或框外围以面积计算。

8）门窗套（编码010808）

（1）木门窗套（010808001）；（2）木筒子板（010808002）；（3）饰面夹板筒子板（010808003）；（4）金属门窗套（010808004）；（5）石材门窗套（010808005）。

以上5项内容：①以樘计量，按设计图示数量计算；②以平方米计量，按设计图示尺寸以展开面积计算；③以米计量，按设计图示中心以延长米计算。

（6）门窗木贴脸（010808006）：①以樘计量，按设计图示数量计算；②以米计量，按设计图示尺寸以延长米计算。

（7）成品木门窗套（010808007）：①以樘计量，按设计图示数量计算；②以平方米计量，按设计图示尺寸以展开面积计算；③以米计量，按设计图示中心以延长米计算。

9）窗台板（编码 010809）

（1）木窗台板（010809001）；（2）铝塑窗台板（010809002）；（3）金属窗台板（010809003）；（4）石材窗台板（010809004）。

以上 4 项内容均按设计图示尺寸以展开面积计算。

10）窗帘、窗帘盒、轨（010810）

（1）窗帘（010810001）：①以米计量，按设计图示尺寸以成活后长度计算；②以平方米计量，按设计图示尺寸以成活后展开面积计算。

（2）木窗帘盒（010810002）；（3）饰面夹板、塑料窗帘盒（010810003）；（4）铝合金窗帘盒（010810004）；（5）窗帘轨（010810005）。

以上 4 项内容均按设计图示尺寸以长度计算。

2. 有关内容的说明

（1）木门五金应包括：折页、插销、门碰珠、弓背拉手、搭机、木螺钉、弹簧折页（自动门）、管子拉手（自由门、地弹门）、地弹簧（地弹门）、角铁、门扎头（自由门、地弹门）等。

（2）铝合金门五金包括：地弹簧、门锁、拉手、门插、门铰、螺钉等。

（3）金属门五金包括：L 形执手插锁（双舌）、执手锁（单舌）、门轨头、地锁、防盗门机、门眼（猫眼）、门碰珠、电子锁（磁卡锁）、闭门器、装饰拉手等。

（4）特种门应区分冷藏门、冷冻间门、保温门、变电室门、隔声门、放射线门、人防门、金库门等项目，分别编码列项。

（5）木窗五金包括：折页、插销、风钩、木螺钉、滑轮滑轨（推拉窗）等。

（6）金属窗应区分金属组合窗、防盗窗等项目，分别编码列项。

（7）金属窗五金包括：折页、螺钉、执手、卡销、铰拉、风撑、滑轮、滑轨、拉把、拉手、角码、牛角制等。

（8）木门窗套适用于单独门窗套的制作、安装。

（9）窗帘若是双层，项目特征必须描述每层材质。窗帘以米计量，项目特征必须描述窗帘高度和宽度。

2.3.10 屋面及防水工程

这一部分包括 4 节：瓦、型材及其他屋面；屋面防水及其他；墙面防水、防潮；楼（地）面防水、防潮。共 21 个项目。

1. 屋面及防水工程工程量清单项目设置及工程量计算规则

1）瓦、型材及其他屋面（010901）

（1）瓦屋面（010901001）；（2）型材屋面（010901002）。

以上两项内容均按设计图示尺寸以斜面积计算。不扣除房上烟囱、风帽底座、风道、小气窗、斜沟等所占面积，小气窗的出檐部分不增加面积。

（3）阳光板屋面（010901003）；（4）玻璃钢屋面（010901004）。

以上两项内容均按设计图示尺寸以斜面积计算。不扣除屋面面积≤0.3m² 的孔洞所占面积。

（5）膜结构屋面（010901004）按设计图示尺寸以需要覆盖的水平投影面积计算。

2）屋面防水及其他（010902）

（1）屋面卷材防水（010902001）；（2）屋面涂膜防水（010902002）。

以上两项内容均按设计图示尺寸以面积计算。其中：①斜屋顶（不包括平屋顶找坡）按斜面积计算，平屋顶按水平投影面积计算；②不扣除房上烟囱、风帽底座、风道、屋面小气窗和斜沟所占面积；③屋面的女儿墙、伸缩缝和天窗等处的弯起部分，并入屋面工程量内计算。

（3）屋面刚性防水（010902003）按设计图示尺寸以面积计算，不扣除房上烟囱、风帽底座、风道等所占面积。

（4）屋面排水管（010902004）按设计图示尺寸以长度计算。如设计未标注尺寸，以檐口至设计室外散水上表面垂直距离计算。

（5）屋面排（透）气管（010902005）按设计图示尺寸以长度计算。

（6）屋面（廊、阳台）泄（吐）水管（010902006）按设计图示数量计算（根或个）。

（7）屋面天沟、槽沟（010902007）按设计图示尺寸以展开面积计算。

（8）屋面变形缝（010902008）按设计图示以长度计算。

3）墙面防水、防潮（010903）

（1）墙面卷材防水（010903001）；（2）墙面涂膜防水（010903002）；（3）墙面砂浆防水（防潮）（010903003）。

以上 3 项内容均按设计图示尺寸以面积计算。

（4）墙面变形缝（010903004）按设计图示以长度计算。

4）楼（地）面防水、防潮（010904）

（1）楼（地）面卷材防水（010904001）；（2）楼（地）面涂膜防水（010904002）；（3）楼（地）面砂浆防水（防潮）（010904003）。

以上 3 项内容均按设计图示尺寸以面积计算。其中：①楼（地）面防水，按主墙间净空面积计算，扣除凸出地面的构筑物、设备基础等所占面积，不扣除间壁墙及单个面积≤0.3m² 的柱、垛、烟囱和孔洞所占面积；②楼（地）面防水反边高度≤300mm 算作地面防水，反边高度＞300mm 按墙面防水计算。

（4）楼（地）面变形缝（010904004）按设计图示以长度计算。

2. 有关内容的说明

（1）瓦屋面若是在木基层上铺瓦，项目特征不必描述黏结层砂浆的配合比，瓦屋面铺防水层，按屋面防水及其他中相关项目编码列项。

（2）屋面防水、墙面防水及楼地面防水搭接及附加层用量不另行计算，在综合单价中考虑。

（3）墙面变形缝，若做双面，工程量乘以系数 2。

（4）墙面找平层按墙、柱面装饰与隔断、幕墙工程中"平面砂浆找平层"项目编码列项。

（5）楼（地）面防水找平层按楼地面装饰工程中"立面砂浆找平层"项目编码列项。

【例2.7】 某平屋面工程做法为：①4mm厚高聚物改性沥青卷材防水层一道；②20mm厚1∶3水泥砂浆找平层；③1∶6水泥焦渣找2%坡，最薄处30mm厚；④60厚聚苯乙烯泡沫塑料板保温层。

要求按图2.6所示，计算屋面工程工程量并编制屋面工程工程量清单。

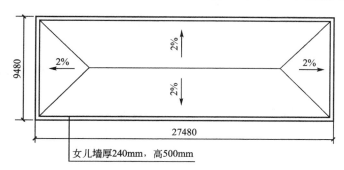

图2.6 屋顶平面示意图

解：（1）计算屋面工程工程量。

女儿墙内屋面面积：
$$(9.48-0.24\times2)\times(27.48-0.24\times2)=243(m^2)$$

屋面防水层工程量：
$$屋面面积+女儿墙处弯起部分面积=243+(9+27)\times2\times0.25=261(m^2)$$

屋面保温层工程量略。

（2）屋面工程工程量清单见表2-4。

表2-4 分部分项工程量清单与计价表

工程名称：×××

序号	项目编码	项目名称	项目特征	计量单位	工程量	金额/元	
						单价	合价
1	010902001001	屋面卷材防水	4mm厚高聚物改性沥青防水卷材（热融，带铝箔保护层）20mm厚1∶3水泥砂浆找平层1∶6水泥焦渣找坡层	m²	261		
2	011001001001	保温隔热屋面	60厚聚苯乙烯泡沫塑料板	m²	略		

2.3.11 保温、隔热、防腐工程

这一部分包括3节：保温、隔热；防腐面层；其他防腐。共16个项目。

1. 保温、隔热、防腐工程工程量清单项目设置及工程量计算规则

1）保温、隔热（011001）

（1）保温隔热屋面（011001001）按设计图示尺寸以面积计算，扣除面积＞0.3m² 的孔洞所占面积。

（2）保温隔热天棚（011001002）按设计图示尺寸以面积计算，扣除面积＞0.3m² 的柱、垛、孔洞所占面积，与天棚相连的梁按展开面积，计算并入天棚工程量内。

（3）保温隔热墙面（011001003）按设计图示尺寸以面积计算，扣除门窗洞口以及面积＞0.3m² 的梁、孔洞所占面积；门窗洞口侧壁以及与墙相连的柱，并入保温墙体工程量内。

（4）保温柱、梁（011001004）按设计图示尺寸以面积计算。柱按设计图示柱断面保温层中心线展开长度乘以保温层高度以面积计算，扣除面积＞0.3m² 的梁所占面积；梁按设计图示梁断面保温层中心线展开长度乘以保温层长度以面积计算。

（5）保温隔热楼地面（011001005）按设计图示尺寸以面积计算，扣除面积＞0.3m² 的柱、垛、孔洞等所占面积。门洞、空圈、暖气包槽、壁龛的开口部分不增加面积。

（6）其他保温隔热（011001006）按设计图示尺寸以展开面积计算，扣除面积＞0.3m² 的孔洞所占面积。

2）防腐面层（011002）

（1）防腐混凝土面层（011002001）；（2）防腐砂浆面层（011002002）；（3）防腐胶泥面层（011002003）；（4）玻璃钢防腐面层（011002004）；（5）聚乙烯板平面层（011002005）；（6）块料防腐面程（011002006）。

以上 6 项内容均按设计图示尺寸以面积计算，其中：

① 平面防腐：扣除凸出地面的构筑物、设备基础等以及面积＞0.3m² 的孔洞、柱、垛等所占面积，门洞、空圈、暖气包槽、壁龛的开口部分不增加面积。

② 立面防腐：扣除门、窗、洞口以及面积＞0.3m² 的孔洞、梁所占面积，门、窗、洞口侧壁、垛突出部分按展开面积并入墙面积内。

（7）池、槽块料防腐面层（011002007）按设计图示尺寸以展开面积计算。

3）其他防腐（011003）

（1）隔离层（011003001）按设计图示尺寸以面积计算，其中：

① 平面防腐：扣除凸出地面的构筑物、设备基础等以及面积＞0.3m² 的孔洞、柱、垛等所占面积，门洞、空圈、暖气包槽、壁龛的开口部分不增加面积。

② 立面防腐：扣除门、窗、洞口以及面积＞0.3m² 的孔洞、梁所占面积，门、窗、洞口侧壁、垛突出部分按展开面积并入墙面积内。

（2）砌筑沥青浸渍砖（011003002）按设计图示尺寸以体积计算。

（3）防腐涂料（011003003）按设计图示尺寸以面积计算，其中：

① 平面防腐：扣除凸出地面的构筑物、设备基础等以及面积＞0.3m² 的孔洞、柱、垛等所占面积，门洞、空圈、暖气包槽、壁龛的开口部分不增加面积。

② 立面防腐：扣除门、窗、洞口以及面积＞0.3m² 的孔洞、梁所占面积，门、窗、洞口侧壁、垛突出部分按展开面积并入墙面积内。

2. 有关内容的说明

(1) 柱帽保温隔热应并入天棚保温隔热工程量内。

(2) 池槽保温隔热应按其他保温隔热项目编码列项。

(3) 保温隔热方式指内保温、外保温、夹心保温。

(4) 保温柱、梁适用于不与墙、天棚相连的独立柱、梁。

(5) 防腐踢脚线应按楼地面装饰工程"踢脚线"项目编码列项。

(6) 浸渍砖砌法指平砌、立砌。

2.3.12　楼地面装饰工程

这一部分包括8节：整体面层及找平层；块料面层；橡塑面层；其他材料面层；踢脚线；楼梯面层；台阶装饰；零星装饰项目。共43个项目。

1. 楼地面工程工程量清单项目设置及工程量计算规则

1) 整体面层及找平层(011101)

(1) 水泥砂浆楼地面(011101001)；(2)现浇水磨石楼地面(011101002)；(3)细石混凝土楼地面(011101003)；(4)菱苦土楼地面(011101004)；(5)自流坪楼地面(011101005)。

以上5项内容均按设计图示尺寸以面积计算。其中：

① 扣除凸出地面的构筑物、设备基础、室内铁道、地沟等所占面积。

② 不扣除间壁墙及面积≤0.3m² 的柱、垛、附墙烟囱及孔洞所占面积。

③ 门洞、空圈、暖气包槽、壁龛的开口部分不增加面积。

(6) 平面砂浆找平层(011101006)按设计图示尺寸以面积计算。

2) 块料面层(011102)

(1) 石材楼地面(011102001)；(2)碎石材楼地面(011102002)；(3)块料楼地面(011102003)。

以上3项内容均按设计图示尺寸以面积计算。门洞、空圈、暖气包槽、壁龛的开口部分并入相应的工程量内。

3) 橡塑面层(011103)

(1) 橡胶板楼地面(011103001)；(2)橡胶板卷材楼地面(011103002)；(3)塑料板楼地面(011103003)；(4)塑料卷材楼地面(011103004)。

以上4项内容均按设计图示尺寸以面积计算。门洞、空圈、暖气包槽、壁龛的开口部分并入相应的工程量内。

4) 其他材料面层(011104)

(1) 楼地面地毯(011104001)；(2)竹、木(复合)地板(011104002)；(3)金属复合地板(011104004)；(4)防静电活动地板(011104003)。

以上4项内容均按设计图示尺寸以面积计算。门洞、空圈、暖气包槽、壁龛的开口部分并入相应的工程量内。

5) 踢脚线(011105)

(1)水泥砂浆踢脚线(011105001)；(2)石材踢脚线(011105002)；(3)块料踢脚线(011105003)；(4)塑料板踢脚线(011105004)；(5)木质踢脚线(011105005)；(6)金属踢脚

线(011105006)；(7)防静电踢脚线(011105007)。

以上 7 项内容：①以平方米计量，按设计图示长度乘高度以面积计算；②以米计量，按延长米计算。

6）楼梯面层(011106)

(1) 石材楼梯面层(011106001)；(2) 块料楼梯面层(011106002)；(3) 拼碎块料面层(011106003)；(4) 水泥砂浆楼梯面层(011106004)；(5) 现浇水磨石楼梯面层(011106005)；(6) 地毯楼梯面层(011106006)；(7) 木板楼梯面层(011106007)；(8) 橡胶板楼梯面层(011106008)；(9) 塑料板楼梯面层(011106009)。

以上 9 项内容均按设计图示尺寸以楼梯(包括踏步、休息平台及 500mm 以内的楼梯井)水平投影面积计算。楼梯与楼地面相连时，算至梯口梁内侧边沿；无梯口梁者算至最上一层踏步边沿加 300mm。

7）台阶装饰(011107)

(1) 石材台阶面(011107001)；(2) 块料台阶面(011107002)；(3) 拼碎块料台阶面(011107003)；(4) 水泥砂浆台阶面(011107004)；(5) 现浇水磨石台阶面(011107005)；(6) 剁假石台阶面(011107006)。

以上 6 项内容均按设计图示尺寸以台阶(包括最上层踏步边沿加 300mm)水平投影面积计算。

8）零星装饰项目(011108)

(1) 石材零星项目(011108001)；(2) 碎拼石材零星项目(011108002)；(3) 块料零星项目(011108003)；(4) 水泥砂浆零星项目(011108004)。

以上 4 项内容均按设计图示尺寸以面积计算。

2. 有关内容的说明

(1) 楼梯、台阶牵边和侧面镶贴块料面层，不大于 $0.5m^2$ 的少量分散的楼地面镶贴块料面层，应按零星装饰项目编码列项。

(2) 水泥砂浆面层处理是拉毛还是提浆压光应在面层做法要求中描述。

(3) 平面砂浆找平层只适用于仅做找平层的平面抹灰。

(4) 间壁墙指墙厚≤120mm 的墙。

(5) 石材、块料与黏结材料的结合面刷防渗材料的种类在防护材料种类中描述。

【例 2.8】 根据图 2.5 所示某建筑为砖混结构，地面做法为 1∶2 水泥砂浆找平层 30mm 厚，1∶2 水泥砂浆面层 25mm 厚，踢脚线高 200mm，试计算该建筑编制工程量清单时该建筑地面的工程量。

解：根据计算规则的要求，计算如下。

地面面积 S ＝建筑面积－结构面积

$$= (15.6+0.24) \times (6+0.24)$$
$$- [(15.6 \times 2) + 6 \times 2 + (6-0.24) \times 3] \times 0.24$$
$$= 98.84 - 14.52 = 84.32 (m^2)$$

踢脚线面积 S ＝(内墙面净长－门洞口＋洞口边)×高度

$$= [(6-0.24) \times 8 + (15.6-0.24 \times 2) + (15.6-0.24-0.24 \times 3) -$$
$$(1 \times 2 + 0.9 \times 2 \times 2) + 0.24 \times 8] \times 0.2$$

$$= [46.08+15.12+14.64-5.6+1.92] \times 0.2$$
$$=72.16 \times 0.2=14.43(m^2)$$

2.3.13 墙、柱面装饰与隔断、幕墙工程

这一部分包括10节：墙面抹灰；柱（梁）面抹灰；零星抹灰；墙面块料面层；柱（梁）面镶贴块料；镶贴零星块料；墙饰面；柱（梁）饰面；幕墙工程；隔断。共35个项目。

1. 墙柱面工程工程量清单项目设置及工程量计算规则

1）墙面抹灰（011201）

（1）墙面一般抹灰（011201001）；（2）墙面装饰抹灰（011201002）；（3）墙面勾缝（011201003）；（4）立面砂浆找平层（011201004）。

以上4项内容均按设计图示尺寸以面积计算，其中：

① 扣除墙裙、门窗洞口及单个面积在0.3m²以外的孔洞面积。

② 不扣除踢脚线、挂镜线和墙与构件相交接处的面积。

③ 门窗洞口和孔洞的侧壁及顶面不增加面积。附墙柱、梁、垛、烟囱侧壁并入相应的墙面面积内。

④ 外墙抹灰面积，按外墙垂直投影面积计算。

⑤ 外墙裙抹灰面积，按其长度乘以高度计算。

⑥ 内墙抹灰面积，按主墙间的净长乘以高度计算。无墙裙的，高度按室内楼地面至天棚底面计算；有墙裙的，高度按墙裙顶至天棚底面计算。有吊顶天棚抹灰的，高度算至天棚底。

⑦ 内墙裙抹灰面积，按内墙净长乘以高度计算。

2）柱（梁）面抹灰（011202）

（1）柱、梁面一般抹灰（011202001）；（2）柱、梁面装饰抹灰（011202002）；（3）柱、梁面砂浆找平（011202003）；（4）柱面勾缝（011202004）。

以上4项内容：柱面抹灰均按设计图示柱断面周长乘高度以面积计算；梁面抹灰均按设计图示梁断面周长乘长度以面积计算；柱面勾缝按设计图示柱断面周长乘高度以面积计算。

3）零星抹灰（011203）

（1）零星项目一般抹灰（011203001）；（2）零星项目装饰抹灰（011203002）；（3）零星项目砂浆找平（011203003）。

以上3项内容均按设计图示尺寸以面积计算。

4）墙面块料面层（011204）

（1）石材墙面（011204001）；（2）拼碎石材墙面（011204002）；（3）块料墙面（011204003）。

以上3项内容均按镶贴表面积计算。

（4）干挂石材钢骨架（011204004）按设计图示以质量计算。

5）柱（梁）面镶贴块料（011205）

（1）石材柱面（011205001）；（2）块料柱面（011205002）；（3）拼碎块柱面（011205003）；

（4）石材梁面（011205004）；（5）块料梁面（011205005）。

以上5项内容均按镶贴表面积计算。

6）镶贴零星块料（编码011206）

（1）石材零星项目（011206001）；（2）块料零星项目（011206002）；（3）拼碎块零星项目（011206003）。

以上3项内容均按镶贴表面积计算。

7）墙饰面（011207）

（1）墙面装饰板（011207001）按设计图示墙净长乘以净高以面积计算。扣除门窗洞口及单个面积在0.3m² 以上的孔洞所占面积。

（2）墙面装饰浮雕（011207002）按设计图示尺寸以面积计算。

8）柱（梁）饰面（011208）

（1）柱（梁）面装饰（011208001）按设计图示饰面外围尺寸以面积计算。柱帽、柱墩并入相应柱饰面工程量内。

（2）成品装饰柱（011208002）：①以根计量，按设计数量计算；②以米计量，按设计长度计算。

9）幕墙工程（011209）

（1）带骨架幕墙（011209001）按设计图示框外围尺寸以面积计算。与幕墙同种材质的窗所占面积不扣除。

（2）全玻（无框玻璃）幕墙（011209002）按设计图示尺寸以面积计算，带肋全玻幕墙按展开面积计算。

10）隔断（011210）

（1）木隔断（011210001）；（2）金属隔断（011210002）。

以上两项内容均按设计图示框外围尺寸以面积计算。不扣除单个面积≤0.3m² 的孔洞所占面积；浴厕门的材质与隔断相同时，门的面积并入隔断面积内。

（3）玻璃隔断（011210003）；（4）塑料隔断（011210004）。

以上两项内容均按设计图示框外围尺寸以面积计算，不扣除单个面积≤0.3m² 的孔洞所占面积。

（5）成品隔断（011210005）：①以平方米计量，按设计图示框外围尺寸以面积计算；②以间计量，按设计间的数量计算。

（6）其他隔断（011210006）按设计图示框外围尺寸以面积计算。不扣除单个面积≤0.3m² 的孔洞所占面积。

2. 有关内容的说明

（1）墙面抹石灰砂浆、水泥砂浆、混合砂浆、聚合物水泥砂浆、麻刀石灰浆、石膏灰等按墙面一般抹灰列项；墙面水刷石、斩假石、干粘石、假面砖等按墙面装饰抹灰列项。

（2）飘窗凸出外墙面增加的抹灰并入外墙工程量内。

（3）有吊顶天棚的内墙面抹灰，抹至吊顶以上部分在综合单价中考虑。

（4）柱（梁）面抹石灰砂浆、水泥砂浆、混合砂浆、聚合物水泥砂浆、麻刀石灰浆、石膏灰等按柱（梁）面一般抹灰列项；柱（梁）面水刷石、斩假石、干粘石、假面砖等按柱（梁）面装饰抹灰列项。

(5) 零星项目抹石灰砂浆、水泥砂浆、混合砂浆、聚合物水泥砂浆、麻刀石灰浆、石膏灰等按零星项目一般抹灰列项；零星项目水刷石、斩假石、干粘石、假面砖等按零星项目装饰抹灰列项。

(6) 墙、柱(梁)面≤0.5m² 的少量分散的抹灰按零星抹灰项目编码列项。

(7) 墙柱面≤0.5m² 的少量分散的镶贴块料面层按块料零星项目编码列项。

【例 2.9】 根据图 2.5 所示某建筑为砖混结构，外墙面做法为水泥砂浆打底，贴瓷砖，外墙顶面标高为 2.9m，室外地坪标高为 −0.3m，试计算该建筑编制工程量清单时外墙面的工程量。

解： 根据计算规则的要求，计算如下。

外墙长：$L=(15.6+0.24+6+0.24)\times2=44.16(m)$

外墙高：$H=2.9+0.3=3.2(m)$

外墙门面积：$S=1\times2.1\times2=4.2(m^2)$

外墙窗面积：$S=1\times1.5\times2+1.5\times1.5\times6+1.8\times1.5\times2=21.9(m^2)$

外墙贴瓷砖面积：$S=44.16\times3.2-4.2-21.9=115.21(m^2)$

2.3.14 天棚工程

这一部分包括 4 节：天棚抹灰；天棚吊顶；采光天棚；天棚其他装饰。共 10 个项目。

1) 天棚抹灰(011301)

天棚抹灰(011301001)按设计图示尺寸以水平投影面积计算。不扣除间壁墙、垛、柱、附墙烟囱、检查口和管道所占的面积；带梁天棚的梁两侧抹灰面积并入天棚面积内；板式楼梯底面抹灰按斜面积计算，锯齿形楼梯底板抹灰按展开面积计算。

2) 天棚吊顶(011302)

(1) 吊顶天棚(011302001)按设计图示尺寸以水平投影面积计算(m²)。天棚面中的灯槽及跌级、锯齿形、吊挂式、藻井式天棚面积不展开计算。不扣除间壁墙、检查口、附墙烟囱、柱垛和管道所占的面积。扣除单个面积>0.3m² 的孔洞、独立柱及与天棚相连的窗帘盒所占的面积。

(2) 格栅吊顶(011302002)；(3) 吊筒吊顶(011302003)；(4) 藤条造型悬挂吊顶(011302004)；(5)织物软雕吊顶(011302005)；(6)装饰网架吊顶(011302006)。

以上 5 项内容均按设计图示尺寸以水平投影面积计算。

3) 采光天棚(011303)

采光天棚(011303001)按框外围展开面积计算。

4) 天棚其他装饰(011304)

(1) 灯带(槽)(011304001)按设计图示尺寸以框外围面积计算。

(2) 送风口、回风口(011304002)按设计图示数量计算(个)。

2.3.15 油漆、涂料、裱糊工程

这一部分包括 8 节：门油漆；窗油漆；木扶手及其他板条、线条油漆；木材面油漆；金属面油漆；抹灰面油漆；喷刷涂料；裱糊。共 36 个项目。

1. 油漆、涂料、裱糊工程工程量清单项目设置及工程量计算规则

1）门油漆（011401）

（1）木门油漆（011401001）；（2）金属门油漆（011401002）。

以上两项内容：①以樘计量，按设计图示数量计算；②以平方米计量，按设计图示洞口尺寸以面积计算。

2）窗油漆（011402）

（1）木窗油漆（011402001）；（2）金属窗油漆（011402002）。

以上两项内容：①以樘计量，按设计图示数量计算；②以平方米计量，按设计图示洞口尺寸以面积计算。

3）木扶手及其他板条、线条油漆（011403）

（1）木扶手油漆（011403001）；（2）窗帘盒油漆（011403002）；（3）封檐板、顺水板油漆（011403003）；（4）挂衣板、黑板框油漆（011403004）；（5）挂镜线、窗帘辊、单独木线油漆（011403005）。

以上5项内容均按设计图示尺寸以长度计算。

4）木材面油漆（011404）

（1）木护墙、木墙裙油漆（011404001）；（2）窗台板、筒子板、盖板、门窗套、踢脚线油漆（011404002）；（3）清水板条天棚、檐口油漆（011404003）；（4）木方格吊顶天棚油漆（011404004）；（5）吸声板墙面、天棚面油漆（011404005）；（6）暖气罩油漆（011404006）；（7）其他木材面（011404007）。

以上7项内容均按设计图示尺寸以面积计算。

（8）木间壁、木隔断油漆（011404008）；（9）玻璃间壁露明墙筋油漆（011404009）；（10）木栅栏、木栏杆（带扶手）油漆（011404010）。

以上3项内容均按设计图示尺寸以单面外围面积计算。

（11）衣柜、壁柜油漆（011404011）；（12）梁、柱饰面油漆（011404012）；（13）零星木装修油漆（011404013）。

以上3项内容均按设计图示尺寸，以油漆部分展开面积计算。

（14）木地板油漆（011404014）；（15）木地板烫硬蜡面（011404015）。

以上两项内容均按设计图示尺寸以面积计算。空洞、空圈、暖气包槽、壁龛的开口部分并入相应的工程量内。

5）金属面油漆（011405）

金属面油漆（011405001）：①以吨计量，按设计图示尺寸以质量计算；②以平方米计量，按设计展开面积计算。

6）抹灰面油漆（011406）

（1）抹灰面油漆（011406001）按设计图示尺寸以面积计算。

（2）抹灰线条油漆（011406002）按设计图示尺寸以长度计算。

（3）满刮腻子（011406003）按设计图示尺寸以面积计算。

7）喷刷涂料（编码011407）

（1）墙面喷刷涂料（011407001）；（2）天棚喷刷涂料（011407002）。

以上两项内容均按设计图示尺寸以面积计算。

（3）空花格、栏杆刷涂料（011407003）按设计图示尺寸以单面外围面积计算。

（4）线条刷涂料（011407004）按设计图示尺寸以长度计算。

（5）金属构件刷防火涂料（011407005）：①以吨计量，按设计图示尺寸以质量计算；②以平方米计量，按设计展开面积计算。

（6）木材构件喷刷防火涂料（011407006）以平方米计量，按设计图示尺寸以面积计算。

8）裱糊（011408）

（1）墙纸裱糊（011408001）；（2）织锦缎裱糊（011408002）。

以上两项内容均按设计图示尺寸以面积计算。

2．有关内容的说明

（1）木门油漆应区分木大门、单层木门、双层（一玻一纱）木门、双层（单裁口）木门、全玻自由门、半玻自由门、装饰门及有框门或无框门等，分别编码列项。

（2）木窗油漆应区分单层木窗、双层（一玻一纱）木窗、双层框扇（单裁口）木窗、双层框三层（二玻一纱）木窗、单层组合窗、双层组合窗、木百叶窗、木推拉窗等，分别编码列项。

（3）金属门油漆应区分平开门、推拉门、钢制防火门等项目，分别编码列项。

（4）金属窗油漆应区分平开窗、推拉窗、固定窗、组合窗、金属隔栅窗等项目，分别编码列项。

（5）木扶手应区分带托板和不带托板，分别编码列项。若是木栏杆带扶手，木扶手不应单独列项，应包含在木栏杆油漆中。

（6）喷刷墙面涂料部位要注明内墙或外墙。

2.3.16　其他装饰工程

这一部分包括 8 节：柜类、货架；压条、装饰线；扶手、栏杆、栏板装饰；暖气罩；浴厕配件；雨篷、旗杆；招牌、灯箱；美术字。共 62 个项目。

1）柜类、货架（011501）

（1）柜台（011501001）；（2）酒柜（011501002）；（3）衣柜（011501003）；（4）存包柜（011501004）；（5）鞋柜（011501005）；（6）书柜（011501006）；（7）厨房壁柜（011501007）；（8）木壁柜（011501008）；（9）厨房低柜（011501009）；（10）厨房吊柜（011501010）；（11）矮柜（011501011）；（12）吧台背柜（011501012）；（13）酒吧吊柜（011501013）；（14）酒吧台（011501014）；（15）展台（011501015）；（16）收银台（011501016）；（17）试衣间（011501017）；（18）货架（011501018）；（19）书架（011501019）；（20）服务台（011501020）。

以上 20 项内容：①以个计量，按设计图示数量计算；②以米计量，按设计图示尺寸以延长米计算；③以立方米计量，按设计图示尺寸以体积计算。

2）压条、装饰线（011502）

（1）金属装饰线（011502001）；（2）木质装饰线（011502002）；（3）石材装饰线（011502003）；（4）石膏装饰线（011502004）；（5）镜面玻璃线（011502005）；（6）铝塑装饰线（011502006）；（7）塑料装饰线（011502007）；（8）GRC 装饰线条（011502008）。

以上 8 项内容均按设计图示尺寸以长度计算。

3）扶手、栏杆、栏板装饰（011503）

（1）金属扶手、栏杆、栏板（011503001）；（2）硬木扶手、栏杆、栏板（011503002）；（3）塑料扶手、栏杆、栏板（011503003）；（4）GRC栏杆、扶手（011503004）；（5）金属靠墙扶手（011503005）；（6）硬木靠墙扶手（011503006）；（7）塑料靠墙扶手（011503007）；（8）玻璃栏板（011503008）。

以上8项内容均按设计图示以扶手中心线长度（包括弯头长度）计算。

4）暖气罩（011504）

（1）饰面板暖气罩（011504001）；（2）塑料板暖气罩（011504002）；（3）金属暖气罩（011504003）。

以上3项内容均按设计图示尺寸以垂直投影面积（不展开）计算。

5）浴厕配件（011505）

（1）洗漱台（011505001）：①按设计图示尺寸以台面外接矩形面积计算，不扣除孔洞、挖弯、削角所占面积，挡板、吊沿板面积并入台面面积内；②按设计图示数量计算。

（2）晒衣架（011505002）；（3）帘子杆（011505003）；（4）浴缸拉手（011505004）；（5）卫生间扶手（011505005）；（6）毛巾杆（架）（011505006）；（7）毛巾环（011505007）；（8）卫生纸盒（011505008）；（9）肥皂盒（011505009）。

以上8项内容均按设计图示数量计算。

（10）镜面玻璃（011505010）按设计图示尺寸以边框外围面积计算。

（11）镜箱（011505011）按设计图示数量计算。

6）雨篷、旗杆（011506）

（1）雨篷吊挂饰面（011506001）按设计图示尺寸以水平投影面积计算。

（2）金属旗杆（011506002）按设计图示数量计算。

（3）玻璃雨篷（011506003）按设计图示尺寸以水平投影面积计算。

7）招牌、灯箱（011507）

（1）平面、箱式招牌（011507001）按设计图示尺寸以正立面边框外围面积计算。复杂形的凹凸造型部分不增加面积。

（2）竖式标箱（011507002）；（3）灯箱（011507003）；（4）信报箱（011507004）。

以上3项内容均按设计图示数量计算（个）。

8）美术字（编码011508）

（1）泡沫塑料字（011508001）；（2）有机玻璃字（011508002）；（3）木质字（011508003）；（4）金属字（011508004）；（5）吸塑字（011508005）。

以上5项内容均按设计图示数量计算（个）。

2.3.17 拆除工程

这一部分包括15节：砖砌体拆除；混凝土及钢筋混凝土构件拆除；木构件拆除；抹灰层拆除；块料面层拆除；龙骨及饰面拆除；屋面拆除；铲除油漆涂料裱糊面；栏杆栏板、轻质隔断隔墙拆除；门窗拆除；金属构件拆除；管道及卫生洁具拆除；灯具、玻璃拆除；其他构件拆除；开孔（打洞）。共37个项目。适用于房屋工程的维修、加固、二次装修前的拆除，不适用于房屋的整体拆除。

1. 拆除工程工程量清单项目设置及工程量计算规则

1) 砖砌体拆除(011601)

砖砌体拆除(011601001)：①以立方米计量，按拆除的体积计算；②以米计量，按拆除的延长米计算。

2) 混凝土及钢筋混凝土构件拆除(011602)

(1) 混凝土构件拆除(011602001)；(2) 钢筋混凝土构件拆除(011602001)。

以上两项内容：①以立方米计量，按拆除构件的混凝土体积计算；②以平方米计量，按拆除部位的面积计算；③以米计量，按拆除部位的延长米计算。

3) 木构件拆除(011603)

木构件拆除(011603001)：①以立方米计量，按拆除构件的体积计算；②以平方米计量，按拆除面积计算；③以米计量，按拆除部位的延长米计算。

4) 抹灰层拆除(011604)

(1) 平面抹灰层拆除(011604001)；(2) 立面抹灰层拆除(011604002)；(3)天棚抹灰面层拆除(011604003)。

以上3项内容均按拆除部位的面积计算。

5) 块料面层拆除(011605)

(1) 平面块料拆除(011605001)；(2)立面块料拆除(011605002)。

以上两项内容均按拆除面积计算。

6) 龙骨及饰面拆除(011606)

(1) 楼地面龙骨及饰面拆除(011606001)；(2)墙柱面龙骨及饰面拆除(011606002)；(3)天棚面龙骨及饰面拆除(011606003)。

以上3项内容均按拆除面积计算。

7) 屋面拆除(011607)

(1) 刚性层拆除(011607001)；(2)防水层拆除(011607002)。

以上两项内容均按铲除部位的面积计算。

8) 铲除油漆涂料裱糊面(011608)

(1) 铲除油漆面(011608001)；(2) 铲除涂料面(011608002)；(3) 铲除裱糊面(011608003)。

以上3项内容：①以平方米计量，按铲除部位的面积计算；②以米计量，按按铲除部位的延长米计算。

9) 栏杆栏板、轻质隔断隔墙拆除(011609)

(1) 栏杆、栏板拆除(011609001)：①以平方米计量，按拆除部位的面积计算；②以米计量，按拆除的延长米计算。

(2) 隔断隔墙拆除(011609002)按拆除部位的面积计算。

10) 门窗拆除(011610)

(1) 木门窗拆除(011610001)；(2)金属门窗拆除(011610002)。

以上两项内容：①以平方米计量，按拆除面积计算；②以樘计量，按拆除樘数计算。

11) 金属构件拆除(011611)

(1) 钢梁拆除(011611001)；(2)钢柱拆除(011611002)。

以上两项内容：①以吨计量，按拆除构件的质量计算；②以米计量，按拆除的延长米计算。

（3）钢网架拆除（011611003）按拆除构件的质量计算。

（4）钢支撑、钢墙架拆除（011611004）；（5）其他金属构件拆除（011611005）。

以上两项内容：①以吨计量，按拆除构件的质量计算；②以米计量，按拆除的延长米计算。

12）管道及卫生洁具拆除（011612）

（1）管道拆除（011612001）按拆除管道的延长米计算。

（2）卫生洁具拆除（011612002）按拆除的数量计算。

13）灯具、玻璃拆除（011613）

（1）灯具拆除（011613001）按拆除的数量计算。

（2）玻璃拆除（011613002）按拆除的面积计算。

14）其他构件拆除（011614）

（1）暖气罩拆除（011614001）；（2）柜体拆除（011614002）。

以上两项内容：①以个为单位计量，按拆除的个数计算；②以米为单位计量，按拆除的延长米计算。

（3）窗台板拆除（011614003）；（4）筒子板拆除（011614004）。

以上两项内容：①以块计量，按拆除的数量计算；②以米计量，按拆除的延长米计算。

（5）窗帘盒拆除（011614005）；（6）窗帘轨拆除（011614006）。

以上两项内容均按拆除的延长米计算。

15）开孔（打洞）（011615）

开孔（打洞）（011615001）按数量计算。

2. 有关内容的说明

（1）以米计量，应描述拆除部位的截面尺寸；以立方米计量，截面尺寸则不必描述。

（2）拆除木构件应按木梁、木柱、木楼梯、木屋架、承重木楼板等分别在构件名称中描述。

（3）门窗拆除以平方米计量，不用描述门窗的洞口尺寸。

（4）双轨窗帘轨拆除按双轨长度分别计算工程量。

（5）开孔部位可描述为墙面或楼板，打洞部位材质可描述为页岩砖或空心砖或钢筋混凝土等。

2.3.18　措施项目

这一部分包括7节：脚手架工程；混凝土模板及支架（撑）；垂直运输；超高施工增加；大型机械设备进出场及安拆；施工排水、降水；安全文明施工及其他措施项目。共52个项目。

1. 措施项目工程量清单项目设置及工程量计算规则

1）脚手架工程（011701）

（1）综合脚手架（011701001）按建筑面积计算。

（2）外脚手架（011701002）按所服务对象的垂直投影面积计算。

（3）里脚手架（011701003）按所服务对象的垂直投影面积计算。

（4）悬空脚手架（011701004）按搭设的水平投影面积计算。

（5）挑脚手架（011701005）按搭设长度乘以搭设层数以延长米计算。

（6）满堂脚手架（011701006）按搭设的水平投影面积计算。

（7）整体提升架（011701007）按所服务对象的垂直投影面积计算。

（8）外装饰吊篮（011701008）按所服务对象的垂直投影面积计算。

2）混凝土模板及支架（撑）（011702）

（1）基础（011702001）；（2）矩形柱（011702002）；（3）构造柱（011702003）；（4）异形柱（011702004）；（5）基础梁（011702005）；（6）矩形梁（011702006）；（7）异形梁（011702007）；（8）圈梁（011702008）；（9）过梁（011702009）；（10）弧形、拱形梁（011702010）。

以上 10 项内容均按模板与现浇混凝土构件的接触面积计算。

（11）直形墙（011702011）；（12）弧形墙（011702012）；（13）短肢剪力墙、电梯井壁（011702013）；（14）有梁板（011702014）；（15）无梁板（011702015）；（16）平板（011702016）；（17）拱板（011702017）；（18）薄壳板（011702018）；（19）空心板（011702019）；（20）其他板（011702020）；（21）栏板（011702021）。

以上 11 项内容均按模板与现浇混凝土构件的接触面积计算。

（22）天沟、檐沟（011702022）按模板与现浇混凝土构件的接触面积计算。

（23）雨篷、悬挑板、阳台板（011702023）按图示外挑部分尺寸的水平投影面积计算，挑出墙外的悬臂梁及板边不另计算。

（24）楼梯（011702024）按楼梯（包括休息平台、平台梁、斜梁和楼层板的连接梁）的水平投影面积计算，不扣除宽度≤500mm 的楼梯井所占面积，楼梯踏步、踏步板、平台梁等侧面模板不另计算，伸入墙内部分亦不增加。

（25）其他现浇构件（011702025）按模板与现浇混凝土构件的接触面积计算。

（26）电缆沟、地沟（011702026）按模板与电缆沟、地沟的接触面积计算。

（27）台阶（011702027）按图示台阶水平投影面积计算，台阶端头两侧不另计算模板面积。架空式混凝土台阶按现浇楼梯计算。

（28）扶手（011702028）按模板与扶手的接触面积计算。

（29）散水（011702029）按模板与散水的接触面积计算。

（30）后浇带（011702030）按模板与后浇带的接触面积计算。

（31）化粪池（011702031）；（32）检查井（011702032）。

以上两项内容均按模板与混凝土的接触面积计算。

3）垂直运输（011703）

垂直运输（011703001）按建筑面积计算（m^2）或按施工工期日历天数计算（天）。

4）超高施工增加（011704）

超高施工增加（011704001）按建筑物超高部分的建筑面积计算。

5）大型机械设备进出场及安拆（011705）

大型机械设备进出场及安拆（011705001）按使用机械设备的数量计算（台次）。

6）施工排水、降水（011706）

（1）成井（011706001）按设计图示尺寸以钻孔深度计算（m）。

（2）排水、降水（011706002）按排、降水日历天数计算（昼夜）。

7）安全文明施工及其他措施项目（011707）

（1）安全文明施工（011707001），此项工作内容及包含范围如下。

① 环境保护现场施工机械设备降低噪声、防扰民措施；水泥和其他易飞扬细颗粒建筑材料密闭存放或采取覆盖措施等；工程防扬尘洒水；土石方、建渣外运车辆防护措施等；现场污染源的控制、生活垃圾清理外运、场地排水排污措施；其他环境保护措施。

② 文明施工："五牌一图"；现场围挡的墙面美化（包括内外粉刷、刷白、标语等）、压顶装饰；现场厕所便槽刷白、贴面砖，水泥砂浆地面或地砖，建筑物内临时便溺设施；其他施工现场临时设施的装饰装修、美化措施；现场生活卫生设施；符合卫生要求的饮水设备、淋浴、消毒等设施；生活用洁净燃料；防煤气中毒、防蚊虫叮咬等措施；施工现场操作场地的硬化；现场绿化、治安综合治理；现场配备医药保健器材、物品和急救人员培训；现场工人的防暑降温、电风扇、空调等设备及用电；其他文明施工措施。

③ 安全施工：安全资料、特殊作业专项方案的编制，安全施工标志的购置及安全宣传；"三宝"（安全帽、安全带、安全网）、"四口"（楼梯口、电梯井口、通道口、预留洞口）、"五临边"（阳台围边、楼板围边、屋面围边、槽坑围边、卸料平台两侧），水平防护架、垂直防护架、外架封闭等防护；施工安全用电，包括配电箱三级配电、两级保护装置要求、外电防护措施；起重机、塔式超重机等起重设备（含井架、门架），外用电梯的安全防护措施（含警示标志），以及卸料平台的临边防护、层间安全门、防护棚等设施；建筑工地起重机械的检验检测；施工机具防护棚及其围栏的安全保护设施；施工安全防护通道；工人的安全防护用品、用具购置；消防设施与消防器材的配置；电气保护、安全照明设施；其他安全防护措施。

④ 临时设施：施工现场采用彩色、定型钢板，砖、混凝土砌块等围挡的安砌、维修、拆除；施工现场临时建筑物、构筑物的搭设、维修、拆除，如临时宿舍、办公室、食堂、厨房、厕所、诊疗所、临时文化福利用房、临时仓库、加工场、搅拌台、临时简易水塔、水池等；施工现场临时设施的搭设、维修、拆除，如临时供水管道、临时供电管线、小型临时设施等；施工现场规定范围内临时简易道路铺设，临时排水沟、排水设施安砌、维修、拆除；其他临时设施搭设、维修、拆除。

（2）夜间施工（011707002），此项工作内容及包含范围如下。

① 夜间固定照明灯具和临时可移动照明灯具的设置、拆除。

② 夜间施工时，施工现场交通标志、安全标牌、警示灯等的设置、移动、拆除。

③ 包括夜间照明设备及照明用电、施工人员夜班补助、夜间施工劳动效率降低等。

（3）非夜间施工照明（011707003），此项工作内容及包含范围：为保证工程施工正常进行，在地下室等特殊施工部位施工时所采用的照明设备的安拆、维护及照明用电等。

（4）二次搬运（011707004），此项工作内容及包含范围：由于施工场地条件限制而发生的材料、成品、半成品等一次运输不能到达堆放地点，必须进行的二次或多次搬运。

（5）冬雨季施工（011707005），此项工作内容及包含范围如下。

① 冬雨（风）季施工时增加的临时设施（防寒保温、防雨、防风设施）的搭设、拆除。

② 冬雨（风）季施工时，对砌体、混凝土等采用的特殊加温、保温和养护措施。

③ 冬雨（风）季施工时，施工现场的防滑处理、对影响施工的雨雪的清除。

④ 包括冬雨(风)季施工时增加的临时设施、施工人员的劳动保护用品、冬雨(风)季施工劳动效率降低等。

(6) 地上、地下设施、建筑物的临时保护设施(011707006),此项工作内容及包含范围:在工程施工过程中,对已建成的地上、地下设施和建筑物进行的遮盖、封闭、隔离等必要的保护措施。

(7) 已完工程及设备保护(011707007),此项工作内容及包含范围:对已完工程及设备采取的覆盖、包裹、封闭、隔离等必要的保护措施。

2. 有关内容的说明

(1) 使用综合脚手架时,不再使用外脚手架、里脚手架等单项脚手架;综合脚手架适用于能够按"建筑面积计算规则"计算建筑面积的建筑工程脚手架,不适用于房屋加层、构筑物及附属工程脚手架。

(2) 同一建筑物有不同檐高时,按建筑物竖向切面分别按不同檐高编列清单项目。

(3) 整体提升架已包括 2m 高的防护架体设施。

(4) 脚手架材质可以不描述,但应注明由投标人根据工程实际情况按照国家现行标准《建筑施工扣件式钢管脚手架安全技术规范》(JGJ 130—2011)、《建筑施工附着升降脚手架管理暂行规定》(建建〔2000〕230 号)等规范自行确定。

(5) 计算模板工程量时,现浇钢筋混凝土墙、板单孔面积≤0.3m² 的孔洞不予扣除,洞侧壁模板亦不增加;单孔面积>0.3m² 时应予扣除,洞侧壁模板面积并入墙、板工程量内计算。现浇框架分别按梁、板、柱有关规定计算;附墙柱、暗梁、暗柱并入墙内工程量内计算。

(6) 柱、梁、墙、板相互连接的重叠部分,均不计算模板面积。

(7) 构造柱按图示外露部分计算模板面积。

(8) 原槽浇灌的混凝土基础,不计算模板。

(9) 混凝土模板及支撑(架)项目,只适用于以平方米计量,按模板与混凝土构件的接触面积计算。以立方米计量的模板及支撑(支架),按混凝土及钢筋混凝土实体项目执行,其综合单价中应包含模板及支撑(支架)。

(10) 采用清水模板时,应在特征中注明。

(11) 若现浇混凝土梁、板支撑高度超过 3.6m 时,项目特征应描述支撑高度。

(12) 建筑物的檐口高度是指设计室外地坪至檐口滴水的高度(平屋顶系指屋面板底高度),突出主体建筑物屋顶的电梯机房、楼梯出口间、水箱间、瞭望塔、排烟机房等不计入檐口高度。

(13) 垂直运输指施工工程在合理工期内所需的垂直运输机械。

(14) 同一建筑物有不同檐高时,按建筑物的不同檐高做纵向分割,分别计算建筑面积,以不同檐高分别编码列项计算垂直运输。

(15) 单层建筑物檐口高度超过 20m,多层建筑物超过 6 层时,可按超高部分的建筑面积计算超高施工增加。计算层数时,地下室不计入层数。

(16) 同一建筑物有不同檐高时,可按不同高度的建筑面积分别计算建筑面积,以不同檐高分别编码列项计算施工超高增加。

建筑面积的计算规则

2.4.1 建筑面积的概念

建筑面积，也称"建筑展开面积"，是指建筑物各层外围水平投影面积的总和。

建筑面积由建筑物的使用面积、辅助面积和结构面积组成。使用面积是指建筑物内各层平面布置中可直接为生产和生活使用的净面积之和；辅助面积是指建筑物内各层平面布置中为辅助生产和生活所占净面积之和，如公共走廊(道)电梯间等所占面积；结构面积是指建筑物内各层平面布置中的墙体、柱等的结构所占面积之和。使用面积和辅助面积的总和称为有效面积。

2.4.2 建筑面积的作用

建筑面积是一项反映建筑平面建设规模的数量指标，是衡量建筑物技术、经济指标的重要参数。

(1) 建筑面积是衡量基本建设规模的重要指标之一。例如，基本建设计划、统计工作中的开工面积、竣工面积均指建筑面积。

(2) 建筑面积是对设计方案的经济性、合理性进行评价分析的重要数据。如：

土地利用系数＝建筑面积/建筑物占地面积

建筑平面系数＝使用面积/建筑面积

住宅平面系数＝居住面积/建筑面积

若这些指标未达到要求的标准时，应重新修改设计。

(3) 在编制估算造价时，建筑面积作为估算指标的依据；在编制概预算时，建筑面积就是某些分项工程的工程量。此外，还可以根据建筑面积计算技术经济指标，如：

建筑物单方造价＝总造价/建筑面积

建筑物单方用工量＝总用工量/建筑面积

建筑物各种材料单方用量＝某材料用量/建筑面积

(4) 在建筑施工企业管理中，用完成建筑面积的数量，来反映企业的业绩大小，也是企业配备施工力量、物资供应、成本核算等的依据之一。

(5) 建筑面积也能衡量一个国家、地区的工农业发展状况，反映人民生活居住水平和文化生活福利设施的建设程度，如人均住房面积指标等。

2.4.3 建筑面积的计算规则

《建筑工程建筑面积计算规范》(GB/T 50353—2013)，自 2014 年 7 月 1 日起实施。原《建筑工程建筑面积计算规范》(GB/T 50353—2005)同时废止。建筑面积按照中华人民共和国国家标准《建筑工程建筑面积计算规范》(GB/T 50353—2013)中的规定计算。

（1）建筑物的建筑面积应按自然层外墙结构外围水平面积之和计算。结构层高在2.20m及以上的，应计算全面积；结构层高在2.20m以下的，应计算1/2面积。如图2.7所示为某单层建筑物的平面示意图，层高为5.4m，其建筑面积为：

$$S=(40.00+0.24)\times(15+0.24)=613.26(\text{m}^2)$$

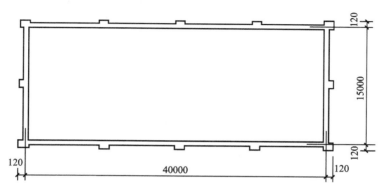

图2.7 单层建筑面积示意图（单位：mm）

（2）建筑物内设有局部楼层时，对于局部楼层的二层及以上楼层，有围护结构的应按其围护结构外围水平面积计算，无围护结构的应按其结构底板水平面积计算。结构层高在2.20m及以上的，应计算全面积，结构层高在2.20m以下的，应计算1/2面积（图2.8）。

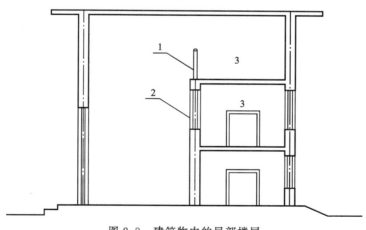

图2.8 建筑物内的局部楼层
1—围护设施；2—围护结构；3—局部楼层

（3）形成建筑空间的坡屋顶，结构净高在2.10m及以上的部位应计算全面积；结构净高在1.20m及以上至2.10m以下的部位应计算1/2面积；结构净高在1.20m以下的部位不应计算建筑面积。

（4）场馆看台下的建筑空间，结构净高在2.10m及以上的部位应计算全面积；结构净高在1.20m及以上至2.10m以下的部位应计算1/2面积；结构净高在1.20m以下的部位不应计算建筑面积。室内单独设置的有围护设施的悬挑看台，应按看台结构底板水平投影面积计算建筑面积。有顶盖无围护结构的场馆看台应按其顶盖水平投影面积的1/2计算面积。

（5）地下室、半地下室应按其结构外围水平面积计算。结构层高在 2.20m 及以上的，应计算全面积；结构层高在 2.20m 以下的，应计算 1/2 面积（图 2.9）。

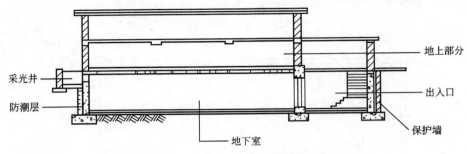

图 2.9　有地下室的建筑物剖面图

（6）地下室出入口外墙外侧坡道有顶盖的部位，应按其外墙结构外围水平面积的 1/2 计算面积（图 2.10）。

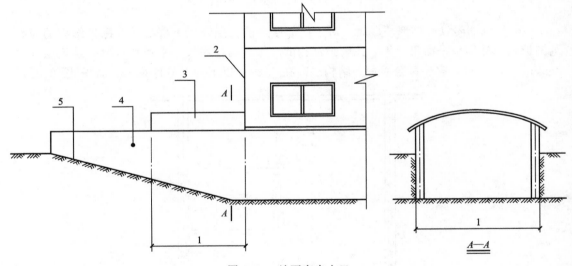

图 2.10　地下室出入口

1—计算 1/2 投影面积部位；2—主体建筑；3—出入口顶盖；4—封闭出入口侧墙；5—出入口坡道

（7）建筑物架空层及坡地建筑物吊脚架空层，应按其顶板水平投影计算建筑面积。结构层高在 2.20m 及以上的，应计算全面积；结构层高在 2.20m 以下的，应计算 1/2 面积（图 2.11）。

（8）建筑物的门厅、大厅应按一层计算建筑面积，门厅、大厅内设置的走廊应按走廊结构底板水平投影面积计算建筑面积。结构层高在 2.20m 及以上的，应计算全面积；结构层高在 2.20m 以下的，应计算 1/2 面积。

（9）建筑物间的架空走廊，有顶盖和围护设施的，应按其围护结构外围水平面积计算全面积；无围护结构、有围护设施的，应按其结构底板水平投影面积计算 1/2 面积。

（10）立体书库、立体仓库、立体车库，有围护结构的，应按其围护结构外围水平面积计算建筑面积；无围护结构、有围护设施的，应按其结构底板水平投影面积计算建筑面

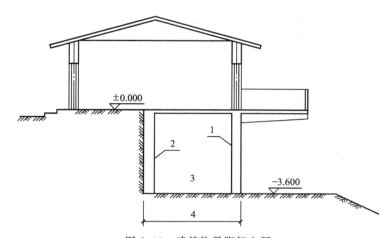

图 2.11 建筑物吊脚架空层
1—柱；2—墙；3—吊脚架空层；4—计算建筑面积部位

积。无结构层的应按一层计算，有结构层的应按其结构层面积分别计算。结构层高在 2.20m 及以上的，应计算全面积；结构层高在 2.20m 以下的，应计算 1/2 面积。

（11）有围护结构的舞台灯光控制室，应按其围护结构外围水平面积计算。结构层高在 2.20m 及以上的，应计算全面积；结构层高在 2.20m 以下的，应计算 1/2 面积。

（12）附属在建筑物外墙的落地橱窗，应按其围护结构外围水平面积计算。结构层高在 2.20m 及以上的，应计算全面积；结构层高在 2.20m 以下的，应计算 1/2 面积。

（13）窗台与室内楼地面高差在 0.45m 以下且结构净高在 2.10m 及以上的凸（飘）窗，应按其围护结构外围水平面积计算 1/2 面积。

（14）有围护设施的室外走廊（挑廊），应按其结构底板水平投影面积计算 1/2 面积；有围护设施（或柱）的檐廊，应按其围护设施（或柱）外围水平面积计算 1/2 面积（图 2.12）。

（15）门斗应按其围护结构外围水平面积计算建筑面积，且结构层高在 2.20m 及以上的，应计算全面积；结构层高在 2.20m 以下的，应计算 1/2 面积（图 2.13）。

图 2.12 有顶盖的走廊、檐廊图

图 2.13 有围护结构的门斗、眺望间

（16）门廊应按其顶板的水平投影面积的 1/2 计算建筑面积；有柱雨篷应按其结构板水平投影面积的 1/2 计算建筑面积；无柱雨篷的结构外边线至外墙结构外边线的宽度在 2.10m 及以上的，应按雨篷结构板的水平投影面积的 1/2 计算建筑面积。

（17）设在建筑物顶部的、有围护结构的楼梯间、水箱间、电梯机房等，结构层高在 2.20m 及以上的应计算全面积；结构层高在 2.20m 以下的，应计算 1/2 面积。如图 2.14 所示是有围护结构的楼梯间，层高为 2.1m，其建筑面积为：$S=1/2(a\times b)$。

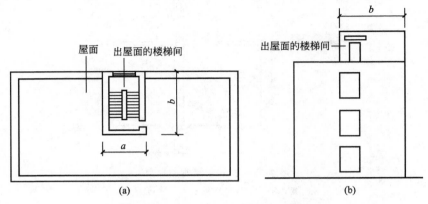

图 2.14　屋面上有围护结构的楼梯间

（18）围护结构不垂直于水平面的楼层，应按其底板面的外墙外围水平面积计算。结构净高在 2.10m 及以上的部位，应计算全面积；结构净高在 1.20m 及以上至 2.10m 以下的部位，应计算 1/2 面积；结构净高在 1.20m 以下的部位，不应计算建筑面积。

（19）建筑物的室内楼梯、电梯井、提物井、管道井、通风排气竖井、烟道，应并入建筑物的自然层计算建筑面积。有顶盖的采光井应按一层计算面积，结构净高在 2.10m 及以上的，应计算全面积；结构净高在 2.10m 以下的，应计算 1/2 面积（图 2.15）。

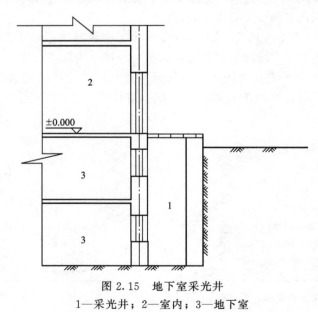

图 2.15　地下室采光井
1—采光井；2—室内；3—地下室

（20）室外楼梯应并入所依附建筑物自然层，并应按其水平投影面积的 1/2 计算建筑面积。

（21）在主体结构内的阳台，应按其结构外围水平面积计算全面积；在主体结构外的阳台，应按其结构底板水平投影面积计算1/2面积。

（22）有顶盖无围护结构的车棚、货棚、站台、加油站、收费站等，应按其顶盖水平投影面积的1/2计算建筑面积（图2.16）。

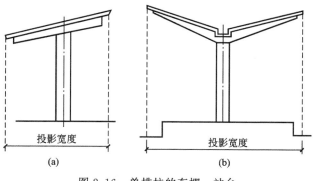

图2.16 单排柱的车棚、站台

（23）以幕墙作为围护结构的建筑物，应按幕墙外边线计算建筑面积。

（24）建筑物的外墙外保温层，应按其保温材料的水平截面积计算，并计入自然层建筑面积（图2.17）。

（25）与室内相通的变形缝，应按其自然层合并在建筑物建筑面积内计算。对于高低联跨的建筑物，当高低跨内部连通时，其变形缝应计算在低跨面积内。

（26）对于建筑物内的设备层、管道层、避难层等有结构层的楼层，结构层高在2.20m及以上的，应计算全面积；结构层高在2.20m以下的，应计算1/2面积。

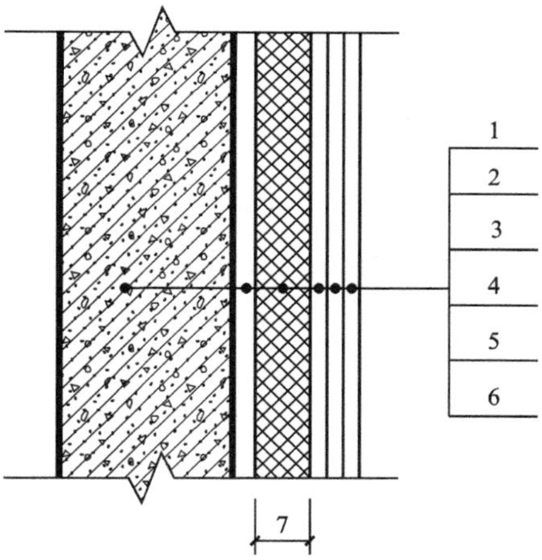

图2.17 建筑外墙外保温
1—墙体；2—粘接胶浆；
3—保温材料；4—标准网；5—加强网；
6—抹面胶浆；7—计算建筑面积部位

（27）下列项目不应计算建筑面积。

① 与建筑物内不相连通的建筑部件。

② 骑楼、过街楼底层的开放公共空间和建筑物通道。

③ 舞台及后台悬挂幕布和布景的天桥、挑台等。

④ 露台、露天游泳池、花架、屋顶的水箱及装饰性结构构件。

⑤ 建筑物内的操作平台、上料平台、安装箱和罐体的平台。

⑥ 勒脚、附墙柱、垛、台阶、墙面抹灰、装饰面、镶贴块料面层、装饰性幕墙，主体结构外的空调室外机搁板（箱）、构件、配件，挑出宽度在2.10m以下的无柱雨篷和顶盖高度达到或超过两个楼层的无柱雨篷。

⑦ 窗台与室内地面高差在0.45m以下且结构净高在2.10m以下的凸（飘）窗，窗台与室内地面高差在0.45m及以上的凸（飘）窗。

⑧ 室外爬梯、室外专用消防钢楼梯（图 2.18）。

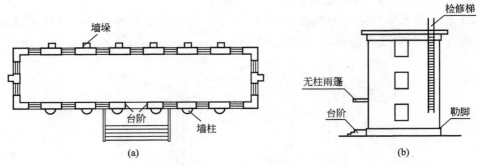

图 2.18　不计建筑面积的构件、配件

⑨ 无围护结构的观光电梯。

⑩ 建筑物以外的地下人防通道，独立的烟囱、烟道、地沟、油（水）罐、气柜、水塔、贮油（水）池、贮仓、栈桥等构筑物。

<h1 style="text-align:center">本 章 小 结</h1>

工程量清单由分部分项工程量清单、措施项目清单、其他项目清单、规费项目清单及税金项目清单组成。

《房屋建筑与装饰工程工程量计算规范》包含 16 个分部及一个措施项目的计算规则，通过学习应当熟练掌握相应的工程量计算规则。

《建筑工程建筑面积计算规范》（GB/T 50353—2013)中规定了应当计算建筑面积的规则和不应计算建筑面积的规则。

<h1 style="text-align:center">习　　题</h1>

1. 思考题

(1)《计价规范》与《计量规范》各有哪些特点？

(2) 简述工程量清单的基本概念、清单的组成部分。

(3) 简述各种清单分别反映的内容。

(4) 分部分项工程量清单编制中"五个要件"是指什么？

(5) 项目编码有何特点？

(6) 在房屋建筑与装饰工程工程量清单项目及计算规则中：

① 土方工程中，平整场地和挖一般土方是如何区别的？

② 砌筑工程中，基础与墙身是如何划分的？实心砖的基础和墙身的长度如何取？

③ 常用标准砖墙的墙厚有哪几种？

④ 混凝土及钢筋混凝土工程中，梁与柱交接处、主梁与次梁交接处的混凝土归在哪

里计算？

⑤ 现浇混凝土楼梯的工程量如何计算？预制混凝土楼梯的工程量又如何计算？

⑥ 楼地面工程中，踢脚线、楼梯、台阶、栏杆等的工程量如何计算？

⑦ 墙柱面工程中，一般抹灰和装饰抹灰分别包括哪些内容？内墙、外墙的抹灰工程量如何计算？

⑧ 门窗工程中，各种门窗的工程量如何计算？门窗套、窗帘盒的工程量如何计算？

⑨ 油漆、涂料、裱糊工程中，门窗、扶手的工程量如何计算？

⑩ 措施项目有哪些内容？

（7）简述建筑面积的概念。建筑面积由哪几部分组成？

（8）在建筑面积的计算规定中：

① 坡屋顶的建筑面积如何计算？

② 建筑物的门厅、大厅的建筑面积如何计算？

③ 室内楼梯间、电梯井、管道井的建筑面积如何计算？

④ 半地下室、地下室的建筑面积如何计算？

⑤ 建筑物顶部有维护结构的水箱间的建筑面积如何计算？

⑥ 阳台、室外楼梯、变形缝的建筑面积如何计算？

⑦ 墙面抹灰、台阶、室外用于检修爬梯的建筑面积如何计算？

2. 练习题

（1）某建筑平面图如图 2.19 所示，墙体厚度 240mm，台阶上部雨篷伸出宽度与阳台一致，阳台为全封闭。按要求平整场地，土壤类别为Ⅲ类（坚土），大部分场地挖填找平厚度在 ±30cm 以内，就地找平，但局部有 23m³ 挖土，平均厚度为 50cm，有 5m 弃土运输。试计算人工场地平整的工程量。

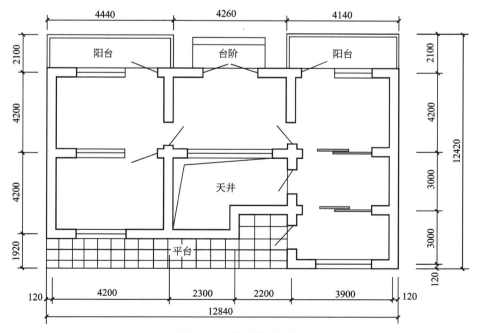

图 2.19　某建筑平面图

（2）某建筑物基础平面及剖面如图 2.20 所示。已知设计室外地坪以下砖基础体积为 15.85m³，混凝土垫层体积为 2.86m³，室内地面厚度为 180mm，工作面 $C=300$mm，土质为 Ⅱ 类普通土。要求挖出土方堆于现场，回填后余下的土外运。试对土石方工程相关项目进行列项，并计算各分项工程量。

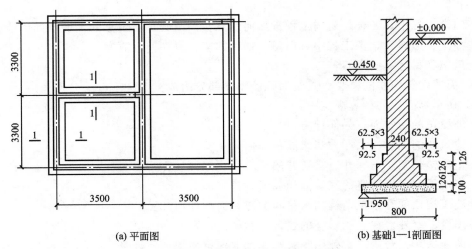

（a）平面图　　　（b）基础1—1剖面图

图 2.20　某建筑物基础平面及剖面图

（3）求如图 2.21 所示有梁式条形基础，计算其混凝土工程量。

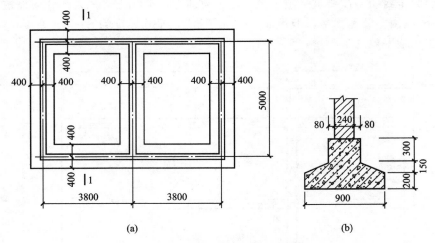

（a）　　　（b）

图 2.21　基础平面图及剖面图

（4）某钢筋混凝土配筋如图 2.22 所示。已知板混凝土强度等级为 C25，板厚为 100mm，在正常环境下使用。试计算板内钢筋工程量。

（5）有一两坡二毡三油卷材屋面，尺寸如图 2.23 所示。屋面防水层构造层次为：预制钢筋混凝土空心板、1：2水泥砂浆找平层、冷底子油一道、二毡三油一砂防水层。计算：①当有女儿墙，屋面坡度为 1：4 时的工程量；②当有女儿墙，屋面坡度为 2‰ 时的工程量；③当无女儿墙有挑檐，坡度为 2‰ 时的工程量。

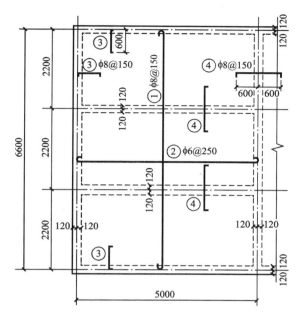

图 2.22 现浇钢筋混凝土板配筋图

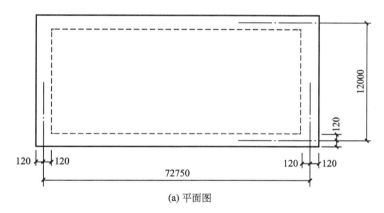

(a) 平面图

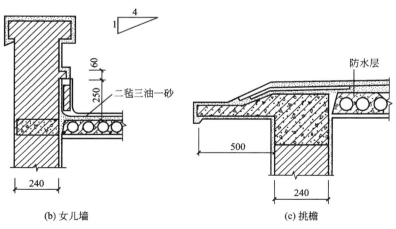

(b) 女儿墙　　　　　　　　(c) 挑檐

图 2.23 两坡二毡三油卷材屋面尺寸示意图

（6）住宅楼一层住户平面如图 2.24 所示，地面做法如下：3：7 灰土垫层 300mm 厚，60mm 厚 C15 细石混凝土找平层，细石混凝土现场搅拌，20mm 厚 1：3 水泥砂浆面层，计算地面工程的工程量。

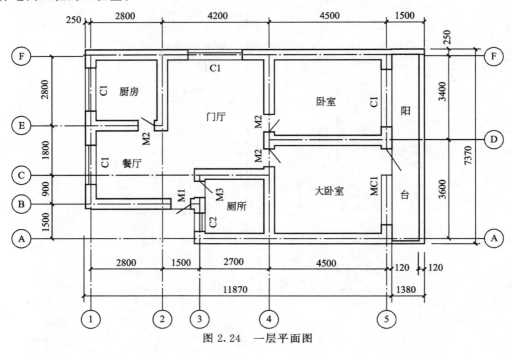

图 2.24　一层平面图

（7）如图 2.25 所示，楼梯设计为水泥砂浆面层，建筑物 5 层，楼梯不上屋面，梯井宽度 200mm，计算楼梯面层工程量。

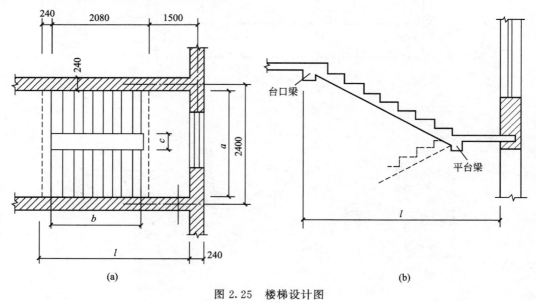

图 2.25　楼梯设计图

第 **3** 章
工程量清单编制

教学目标

本章的主要内容是阐述工程量清单的编制过程。通过学习本章，应达到以下目标。

（1）了解工程量清单编制的原则、依据和步骤。

（2）熟悉工程量清单项目划分和列项规则，掌握工程量清单的编制方法及格式。

（3）学完本章后，能够独立完成工程量清单的编制。

教学要求

知识要点	能力要求	相关知识
清单编制准备工作	（1）熟悉和搜集资料 （2）熟悉所需工程现场的情况	（1）各类图样 （2）相关规范
工程量清单编制原则、依据和步骤	（1）熟悉清单编制的原则和编制依据 （2）掌握清单编制的步骤	（1）合同条款与招标文件内容 （2）规范相关规定
工程量清单编制	（1）掌握分部分项工程量清单项目列项方法 （2）掌握五个清单的编制方法	（1）清单编码、项目名称、项目特征描述、计量单位 （2）工程量计算 （3）五个清单组成格式

基本概念

项目编码、项目名称、项目特征描述、计量单位、单价措施项目、总价措施项目、暂列金额、暂估价、计日工、总承包服务费、规费、税金

引例

在项目实施过程中，为了统一发包人和承包人口径，避免在某个清单项目上双方各执一词，编制工程量清单并统一计算规则，统一项目内容显得尤为重要。

例如某工程施工过程上中，发包方认为承包方的挖基坑土方报价已包含弃土的堆置、整理，不需再另行支付，而承包方认为挖基坑土方报价中没有包含这部分费用，之所以发生这种结算价款的纠纷，就是由于在发包方提供的挖基坑土方清单项目中，对项目特征的描述内容"弃土运距"这一项漏掉描述造成的。

3.1 工程量清单编制准备工作

3.1.1 收集相关的资料

1. 经过批准和会审的全部施工图设计文件

（1）全套的建筑施工图。包括建筑总说明、材料做法表、门窗表及门窗详图、各层建筑平面图、建筑立面图、建筑剖面图（楼梯间剖面、外墙剖面）、屋顶平面图、节点详图等。

（2）全套结构图。包括结构总说明、各层结构平面图、模板平面图、钢筋配置图、柱梁板详图、结构的节点详图、混凝土工程各部位留洞图等。

（3）装饰装修工程在具体部位的建筑装饰设计效果图。

2. 计价计量规范

《建设工程工程量清单计价规范》（GB 50500—2013）、《房屋建筑与装饰工程工程量清单计算规范》（GB 50854—2013）等。

3. 招标文件及主要合同条款

重点掌握招标工作范围及合同计价原则。

4. 国家现行的标准图集

5. 设计规范、施工验收规范、质量评定标准、安全操作规程

6. 预算手册

3.1.2 熟悉工程现场

充分考虑工程现场实际，预估将来可能发生的情况并列入清单项目中，以避免未来发生价格争议。

3.2 工程量清单编制原则、依据和步骤

3.2.1 工程量清单编制的原则

工程量清单的准确性对确定工程造价、控制投资、提高企业经济效益乃至完善整个建筑招投标市场起着重要的作用。在工程量清单的编写过程中应满足下列原则要求。

1. 应遵循客观、公正、科学、合理的原则

编制人员要有良好的职业道德，要站在客观公正的立场上兼顾招标人和投标人双方的

利益，严格依据设计图样和资料，有关文件以及国家制定的建筑工程技术规程和规范进行编制，以保证清单的客观公正性。

在编制过程中有时由于设计图样深度不够或其他原因，对工程要求用材标准及设备定型等内容交代不够清楚，应及时向设计单位反映，综合运用建筑科学知识向设计单位提出建议，确保清单内容全面符合实际、科学合理。

2. 遵循《计价规范》与《计量规范》原则

在编制清单时，必须按《计价规范》与《计量规范》的规定设置清单项目名称、项目编码、计量单位和计算工程数量，对清单项目进行必要的、全面的描述，并按规定的格式出具工程量清单。

3. 遵守招标文件相关要求的原则

工程量清单作为招标文件的重要组成部分，必须与招标文件的原则保持一致，与投标须知、合同条款、技术规范等相互照应，较好地反映本工程的特点，完整体现招标人的需求。

4. 编制依据齐全的原则

受委托的编制人首先要检查招标人提供的设计图样、设计资料、招标范围等编制依据是否齐全。容易忽视的是设计图样的表达深度是否满足准确、全面计算工程量的要求；必要的情况下还应到现场进行调查取证，保证清单编制依据的完整性。

5. 力求准确合理的原则

工程量的计算应力求准确，清单项目的设置应力求合理、不漏不重。认真进行全面复核，确保清单内容符合实际、科学合理。从事工程造价咨询的中介咨询单位还应建立健全工程量清单编制审查制度，确保工程量清单编制的全面性、准确性和合理性，提高工程量清单编制质量和服务质量。

3.2.2 工程量清单的编制依据

工程量清单的编制依据有以下几点。

（1）计价计量规范：《建设工程工程量清单计价规范》（GB 50500—2013）、《房屋建筑与装饰工程工程量清单计算规范》（GB 50854—2013）等。

（2）国家或省级、行业建设主管部门颁发的计价依据和办法。

（3）建设工程设计文件。

（4）与建设工程项目有关的标准、规范、技术资料。

（5）拟定的招标文件及其补充通知、答疑纪要。

（6）施工现场情况、工程特点及常规施工方案。

（7）其他相关资料。

3.2.3 工程量清单的编制步骤

工程量清单编制的内容，应包括分部分项工程量清单、措施项目清单、其他项目清单、规费和税金项目清单，且必须严格按照《计价规范》规定的计价规则和标准格式进行。在编制工程量清单时，应根据规范和设计图样及其他有关要求对清单项目进行准确、详细的描述，以保证投标企业正确理解各清单项目的内容，合理报价。

工程量清单编制程序与步骤如图 3.1 所示。

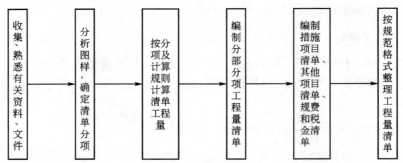

图 3.1　工程量清单编制程序与步骤示意图

3.3 工程量清单项目划分和列项规则

建设工程工程量清单设立《建设工程工程量清单计价规范》（GB 50500—2013）以及《房屋建筑与装饰工程工程量计算规范》（GB 50854—2013）、《仿古建筑工程工程量计算规范》（GB 50855—2013）、《通用安装工程工程量计算规范》（GB 50856—2013）、《市政工程工程量计算规范》（GB 50857—2013）、《园林绿化工程工程量计算规范》（GB 50858—2013）、《矿山工程工程量计算规范》（GB 50859—2013）、《构筑物工程工程量计算规范》（GB 50860—2013）、《城市轨道交通工程工程量计算规范》（GB 50861—2013）、《爆破工程工程量计算规范》（GB 50862—2013）共 9 本工程量计算规范，作为编制工程量清单的依据。

本书主要讲述房屋建筑与装饰工程的工程量项目划分和列项规则。

《房屋建筑与装饰工程工程量计算规范》（GB 50854—2013）包括 17 个附录，见表 3－1。

表 3－1　《房屋建筑与装饰工程工程量计算规范》附录内容

序号	附录序号	清单项目名称
1	附录 A	土石方工程
2	附录 B	地基处理与边坡支护工程
3	附录 C	桩基工程
4	附录 D	砌筑工程
5	附录 E	混凝土及钢筋混凝土工程
6	附录 F	金属结构工程
7	附录 G	木结构工程

（续）

序号	附录序号	清单项目名称
8	附录 H	门窗工程
9	附录 J	屋面及防水工程
10	附录 K	保温、隔热、防腐工程
11	附录 L	楼地面装饰工程
12	附录 M	墙、柱面装饰与隔断、幕墙工程
13	附录 N	天棚工程
14	附录 P	油漆、涂料、裱糊工程
15	附录 Q	其他装饰工程
16	附录 R	拆除工程
17	附录 S	措施项目

1. 附录 A 土石方工程项目划分（图 3.2）

土石方工程分为 A.1 土方工程、A.2 石方工程、A.3 回填。

图 3.2 土石方工程项目划分

A.1 土方工程：包括平整场地、挖一般土方、挖沟槽土方、挖基坑土方、冻土开挖、挖淤泥流砂、管沟土方共 7 个子目。其中平整场地按首层建筑面积（m²）计算，管沟土方按长度（m）或体积（m³）计算，其余均按体积（m³）计算。

A.2 石方工程：分为挖一般石方、挖沟槽石方、挖基坑石方、挖管沟石方 4 个子目。除挖管沟石方按长度（m）或体积（m³）计算外，其余均按体积（m³）计算。

A.3 回填：分为回填方、余方弃置 2 个子目，均按体积（m³）计算。

2. 附录 B 地基处理与边坡支护工程项目划分（图 3.3）

地基处理与边坡支护工程分为 B.1 地基处理、B.2 基坑与边坡支护。

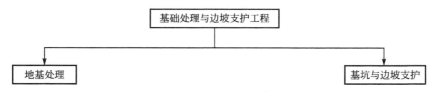

图 3.3 地基处理与边坡支护工程项目划分

B.1 地基处理：包括换填垫层、铺设土工合成材料、预压地基、强夯地基、振冲密实(不填料)、振冲桩(填料)、砂石桩、水泥粉煤灰碎石桩、深层搅拌桩、粉喷桩、夯实水泥土桩、高压喷射注浆桩、石灰桩、灰土挤密桩、柱锤冲扩桩、注浆地基、褥垫层 17 个子目。换填垫层按体积(m³)计算；铺设土工合成材料、预压地基、强夯地基、振冲密实(不填料)按处理范围以面积(m²)计算；振冲桩(填料)、砂石桩、注浆地基按长度(m)或体积(m³)计算；水泥粉煤灰碎石桩、深层搅拌桩、粉喷桩、夯实水泥土桩、高压喷射注浆桩、石灰桩、灰土挤密桩、柱锤冲扩桩按桩长以(m)计算；褥垫层按设计图示以面积(m²)或体积(m³)计算。

B.2　基坑与边坡支护：包括地下连续墙，咬合灌注桩，圆木桩，预制钢筋混凝土板桩，型钢桩，钢板桩，预应力锚杆、锚索，其他锚杆、土钉，喷射混凝土、水泥砂浆，混凝土支撑，钢支撑 11 个子目。地下连续墙以体积(m³)计算；咬合灌注桩、圆木桩、预制钢筋混凝土板桩按长度(m)或者数量(根)计算；型钢桩按质量(t)或者数量(根)计算；钢板桩按质量(t)或面积(m²)计算；预应力锚杆、锚索，其他锚杆、土钉按长度(m)或数量(根)计算；喷射混凝土、水泥砂浆按面积(m²)计算；混凝土支撑按体积(m³)计算；钢支撑按质量(t)计算。

3. 附录 C 桩基工程项目划分(图 3.4)

桩基工程分为 C.1 打桩、C.2 灌注桩。

图 3.4　桩基工程项目划分

C.1　打桩：包括预制钢筋混凝土方桩、预制钢筋混凝土管桩、钢管桩、截(凿)桩头 4 个子目。预制钢筋混凝土方桩、预制钢筋混凝土管桩按长度(m)、体积(m³)或数量(根)计算；钢管桩按质量(t)或数量(根)计算；截(凿)桩头按体积(m³)或者数量(根)计算。

C.2　灌注桩：包括泥浆护壁成孔灌注桩、沉管灌注桩、干作业成孔灌注桩、挖孔桩土(石)方、人工挖孔灌注桩、钻孔压浆桩、灌注桩后压浆 7 个子目。泥浆护壁成孔灌注桩、沉管灌注桩、干作业成孔灌注桩按长度(m)、体积(m³)或数量(根)计算；挖孔桩土(石)方按体积(m³)计算；人工挖孔灌注桩按体积(m³)或数量(根)计算；钻孔压浆桩按长度(m)或体积(m³)计算；灌注桩后压浆按注浆孔数计算。

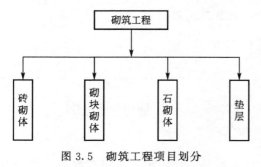

图 3.5　砌筑工程项目划分

4. 附录 D 砌筑工程项目划分(图 3.5)

砌筑工程分为 D.1 砖砌体、D.2 砌块砌体、D.3 石砌体、D.4 垫层。

D.1　砖砌体：包括砖基础，砖砌挖孔桩护壁，实心砖墙，多孔砖墙，空心砖墙，空斗墙，空花墙，填充墙，实心砖柱，多孔砖柱，砖检查井，零星砌砖，砖散水、地坪，砖地沟、明沟 15 个子目。砖基础、砖砌挖孔桩护壁、实心砖墙、多孔砖墙、空心砖墙、空斗墙、空花墙、填充墙、实心砖柱、多孔砖柱按体积(m³)计算;砖检查井按数量(座)计算;零星砌砖按体积(m³)、面积(m²)、长度(m)或数量(个)计算;砖散水、地坪按面积(m²)计算;砖地沟、明沟按长度(m)计算。

D.2 砌块砌体:包括砌块墙、砌块柱2个子目,均按体积(m³)计算。

D.3 石砌体:包括石基础,石勒脚,石墙,石挡土墙,石柱,石栏杆,石护坡,石台阶,石坡道,石地沟、明沟10个子目。石基础、石勒脚、石墙、石挡土墙、石柱、石护坡、石台阶按体积(m³)计算;石栏杆,石地沟、明沟按长度(m)计算;石坡道按面积(m²)计算。

D.4 垫层:包括垫层1个子目,按体积(m³)计算。

5. 附录E混凝土及钢筋混凝土工程项目划分(图3.6)

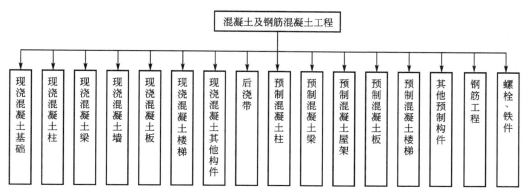

图3.6 混凝土及钢筋混凝土工程项目划分

砌筑工程分为E.1现浇混凝土基础、E.2现浇混凝土柱、E.3现浇混凝土梁、E.4现浇混凝土墙、E.5现浇混凝土板、E.6现浇混凝土楼梯、E.7现浇混凝土其他构件、E.8后浇带、E.9预制混凝土柱、E.10预制混凝土梁、E.11预制混凝土屋架、E.12预制混凝土板、E.13预制混凝土楼梯、E.14其他预制构件、E.15钢筋工程、E.16螺栓、铁件。

E.1 现浇混凝土基础:包括垫层、带形基础、独立基础、满堂基础、桩承台基础、设备基础6个子目,所有子目均按体积(m³)计算。

E.2 现浇混凝土柱:包括矩形柱、构造柱、异形柱3个子目,所有子目均按体积(m³)计算。

E.3 现浇混凝土梁:包括基础梁,矩形梁,异形梁,圈梁,过梁,弧形、拱形梁6个子目,所有子目均按体积(m³)计算。

E.4 现浇混凝土墙:包括直形墙、弧形墙、短肢剪力墙、挡土墙4个子目,所有子目均按体积(m³)计算。

E.5 现浇混凝土板:包括有梁板,无梁板,平板,拱板,薄壳板,栏板,天沟(檐沟)、挑檐板,雨篷、悬挑板、阳台板,其他板9个子目,所有子目均按体积(m³)计算。

E.6 现浇混凝土楼梯:包括直形楼梯、弧形楼梯2个子目,按水平投影面积(m²)或体积(m³)计算。

E.7 现浇混凝土其他构件:包括散水、坡道,电缆沟、地沟,台阶,扶手、压顶,化粪池底,化粪池壁,化粪池顶,检查井底,检查井壁,检查井顶,其他构件11个子目。

散水、坡道按投影面积（m²）计算；电缆沟、地沟按中心线长度（m）计算；台阶按水平投影面积（m²）或体积（m³）计算；扶手、压顶按中心线延长米（m）或体积（m³）计算；化粪池底，化粪池壁，化粪池顶，检查井底，检查井壁，检查井顶，按体积（m³）或数量（座）计算；其他构件按体积（m³）计算。

E.8　后浇带：只有后浇带 1 个子目，按体积（m³）计算。

E.9　预制混凝土柱：包括矩形柱、异形柱 2 个子目，均按体积（m³）或数量（根）计算。

E.10　预制混凝土梁：包括矩形梁、异形梁、过梁、拱形梁、鱼腹式吊车梁、其他梁 6 个子目，均按体积（m³）或数量（根）计算。

E.11　预制混凝土屋架：包括折线型屋架、组合屋架、薄腹屋架、门式刚架屋架、天窗架屋架 5 个子目，均按体积（m³）或数量（榀）计算。

E.12　预制混凝土板：包括平板，空心板，槽形板，网架板，折线板，带肋板，大型板，沟盖板、井盖板、井圈 8 个子目。其中沟盖板、井盖板、井圈按体积（m³）或数量［块（套）］计算，其余均按体积（m³）或数量（块）计算。

E.13　预制混凝土楼梯：只有楼梯 1 个子目，按体积（m³）或数量（块）计算。

E.14　其他预制构件：包括垃圾道、通风道、烟道，其他构件，水磨石构件 3 个子目，均按体积（m³）、面积（m²）、数量［根（块）］计算。

E.15　钢筋工程：包括现浇构件钢筋、钢筋网片、钢筋笼、先张法预应力钢筋、后张法预应力钢筋、预应力钢丝、预应力钢绞线、支撑钢筋（铁马）、声测管 9 个子目，均按质量（t）计算。

E.16　螺栓、铁件：包括螺栓、预埋铁件、机械连接 3 个子目。螺栓、预埋铁件均按质量（t）计算；机械连接按数量（个）计算。

6. 附录 F 金属结构工程项目划分（图 3.7）

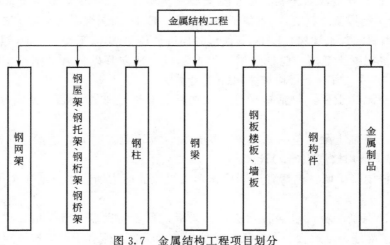

图 3.7　金属结构工程项目划分

金属结构工程分为 F.1 钢网架，F.2 钢屋架、钢托架、钢桁架、钢架桥，F.3 钢柱，F.4 钢梁，F.5 钢板楼板、墙板，F.6 钢构件，F.7 金属制品。

F.1　钢网架：包括钢网架 1 个子目，按体质量（t）计算。

F.2 钢屋架、钢托架、钢桁架、钢架桥：包括钢屋架、钢托架、钢桁架、钢架桥4个子目，钢屋架按数量(榀)或质量(t)计算；其他子目均按质量(t)计算。

F.3 钢柱：包括实腹钢柱、空腹钢柱、钢管柱3个子目，均按质量(t)计算。

F.4 钢梁：包括钢梁和钢吊车梁2个子目，均按质量(t)计算。

F.5 钢板楼板、墙板：包括钢板楼板、钢板墙板2个子目，均按面积(m²)计算。

F.6 钢构件：包括钢支撑、钢拉条、钢檩条、钢天窗架、钢挡风架、钢墙架、钢平台、钢走道、钢梯、钢护栏、钢漏斗、钢支架、零星钢构件13个子目，均按质量(t)计算。

F.7 金属制品：包括成品空调金属百叶护栏、成品栅栏、成品雨篷、金属网栏、砌块墙钢丝网加固、后浇带金属网6个子目。成品雨篷按设计图示接触边以长度(m)或面积(m²)计算；其他子目均按面积(m²)计算。

7. 附录 G 木结构工程项目划分(图3.8)

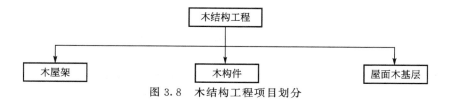

图 3.8 木结构工程项目划分

木结构工程分为 G.1 木屋架、G.2 木构件、G.3 屋面木基层。

G.1 木屋架：包括木屋架、钢木屋架2个子目。木屋架按数量(榀)或体积(m³)计算；钢木屋架按数量(榀)计算。

G.2 木构件：包括木柱、木梁、木檩、木楼梯、其他木构件5个子目。木柱、木梁按体积(m³)计算；木檩、其他木构件按体积(m³)或长度(m)计算；木楼梯按投影面积(m²)计算。

G.3 屋面木基层：包括屋面木基层1个子目，按面积(m²)计算。

8. 附录 H 门窗工程项目划分(图3.9)

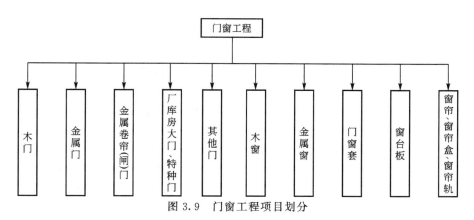

图 3.9 门窗工程项目划分

门窗工程分为 H.1 木门，H.2 金属门，H.3 金属卷帘(闸)门，H.4 厂库房大门、特种门，H.5 其他门，H.6 木窗，H.7 金属窗，H.8 门窗套，H.9 窗台板，H.10 窗帘、窗帘盒、窗帘轨。

H.1　木门：包括木质门、木质门带套、木质连窗门、木质防火门、木门框、门锁安装6个子目。门锁安装按数量［个（套）］计算；其他子目均按数量（樘）或面积（m²）计算。

H.2　金属门：包括金属（塑钢）门、彩板门、钢制防火门、防盗门4个子目，均按数量（樘）或面积（m²）计算。

H.3　金属卷帘（闸）门：包括金属卷帘（闸）门、防火卷帘（闸）门2个子目，均按数量（樘）或面积（m²）计算。

H.4　厂库房大门、特种门：包括木板大门、钢木大门、全钢板大门、防护铁丝门、金属格栅门、钢质花饰大门、特种门7个子目，均按数量（樘）或面积（m²）计算。

H.5　其他门：包括平开电子感应门、旋转门、电子对讲门、电动伸缩门、全玻自由门、镜面不锈钢饰面门6个子目，均按数量（樘）或面积（m²）计算。

H.6　木窗：包括木质窗、木橱窗、木飘（凸）窗、木质成品窗4个子目，均按数量（樘）或面积（m²）计算。

H.7　金属窗：包括金属（塑钢、断桥）窗、金属防火窗、金属百叶窗、金属纱窗、金属格栅窗、金属（塑钢、断桥）橱窗、金属（塑钢、断桥）飘（凸）窗、彩板窗8个子目，均按数量（樘）或面积（m²）计算。

H.8　门窗套：包括木门窗套、木筒子板、饰面夹板筒子板、金属门窗套、石材门窗套、门窗木贴脸、成品木门窗套7个子目。门窗木贴脸按数量（樘）或长度（m）计算；其余子目均按数量（樘）、面积（m²）或长度（m）计算。

H.9　窗台板：包括木窗台板、铝塑窗台板、金属窗台板、石材窗台板4个子目，均按面积（m²）计算。

H.10　窗帘、窗帘盒、窗帘轨：包括窗帘（杆），木窗帘盒，饰面夹板、塑料窗帘盒，铝合金窗帘盒，窗帘轨5个子目，均按长度（m）计算。

9. 附录J屋面及防水工程项目划分（图3.10）

门窗工程分为J.1瓦、型材及其他屋面，J.2屋面防水及其他，J.3墙面防水、防潮，J.4楼地面防水、防潮。

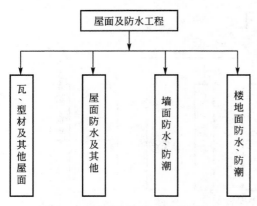

图3.10　屋面及防水工程项目划分

J.1　瓦、型材及其他屋面：包括瓦屋面、型材屋面、阳光板屋面、玻璃钢屋面、膜结构屋面5个子目，均按面积（m²）计算。

J.2　屋面防水及其他：包括屋面卷材防水，屋面涂膜防水，屋面刚性层，屋面排水管，屋面排（透）气管，屋面（廊、阳台）吐水管，屋面天沟、檐沟，屋面变形缝8个子目。屋面排水管、屋面排（透）气管、屋面变形缝按长度（m）计算；屋面（廊、阳台）吐水管按数量［根（个）］计算；其余均按面积（m²）计算。

J.3　墙面防水、防潮：包括墙面卷材防水、墙面涂膜防水、墙面砂浆防水（防潮）、墙面变形缝4个子目。墙面变形缝按长度（m）计算；其余均按面积（m²）计算。

J.4　楼地面防水、防潮：包括楼（地）面卷材防水、楼（地）面涂膜防水、楼（地）面砂浆防水(防潮)、楼(地)面变形缝4个子目。楼(地)面变形缝按长度(m)计算；其余均按面积(m²)计算。

10. 附录K保温、隔热、防腐工程项目划分(图3.11)

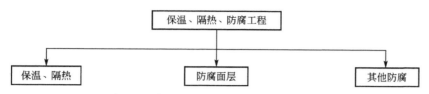

图 3.11　保温、隔热、防腐工程项目划分

保温、隔热、防腐工程分为K.1保温、隔热，K.2防腐面层，K.3其他防腐。

K.1　保温、隔热：包括保温隔热屋面，保温隔热天棚，保温隔热墙面，保温柱、梁，保温隔热楼地面，其他隔热保温6个子目，均按面积(m²)计算。

K.2　防腐面层：包括防腐混凝土面层，防腐砂浆面层，防腐胶泥面层，玻璃钢防腐面层，聚氯乙烯板面层，块料防腐面层，池、槽块料防腐面层7个子目，均按面积(m²)计算。

K.3　其他防腐：包括隔离层、砌筑沥青浸渍砖、防腐涂料3个子目。其中砌筑沥青浸渍砖按体积(m³)计算，其余均按面积(m²)计算。

11. 附录L楼地面装饰工程项目划分(图3.12)

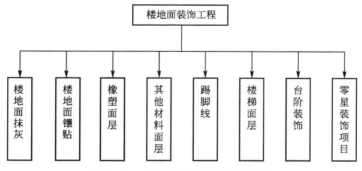

图 3.12　楼地面装饰工程项目划分

楼地面装饰工程分为L.1楼地面抹灰、L.2楼地面镶贴、L.3橡塑面层、L.4其他材料面层、L.5踢脚线、L.6楼梯面层、L.7台阶装饰、L.8零星装饰项目。

L.1　楼地面抹灰：包括水泥砂浆楼地面、现浇水磨石楼地面、细石混凝土楼地面、菱苦土楼地面、自流坪楼地面、平面砂浆找平层6个子目，均按面积(m²)计算。

L.2　楼地面镶贴：包括石材楼地面、碎石材楼地面、块料楼地面3个子目，均按面积(m²)计算。

L.3　橡塑面层：包括橡胶板楼地面、橡胶卷材楼地面、塑料板楼地面、塑料卷材楼地面4个子目，均按面积(m²)计算。

L.4　其他材料面层：包括地毯楼地面、竹木地板、金属复合地板、防静电活动地板4个子目，均按面积(m²)计算。

L.5 踢脚线：包括水泥砂浆踢脚线、石材踢脚线、块料踢脚线、塑料板踢脚线、木质踢脚线、防静电踢脚线6个子目，均按长度(m)或面积(m²)计算。

L.6 楼梯面层：包括石材楼梯面层、块料楼梯面层、拼碎块料面层、水泥砂浆楼梯面层、现浇水磨石楼梯面层、地毯楼梯面层、木板楼梯面层、橡胶板楼梯面层、塑料板楼梯面层9个子目，均按面积(m²)计算。

L.7 台阶装饰：包括石材台阶面、块料台阶面、拼碎块料台阶面、水泥砂浆台阶面、现浇水磨石台阶面、剁假石台阶面6个子目，均按面积(m²)计算。

L.8 零星装饰项目：包括石材零星项目、碎拼石材零星项目、块料零星项目、水泥砂浆零星项目4个子目，均按面积(m²)计算。

12. 附录M墙、柱面装饰与隔断、幕墙工程项目划分（图3.13）

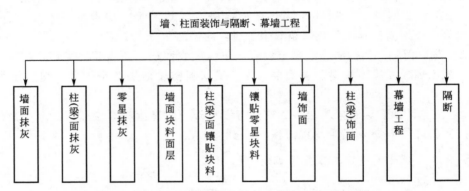

图3.13 墙、柱面装饰与隔断、幕墙工程项目划分

墙、柱面装饰与隔断、幕墙工程分为M.1墙面抹灰、M.2柱(梁)面抹灰、M.3零星抹灰、M.4墙面块料面层、M.5柱(梁)面镶贴块料、M.6镶贴零星块料、M.7墙饰面、M.8柱(梁)饰面、M.9幕墙工程、M.10隔断。

M.1 墙面抹灰：包括墙面一般抹灰、墙面装饰抹灰、墙面勾缝、立面砂浆找平层4个子目，均按面积(m²)计算。

M.2 柱(梁)面抹灰：包括柱、梁面一般抹灰，柱、梁面装饰抹灰，柱、梁面砂浆找平，柱、梁面勾缝4个子目，均按面积(m²)计算。

M.3 零星抹灰：包括零星项目一般抹灰、零星项目装饰抹灰、零星项目砂浆找平3个子目，均按面积(m²)计算。

M.4 墙面块料面层：包括石材墙面、碎拼石材墙面、块料墙面、干挂石材钢骨架4个子目。干挂石材钢骨架按质量(t)计算；其余均按面积(m²)计算。

M.5 柱(梁)面镶贴块料：包括石材柱面、块料柱面、拼碎块柱面、石材梁面、块料梁面5个子目，均按面积(m²)计算。

M.6 镶贴零星块料：包括石材零星项目、块料零星项目、拼碎块零星项目3个子目，均按面积(m²)计算。

M.7 墙饰面：包括墙面装饰板1个子目，按面积(m²)计算。

M.8 柱(梁)饰面：包括柱(梁)面装饰1个子目，按面积(m²)计算。

M.9 幕墙工程：包括带骨架幕墙和全玻(无框玻璃)幕墙2个子目，均按面积(m²)

计算。

M.10 隔断：包括木隔断、金属隔断、玻璃隔断、塑料隔断、成品隔断、其他隔断6个子目。成品隔断按数量(间)或面积(m²)计算；其他子目均按面积(m²)计算。

13. 附录N天棚工程项目划分(图3.14)

天棚工程分为N.1天棚抹灰、N.2天棚吊顶、N.3采光天棚、N.4天棚其他装饰。

N.1 天棚抹灰：包括天棚抹灰1个子目，按面积(m²)计算。

N.2 天棚吊顶：包括吊顶天棚、格栅吊顶、吊筒吊顶、藤条造型悬挂吊顶、织物软雕吊顶、网架(装饰)吊顶6个子目，均按面积(m²)计算。

N.3 采光天棚：包括采光天棚1个子目，按面积(m²)计算。

N.4 天棚其他装饰：包括灯带(槽)和送风口、回风口2个子目。其中送风口、回风口按数量(个)计算，灯带(槽)按面积(m²)计算。

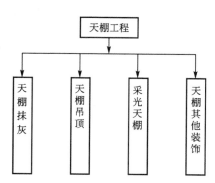

图3.14 天棚工程项目划分

14. 附录P油漆、涂料、裱糊工程项目划分(图3.15)

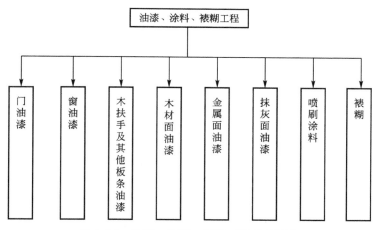

图3.15 油漆、涂料、裱糊工程项目划分

油漆、涂料、裱糊工程分为P.1门油漆、P.2窗油漆、P.3木扶手及其他板条线条油漆、P.4木材面油漆、P.5金属面油漆、P.6抹灰面油漆、P.7喷刷涂料、P.8裱糊。

P.1 门油漆：包括木门油漆、金属门油漆2个子目，按面积(m²)或数量(樘)计算。

P.2 窗油漆：包括木窗油漆、金属窗油漆2个子目，按面积(m²)或数量(樘)计算。

P.3 木扶手及其他板条线条油漆：包括木扶手油漆，窗帘盒油漆，封檐板、顺水板油漆，挂衣板、黑板框油漆，挂镜线、窗帘棍、单独木线油漆5个子目，均按长度(m)计算。

P.4 木材面油漆：木板、纤维板、胶合板油漆，木护墙、木墙裙油漆，窗台板、筒子板、盖板、门窗套、踢脚线油漆，清水板条天棚、檐口油漆，木方格吊顶天棚油漆，吸声板墙面、天棚面油漆，暖气罩油漆，木间壁、木隔断油漆，玻璃间壁露明墙筋油漆，木栅栏、木栏杆（带扶手）油漆，衣柜、壁柜油漆，梁柱饰面油漆，零星木装修油漆，木地板油漆，木地板烫硬蜡面 15 个子目，均按面积（m²）计算。

P.5 金属面油漆：包括金属面油漆 1 个子目，按面积（m²）或质量（t）计算。

P.6 抹灰面油漆：包括抹灰面油漆、抹灰线条油漆、满刮腻子 3 个子目。抹灰线条油漆按长度（m）计算，其他均按面积（m²）计算。

P.7 喷刷涂料：包括墙面喷刷涂料，天棚喷刷涂料，空花格、栏杆刷涂料，线条刷涂料，金属构件刷防火涂料，木材构件喷刷防火涂料 6 个子目。线条刷涂料按长度（m）计算；金属构件刷防火涂料按面积（m²）或者质量（t）计算；其余子目均按面积（m²）计算。

P.8 裱糊：包括墙纸裱糊、织锦缎裱糊 2 个子目，均按面积（m²）计算。

15. 附录 Q 其他装饰工程项目划分（图 3.16）

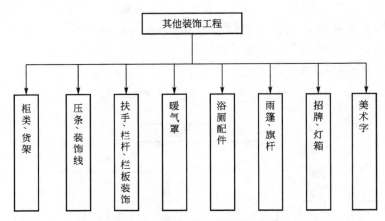

图 3.16 其他装饰工程项目划分

油漆、涂料、裱糊工程分为 Q.1 柜类、货架，Q.2 压条、装饰线，Q.3 扶手、栏杆、栏板装饰，Q.4 暖气罩，Q.5 浴厕配件，Q.6 雨篷、旗杆，Q.7 招牌、灯箱，Q.8 美术字。

Q.1 柜类：包括柜台、酒柜、衣柜、存包柜、鞋柜、书柜、厨房壁柜、木壁柜、厨房低柜、厨房吊柜、矮柜、吧台背柜、酒吧吊柜、酒吧台、展台、收银台、试衣间、货架、书架、服务台共 20 个子目，均按数量（个）或长度（m）或体积（m³）计算。

Q.2 压条、装饰线：包括金属装饰线、木质装饰线、石材装饰线、石膏装饰线、镜面玻璃线、铝塑装饰线、塑料装饰线 7 个子目，均按长度（m）计算。

Q.3 扶手、栏杆、栏板装饰：包括金属扶手、栏杆、栏板，硬木扶手、栏杆、栏板，塑料扶手、栏杆、栏板，金属靠墙扶手，硬木靠墙扶手，塑料靠墙扶手，玻璃栏板 7 个子目，板均按长度（m）计算。

Q.4 暖气罩：包括饰面板暖气罩、塑料板暖气罩、金属暖气罩 3 个子目，均按面积（m²）计算。

Q.5 浴厕配件：包括洗漱台、晒衣架、帘子杆、浴缸拉手、卫生间扶手、毛巾杆（架）、毛巾环、卫生纸盒、肥皂盒、镜面玻璃、镜箱 11 个子目。其中镜面玻璃按面积

（m²）计算；晒衣架、毛巾杆（架）按数量（套）计算；毛巾环按数量（副）计算；洗漱台按面积（m²）或数量（个）计算；其余子目均按数量（个）计算。

Q.6 雨篷、旗杆：包括雨篷吊挂饰面、金属旗杆、玻璃雨篷3个子目。金属旗杆按数量（根）计算；其余子目按面积（m²）计算。

Q.7 招牌、灯箱：包括平面、箱式招牌，竖式标箱，灯箱3个子目。其中平面、箱式招牌按面积（m²）计算，其余子目按数量（个）计算。

Q.8 美术字：包括泡沫塑料字、有机玻璃字、木质字、金属字、吸塑字5个子目，均按数量（个）计算。

16. 附录R 拆除工程项目划分（图3.17）

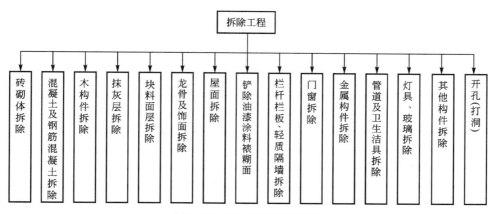

图3.17 拆除工程项目划分

拆除工程分为R.1砖砌体拆除、R.2混凝土及钢筋混凝土构件拆除、R.3木构件拆除、R.4抹灰层拆除、R.5块料面层拆除、R.6龙骨及饰面拆除 R.7屋面拆除、R.8铲除油漆涂料裱糊面、R.9栏杆栏板、轻质隔断隔墙拆除、R.10门窗拆除、R.11金属构件拆除、R.12管道及卫生洁具拆除、R.13灯具、玻璃拆除 R.14其他构件拆除、R.15开孔（打洞）。

R.1 砖砌体拆除：包括砖砌体拆除1个子目，按长度（m）或者体积（m³）计算。

R.2 混凝土及钢筋混凝土构件拆除：包括混凝土构件拆除、钢筋混凝土构件拆除2个子目，均按长度（m）、面积（m²）或者体积（m³）计算。

R.3 木构件拆除：包括木构件拆除1个子目，按长度（m）、面积（m²）或者体积（m³）计算。

R.4 抹灰层拆除：包括平面抹灰层拆除、立面抹灰层拆除、天棚抹灰层拆除3个子目，均按面积（m²）计算。

R.5 块料面层拆除：包括平面块料拆除、立面块料拆除2个子目，均按面积（m²）计算。

R.6 龙骨及饰面拆除：包括楼地面龙骨及饰面拆除、墙柱面龙骨及饰面拆除、天棚面龙骨及饰面拆除3个子目，均按面积（m²）计算。

R.7 屋面拆除：包括刚性层拆除、防水层拆除2个子目，均按面积（m²）计算。

R.8 铲除油漆涂料裱糊面：包括铲除油漆面、铲除涂料面、铲除裱糊面3个子目，均按面积（m²）或长度（m）计算。

R.9　栏杆栏板、轻质隔断隔墙拆除：包括栏杆栏板拆除、隔断隔墙拆除 2 个子目，均按面积（m²）计算。

R.10　门窗拆除：包括木门窗拆除、金属门窗拆除 2 个子目，均按面积（m²）或者数量（樘）计算。

R.11　金属构件拆除：包括钢梁拆除，钢柱拆除，钢网架拆除，钢支撑、钢墙架拆除，其他金属构件拆除 5 个子目。钢网架拆除按质量（t）计算；其他子目均按质量（t）或者长度（m）计算。

R.12　管道及卫生洁具拆除：包括管道拆除、卫生洁具拆除 2 个子目。管道拆除按长度（m）计算；卫生洁具拆除按数量（套或个）计算。

R.13　灯具、玻璃拆除：包括灯具拆除、玻璃拆除 2 个子目。灯具拆除按数量（套）计算；玻璃拆除按面积（m²）计算。

R.14　其他构件拆除：包括暖气罩拆除、柜体拆除、窗台板拆除、筒子板拆除、窗帘盒拆除、窗帘轨拆除 6 个子目。暖气罩拆除、柜体拆除按数量（个）或长度（m）计算；窗台板拆除、筒子板拆除按数量（块）或长度（m）计算；窗帘盒拆除、窗帘轨拆除按长度（m）计算。

R.15　开孔（打洞）：包括开孔（打洞）1 个子目，按数量（个）计算。

17.　附录 S 措施项目划分（图 3.18）

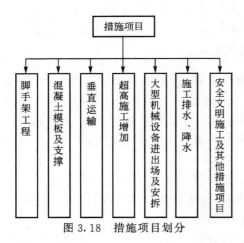

图 3.18　措施项目划分

措施项目划分为 S.1 脚手架工程，S.2 混凝土模板及支架（撑），S.3 垂直运输，S.4 超高施工增加，S.5 大型机械设备进出场及安拆，S.6 施工排水、降水，S.7 安全文明施工及其他措施项目。

S.1　脚手架工程：包括综合脚手架、外脚手架、里脚手架、悬空脚手架、挑脚手架、满堂脚手架、整体提升架、外装饰吊篮 8 个子目，均按面积（m²）计算。

S.2　混凝土模板及支架（撑）：包括垫层，带形基础，独立基础，满堂基础，设备基础，桩承台基础，矩形柱，构造柱，异形柱，基础梁，矩形梁，异形梁，圈梁，过梁，弧形（拱形）梁，直形墙，弧形墙，断肢剪力墙、电梯井壁，有梁板，无梁板，平板，拱板，薄壳板，栏板，其他板，天沟，檐沟，雨篷、悬挑板、阳台板，直形楼梯，弧形楼梯，其他现浇构件，电缆沟、地沟，台阶，扶手，散水，后浇带，化粪池底，化粪池壁，化粪池顶，检查井底，检查井壁，检查井顶共 42 个子目，均按面积（m²）计算。

S.3　垂直运输：包括垂直运输 1 个子目，按面积（m²）或者天数（天）计算。

S.4　超高施工增加：包括超高施工增加 1 个子目，按面积（m²）计算。

S.5　大型机械设备进出场及安拆：包括大型机械设备进出场及安拆 1 个子目，按数量台次计算。

S.6　施工排水、降水：包括成井、排水降水 2 个子目。成井按长度（m）计算；排水降水按排、降水日历天数昼夜计算。

S.7 安全文明施工及其他措施项目：包括安全文明施工，夜间施工，非夜间施工照明，二次搬运，冬雨季施工，大型设备进出场及安拆，施工排水，施工降水，地下地上设施、建筑物的临时保护设施，已完工程及设备保护 10 个子目。根据工程实际情况计算措施项目费用，需分摊的应合理计算摊销费用。

3.4 工程量清单编制内容

根据《计价规范》规定，工程量清单由分部分项工程量清单、措施项目清单、其他项目清单、规费和税金项目清单组成。

3.4.1 分部分项工程量清单的编制

1. 编制分部分项工程量清单概述

构成一个分部分项工程量清单的五个要件——项目编码、项目名称、项目特征、计量单位和工程量，这五个要件在分部分项工程量清单的组成中缺一不可。

分部分项工程量清单为不可调整的闭口清单，投标人对招标文件提供的分部分项工程量清单必须逐一计价，对清单所列内容不允许做任何更改变动。投标人如果认为清单内容有不妥或遗漏，只能通过质疑的方式由清单编制人做统一的修改更正，并将修正后的工程量清单发往所有投标人。

《计价规范》4.2.1 条规定，"分部分项工程项目清单必须载明项目编码、项目名称、项目特征、计量单位和工程量"；4.2.2 条规定，"分部分项工程项目清单必须根据相关工程现行国家计量规范规定的项目编码、项目名称、项目特征、计量单位和工程量计算规则进行编制"。

《房屋建筑与装饰工程工程量清单计算规范》（GB 50854—2013）对分部分项工程量清单的编制有以下强制性规定。

规范 4.2.1 条规定，"分部分项工程量清单应根据附录规定的项目编码、项目名称、项目特征、计量单位和工程量计算规则进行编制"。

4.2.2 条规定，"工程量清单的项目编码，应采用十二位阿拉伯数字表示，一至九位应按附录的规定设置，十至十二位应根据拟建工程的工程量清单项目名称和项目特征设置，同一招标工程的项目编码不得有重码"。

4.2.3 条规定，"工程量清单的项目名称应按附录的项目名称结合拟建工程的实际确定"。

4.2.4 条规定，"工程量清单项目特征应按附录中规定的项目特征，结合拟建工程的项目实际予以描述"。

4.2.5 条规定，"工程量清单中所列工程量应按附录中规定的工程量计算规则计算"。

4.2.6 条规定，"工程量清单的计量单位应按附录中规定的计量单位确定"。

4.2.7 条规定，"本规范现浇混凝土工程项目'工作内容'中包括模板工程的内容，同时又在措施项目中单列了现浇混凝土模板工程项目。对此，招标人应根据工程实际情况选用。若招标人在措施项目清单中未编列现浇混凝土模板项目清单，即表示现浇混凝土模板项目不单列，现浇混凝土工程项目的综合单价中应包括模板工程费用"。

4.2.8条规定，"本规范对预制混凝土构件按现场制作编制项目，'工作内容'中包括模板工程，不再单列。若采用成品预制混凝土构件时，构件成品价（包括模板、钢筋、混凝土等所有费用）应计入综合单价中。

4.2.9条规定，"金属结构构件按成品编制项目，构件成品价应计入综合单价中，若采用现场制作，包括制作的所有费用"。

4.2.10条规定，"门窗（橱窗除外）按成品编制项目，门窗成品价应计入综合单价中。若采用现场制作，包括制作的所有费用"。

2. 分部分项工程量清单编制程序（图 3.19）

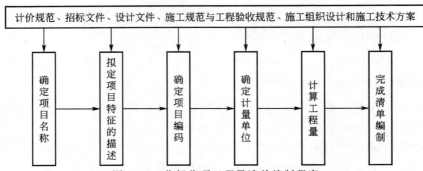

图 3.19　分部分项工程量清单编制程序

1）做好编制清单的准备工作

首先要认真学习《计价规范》与《计量规范》，熟悉清单工程量计算规则；应十分熟悉地质、水文及其勘察资料，设计图样及其相关设计与施工规范，标准及操作规程；充分了解施工现场情况，包括对地下障碍物的了解，详尽地分析现场施工条件；调查施工行业和可能影响本项目的承包商的水平和状况，以及协作施工的条件等。

2）划分和确定分部分项工程的项目名称

所确定的分部分项工程量清单的每个分项与名称，应符合《计量规范》附录中的项目名称并取得一致。具体的项目划分和列项规则参见本章 3.3 节的内容。分部分项工程量清单的项目名称应根据各工程《计量规范》附录的项目名称结合拟建工程的实际情况确定。编制工程量清单时，应以附录中的项目名称为基础，考虑该项目的规格、型号、材质等特征要求，并结合拟建工程的实际情况，对其进行适当的调整或细化，使其能够反映影响工程造价的主要因素。如房屋建筑与装饰工程计量规范中编号为"010502001"的项目名称为"矩形柱"，可根据拟建工程的实际情况写"C30 现浇混凝土矩形柱 400×400"。

随着工程建设中新材料、新技术、新工艺等的不断涌现，《计量规范》附录所列的工程量清单项目不可能包含所有项目。在编制工程量清单时，当出现《计量规范》附录中未包括的清单项目时，编制人应做补充。在做补充时应注意以下 3 个方面。

（1）补充项目的编码应按计量规范的规定确定，具体做法如下：补充项目的编码由计量规范的代码与 B 和三位阿拉伯数字组成，并应从 001 起顺序编制。例如房屋建筑与装饰工程如需补充项目，则其编码应从 01B001 开始起顺序编制，同一招标工程的项目不得重码。

（2）在工程量清单中应附补充项目的项目名称、项目特征、计量单位、工程量计算规则和工作内容。

（3）将编制的补充项目报省级或行业工程造价管理机构备案。

3）拟定项目特征的描述

项目特征是指构成分部分项工程项目、措施项目自身价值的本质特征。工程量清单项目特征应按各工程《计量规范》附录中规定的项目特征，结合拟建工程项目的实际予以描述。工程量清单的项目特征是确定一个清单项目综合单价不可缺少的重要依据，也是履行合同义务的基础。在编制工程量清单时，必须对项目特征进行准确和全面的描述。但有些项目特征用文字往往又难以准确和全面地描述清楚。因此，为达到规范、简洁、准确、全面描述项目特征的要求，在描述工程量清单项目特征时应按《计量规范》附录中的规定，结合拟建工程的实际，能满足确定综合单价的需要。项目特征描述可以按以下原则进行。

（1）项目特征中必须描述的内容：涉及正确计量的内容必须描述，如门窗洞口尺寸或框外围尺寸；涉及结构要求的内容必须描述，如混凝土构件的混凝土强度等级是使用 C20 还是 C30，混凝土强度等级不同，其价格也不同，必须描述；涉及材质要求的内容必须描述，如油漆的品种是调和漆还是硝基清漆等；涉及安装方式的内容必须描述，如管道工程中的钢管的连接方式是螺纹连接还是焊接，塑料管是粘接连接还是热熔连接等就必须描述。

（2）项目特征中可不描述的内容：对计量计价没有实质影响的内容可不描述，如对现浇混凝土柱的高度、断面大小等的特征规定可以不描述，因为混凝土构件是按"立方米"计量，对此的描述实质意义不大；应由投标人根据施工方案确定的可以不描述，如对石方的预裂爆破的单孔深度及装药量的特征规定，如由清单编制人来描述是困难的，而应由投标人根据施工要求，在施工方案中确定，自主报价；应由投标人根据当地材料和施工要求确定的可以不描述，如对混凝土构件中的混凝土拌合料使用的石子种类及粒径、砂的种类的特征规定可以不描述，因为混凝土拌合料使用砾石还是碎石，使用粗砂还是中砂、细砂或特细砂，主要取决于工程所在地砂、石子材料的供应情况，石子粒径大小主要取决于钢筋配筋的密度；应由施工措施解决的可以不描述，如对现浇混凝土板、梁的标高的特征规定可以不描述，因为同样的板或梁都可以将其归并在同一个清单项目中，不同标高的差异可以由投标人在报价中考虑或在施工措施中解决。

（3）项目特征中可不详细描述的内容：无法准确描述的可不详细描述，如土壤类别，其表层土与表层土以下的土壤，其类别可能不同，可注明由投标人根据地勘资料自行确定土壤类别，决定报价；施工图样、标准图集标注明确的，可不再详细描述，对这些项目可描述为见××图集××页号及节点大样等；其他可不详细描述的，应注明由投标人自定，如土方工程中的"取土运距""弃土运距"等，因为由清单编制人决定在多远取土或弃土往往是困难的，其次，由投标人根据在建工程施工情况自主决定取、弃土方的运距可以充分体现竞争的要求。

在各专业工程《计量规范》附录中还有关于各清单项目"工作内容"的描述。工作内容是指完成清单项目可能发生的具体工作和操作程序，在编制工程量清单时，工作内容通常无须描述。在计价规范中，工作内容更多的是用来指引造价人员的报价。

4）确定清单项目编码

项目编码按《计量规范》规定由十二位阿拉伯数字组成，其中一至二位为专业工程代码（01 号为房屋建筑与装饰工程；02 号为仿古建筑工程；03 号为通用安装工程；04 号为市政工程；05 号为园林绿化工程；06 为矿山工程；07 为构筑物工程；08 为城市轨道交通工程；09 为爆破工程）；三至四位表示附录分类顺序码（如 0101 为房屋建筑与装饰工程中第一章：土石方工程）；五至六位表示分部工程顺序码（如 010101 为房屋建筑与装饰工程中第一章中第一节：土方工程）；七至九位表示分项工程项目名称顺序码（如 010101001 为房屋建筑与装饰工程中的第一章中第一节土方工程的平整场地）；十至十二位为清单项目名称顺序码，编制人可以根据部位、土质、材料的规格、品种等分若干个子目自行编码，从 001 开始；当同一标段（或合同段）的一份工程量清单中含有多个单位工程且工程量清单是以单位工程为编制对象时，在编制工程量清单时应特别注意项目编码十至十二位的设置不得有重码的规定。例如一个标段（或合同段）的工程量清单中含有 3 个单位工程，每一单位工程中都有项目特征相同的实心砖墙砌体，在工程量清单中又需反映 3 个不同单位工程的实心砖墙砌体工程量时，则第 1 个单位工程的实心砖墙的项目编码应为 010401003001，第 2 个单位工程的实心砖墙的项目编码应为 010401003002，第 3 个单位工程的实心砖墙的项目编码应为 010401003003，并分别列出各单位工程实心砖墙的工程量。

5）确定清单项目计量单位

分部分项清单项目的计量单位应按《计量规范》附录中规定的计量单位确定，除各专业另有特殊规定外，均按以下基本单位计量。

（1）以质量计算的项目——吨或千克（t 或 kg）。

（2）以体积计算的项目——立方米（m³）。

（3）以面积计算的项目——平方米（m²）。

（4）以长度计算的项目——米（m）。

（5）以自然计量单位计算的项目——个、套、块、组、台等。

（6）没有具体数量的项目——宗、项等。

当计量单位有两个或两个以上时，在工程计量时，应结合拟建工程项目的实际情况，确定其中一个作为计量单位。在同一个建设项目（或标段、合同段）中，有多个单位工程的相同项目计量单位必须保持一致。例如：门窗工程的计量单位为"樘""平方米"两个计量单位，实际工作中，就应选择最适宜、最方便计量和组价的一个单位来表示。

6）计算分部分项清单分项的工程量

这是编制分部分项工程量清单的一个重要步骤。具体计算应按规范规定的分项工程量计算规则进行，具体的计算方法参考第 2 章的原理和方法。

7）复核与整理清单文件

这是编制分部分项工程量清单的最后一步。编制者必须反复核审校对，并应交叉校核定稿等。

3. 分部分项工程量清单设置示例

1）土方工程

从设计文件和招标文件可以得知与分部分项工程相对应的计量规范条目，按照对应条目中开列的项目特征，查阅地质资料、招标文件、设计文件，可对项目名称进行详细的描述，如土壤类别、挖土深度、弃土运距等。

阅读图 3.20，本土方工程为挖沟槽土方。

垫层宽度：（300＋80＋120）×2＝1000（mm）

挖土深度：500＋100＋600＋200＋400＝1800（mm）

基础梁总长度：51×2＋39×2＝180（m）

查阅施工组织设计：弃土运距为 4km

查阅地质资料：土壤类别为三类土

分部分项工程量清单设置如下。

项目名称：挖沟槽土方

项目编码：010101003001

项目特征描述：土壤类别：三类土；挖土深度：1.8m；弃土运距：4km

计量单位：m^3

工程数量：1×1.8×180＝324（m^3）

填制表格（表 3-2）。

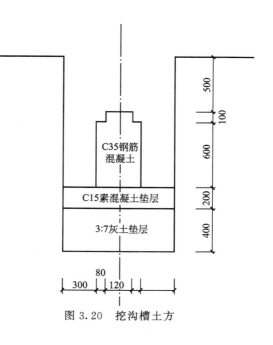

图 3.20 挖沟槽土方

表 3-2 分部分项工程量清单与计价表

工程名称： 第 页 共 页

序号	项目编码	项目名称	项目特征描述	计量单位	工程量	金额		
						综合单价	合价	其中：暂估价
1	010101003001	挖沟槽土方	土壤类别：三类土 挖土深度：1.8m 弃土运距：4km	m^3	324			

2）现浇混凝土基础

阅读图 3.20，本钢筋混凝土工程为 C35 现浇钢筋混凝土带形基础。

垫层：C15 素混凝土厚 200mm

垫层：3：7 灰土厚 400mm

分部分项工程量清单设置如下。

（1）项目名称：3：7 灰土垫层

项目编码：010404001001

项目特征描述：垫层材料种类：3：7 灰土；厚度：400mm

计量单位：m^3

工程数量：1×0.4×180＝72（m^3）

（2）项目名称：C15 素混凝土垫层

项目编码：010501001001

项目特征描述：混凝土种类：商品混凝土；混凝土强度等级：C15

计量单位：m³

工程数量：1×0.2×180＝36（m³）

（3）项目名称：C35 带形基础

项目编码：010501002001

项目特征描述：混凝土种类：商品混凝土；混凝土强度等级：C35

计量单位：m³

工程数量：（0.4×0.6＋0.24×0.1）×180＝47.52（m³）

填制表格（表3-3）。

表 3-3　分部分项工程量清单与计价表

工程名称：　　　　　　　　　　　　　　　　　　　　第　页　共　页

序号	项目编码	项目名称	项目特征描述	计量单位	工程量	综合单价	合价	其中：暂估价
1	010404001001	3：7灰土垫层	垫层材料种类：3：7灰土 厚度：400mm	m³	72			
2	010501001001	C15 素混凝土垫层	混凝土种类：商品混凝土 混凝土强度等级：C15	m³	36			
3	010501002001	C35 带形基础	混凝土种类：商品混凝土 混凝土强度等级：C35	m³	47.52			

3）台阶装饰

一台阶水平投影面积（不包括最后一步踏步300mm）为29.34m²，台阶长度为32.6m、宽度为300mm、高度为150mm，80mm厚混凝土 C10 基层、体积为6.06m³，100mm厚3：7灰土垫层、体积为3.59m³，面层为芝麻白花岗岩，厚25mm，黏结层为1：3水泥砂浆。

分部分项工程量清单设置如下。

（1）项目名称：垫层

项目编码：010404001001

项目特征描述：垫层材料种类：3：7灰土；厚度：100mm

计量单位：m³

工程数量：3.59

（2）项目名称：石材台阶面

项目编码：011107001001

项目特征描述：找平层：C10 混凝土80mm厚；黏结层：1：3水泥砂浆；面层材料：芝麻白花岗岩，厚25mm

计量单位：m²

工程数量：29.34

填制表格（表3-4）。

表3-4 分部分项工程量清单与计价表

工程名称：　　　　　　　　标段：　　　　　　　第 页 共 页

序号	项目编码	项目名称	项目特征描述	计量单位	工程量	金额		
						综合单价	合价	其中：暂估价
1	010404001001	垫层	垫层材料种类：3：7灰土 厚度：100mm	m³	3.59			
2	011107001001	石材台阶面	找平层：C10混凝土 80mm 厚 黏结层：1：3水泥砂浆 面层材料：芝麻白 花岗岩，厚25mm	m²	29.34			

3.4.2 措施项目清单的编制

《计量规范》将措施项目划分为两类：一类是可以计算工程量的措施项目（即单价措施项目），如脚手架、混凝土模板及支架等，同分部分项工程一样，编制工程量清单时必须列出项目编码、项目名称、项目特征、计量单位、工程量，见表3-5；另一类是不能计算工程量的措施项目（即总价措施项目），如安全文明施工、夜间施工和二次搬运等，《计量规范》仅列出了项目编码、项目名称和包含的范围，未列出项目特征、计量单位和工程量计算规则，编制工程量清单时，必须按《计量规范》规定的项目编码、项目名称确定清单项目，不必描述项目特征和确定计量单位，见表3-6。

表3-5 单价措施项目清单与计价表

工程名称：

序号	项目编码	项目名称	项目特征描述	计量单位	工程量	金额		
						综合单价	合价	其中：暂估价
1	011701001001	综合脚手架	建筑结构形式：框剪结构 檐口高度：28m	m²	12 000			

表3-6 总价措施项目清单与计价表

工程名称：

序号	项目编码	项目名称	计算基础	费率/(%)	金额/元	调整费率/(%)	调整后金额/元	备注
1	011707001001	安全文明施工	人工费＋施工机具使用费					
2	011707002001	夜间施工	人工费＋施工机具使用费					

措施项目清单的编制需考虑多种因素，除工程本身的因素外，还涉及水文、气象、环境、安全等因素。由于影响措施项目设置的因素太多，计量规范不可能将施工中可能出现的措施项目一一列出。在编制措施项目清单时，因工程情况不同，出现《计量规范》附录中未列的措施项目，可根据工程的具体情况对措施项目清单做补充。

3.4.3 其他项目清单的编制

其他项目清单是指分部分项工程量清单、措施项目清单所包含的内容以外，因招标人的特殊要求而发生的与拟建工程有关的其他费用项目和相应数量的清单。工程建设标准的高低、工程的复杂程度、工程的工期长短、工程的组成内容、发包人对工程管理的要求等都直接影响其他项目清单的具体内容。其他项目清单应按照表3-7的格式编制，出现未包含在表格中内容的项目，可根据工程实际情况进行补充。

表3-7 其他项目清单与计价汇总表

序号	项目名称	金额/元	结算金额/元	备注
1	暂列金额	350000		明细详见表3-8
2	暂估价	200000		
2.1	材料（工程设备）暂估价	—		明细详见表3-9
2.2	专业工程暂估价	200000		明细详见表3-10
3	计日工			明细详见表3-11
4	总承包服务费			明细详见表3-10
	合计	550000		

注：材料（工程设备）暂估单价进入清单项目综合单价，此处不汇总。

1）暂列金额

为保证工程施工建设的顺利实施，应针对施工过程中可能出现的各种不确定因素对工程造价的影响，在招标控制价中估算一笔暂列金额。暂列金额可按照表3-8的格式列示。暂列金额在实际履约过程中可能发生，也可能不发生。暂列金额如不能列出明细，也可只列暂定金额总额。

表3-8 暂列金额明细表

序号	项目名称	计量单位	暂定金额/元	备注
1	自行车棚工程	项	100000	正在设计图样
2	工程量偏差和设计变更	项	100000	
3	政策性调整和材料价格波动	项	100000	
4	其他	项	50000	
	总计		350000	—

注：此表由招标人填写，如不能详列，也可只列暂定金额总额，投标人应将上述暂列金额计入投标总价中。

2）暂估价

暂估价包括材料暂估单价、工程设备暂估单价和专业工程暂估价。暂估价类似于FIDIC合同条款中的主要成本项目（Prime CostItems），在招标阶段预见肯定要发生，但是因为标准不明确或者需要由专业承包人来完成，暂时无法确定价格或金额。暂估价数量和拟用项目应当结合工程量清单中的"暂估价表"予以补充说明。为方便合同管理和计价，需要纳入分部分项工程项目清单综合单价中的暂估价应只是材料、工程设备费，以方便投标人组价。

专业工程的暂估价一般应是综合暂估价，包括除规费和税金以外的管理费、利润等。总承包招标时，专业工程设计深度往往是不够的，一般需要交由专业设计人设计，出于提高可建造性考虑，根据国际上的惯例，一般由专业承包人负责设计，以发挥其专业技能和专业施工经验的优势。这类专业工程交由专业分包人完成是国际工程的良好实践，目前在我国工程建设领域也已经比较普遍。公开透明、合理地确定这类暂估价的实际开支金额的最佳途径就是通过施工总承包人与工程建设项目招标人共同组织招标。

暂估价可按表3-9和表3-10的格式列示。

表3-9　材料（工程设备）暂估单价及调整表

序号	材料（工程设备）名称、规格、型号	计量单位	数量		单价/元		合价/元		差额±/元		备注
			暂估	确认	暂估	确认	暂估	确认	单价	合价	
1	钢筋（规格见施工图）	t	200		4000		800000				用于现浇钢筋混凝土项目
2	低压开关柜（CGD190380/220V）	台	1		45000		45000				用于低压开关柜安装项目
合计							845000				

注：此表由招标人填写"暂估单价"，并在备注栏说明暂估价的材料、工程设备拟用在哪些清单项目上，投标人应将上述材料、工程设备暂估单价计入工程量清单综合单价报价中。

表3-10　专业工程暂估价及结算价表

序号	工程名称	工程内容	暂估金额/元	结算金额/元	差额±/元	备注
1	消防工程	合同图样中标明的以及消防工程规范和技术说明中规定的各系统中的设备、管道、阀门、线缆等的供应、安装和调试工作	200000			
合计			200000			

注：此表"暂估金额"由招标人填写，投标人应将"暂估金额"计入投标总价中。结算时按合同约定结算金额填写。

3）计日工

计日工是为了解决现场发生的零星工作的计价而设立的。国际上常见的标准合同条款中，大多数都设立了计日工(Daywork)计价机制。计日工以完成零星工作所消耗的人工工时、材料数量、施工机械台班进行计量，并按照计日工表中填报的适用项目的单价进行计价支付。计日工适用的所谓零星项目或工作一般是指合同约定之外或者因变更而产生的、工程量清单中没有相应项目的额外工作，尤其是那些时间不允许事先商定价格的额外工作。计日工为额外工作和变更的计价提供了一个方便快捷的途径。

计日工应列出项目名称、计量单位和暂定数量。计日工可按照表 3-11 的格式列示。

表 3-11　计日工表

编号	项目名称	单位	暂定数量	实际数量	综合单价/元	合价/元	
						暂定	实际
一	人工						
1	普工	工日	100				
2	技工	工日	60				
	人工小计						
二	材料						
1	钢筋（规格见施工图）	t	1				
2	水泥 42.5 级	t	2				
3	中砂	m³	10				
4	砾石（5~40mm）	m³	5				
5	页岩砖（240×115×53）	千块	1				
	材料小计						
三	施工机械						
1	自升式塔式起重机	台班	5				
2	灰浆搅拌机（400L）	台班	2				
3							
	施工机械小计						
四、企业管理费和利率							
	总计						

注：此表项目名称、暂定数量由招标人填写，编制招标控制价时，单价由招标人按有关计价规定确定；投标时，单价由投标人自主报价，按暂定数量计算合价计入投标总价中。结算时，按发承包双方确认的实际数量计算合价。

4）总承包服务费

总承包服务费是指总承包人为配合协调发包人进行的专业工程发包，对发包人自行采购的材料、工程设备等进行保管，以及施工现场管理、竣工资料汇总整理等服务所需的费用。招标人应当预计该项费用并按投标人的投标报价向投标人支付该项费用。

总承包服务费应列出服务项目及其内容等。总承包服务费按照表 3-12 的格式列出。

表 3 – 12 总承包服务费计价表

序号	项目名称	项目价值/元	服务内容	计算基础	费率/(%)	金额/元
1	发包人发包专业工程	200000	1. 按专业工程承包人的要求提供施工工作面并对施工现场进行统一管理,对竣工资料进行统一整理汇总 2. 为专业工程承包人提供垂直运输机械和焊接电源接入点,并承担垂直运输费和电费			
2	发包人供应材料	845000	对发包人供应的材料进行验收、保管和使用发放			
合　　　计						

注:此表项目名称、服务内容由招标人填写,编制招标控制价时,费率及金额由招标人按有关计价规定确定;投标时,费率及金额由投标人自主报价,计入投标总价中。

3.4.4 规费项目清单和税金项目清单的编制

1. 规费项目清单

规费项目清单应按照下列内容列项。

(1)社会保险费:包括养老保险费、失业保险费、医疗保险费、工伤保险费、生育保险费。

(2)住房公积金。

(3)工程排污费。

出现《计价规范》未列的项目,应根据省级政府或省级有关权力部门的规定列项。

2. 税金项目清单

税金项目清单应包括下列内容。

(1)营业税。

(2)城市维护建设税。

(3)教育费附加。

(4)地方教育附加。

出现《计价规范》未列的项目,应根据税务部门的规定列项。

规费、税金项目计价表见表 3 – 13。

表 3 – 13 规费、税金项目计价表

序号	项目名称	计算基数	计算费率/(%)	金额/元
1	规费	人工费＋施工机具使用费		
1.1	社会保险费	人工费＋施工机具使用费		

（续）

序号	项目名称	计算基数	计算费率/（%）	金额/元
（1）	养老保险费	人工费＋施工机具使用费		
（2）	失业保险费	人工费＋施工机具使用费		
（3）	医疗保险费	人工费＋施工机具使用费		
（4）	工伤保险费	人工费＋施工机具使用费		
（5）	生育保险费	人工费＋施工机具使用费		
1.2	住房公积金	人工费＋施工机具使用费		
1.3	工程排污费	按工程所在地环境保护 部门收取标准，按实计入		
2	税金	分部分项工程费＋措施项目费＋其他项目费 ＋规费－按规定不计税的工程设备金额		
合　　计				

编制人（造价人员）：　　　　　　　　　　　　　　复核人（造价工程师）：

3.4.5　工程量清单格式的组成内容

（1）封面。

（2）填表须知。

（3）总说明。

（4）分部分项工程和单价措施项目清单与计价表。

（5）总价措施项目清单与计价表。

（6）其他项目清单与计价表。

（7）规费项目清单和税金项目清单表。

本 章 小 结

清单项目划分和列项规则应严格按照《计价规范》和《计量规范》执行。

分部分项工程量清单和单价措施项目清单的编制要求做到五统一：统一项目编码、统一项目名称、统一项目特征、统一计量单位、统一数量。

总价措施项目清单按《计量规范》规定的项目编码、项目名称确定清单项目，不必描述项目特征和确定计量单位。

其他项目清单应按照既定格式编制，出现未包含在既定格式中内容的项目，可根据工程实际情况进行补充。

规费项目清单编制内容有社会保险费、住房公积金、工程排污费。

税金项目清单编制内容有营业税、城市维护建设税、教育费附加、地方教育附加。

习 题

1. 思考题

（1）工程量清单编制的准备工作有哪些？

（2）工程量清单的编制依据有哪些？

（3）简述工程量清单项目划分和列项规则。

（4）工程量清单由哪几部分组成？

（5）简述分部分项工程量清单编制的步骤。

（6）什么是暂列金额、总承包服务费？

（7）工程量清单格式组成内容有哪些？

2. 练习题

（1）图 3.21 所示为某建筑物基础平面图和剖面图，轴线居中，土质为三类土，弃土外运 3km。试计算该条形基础挖基础土方、垫层、砖基础、基础回填土的清单工程量，并编制分部分项工程量清单。

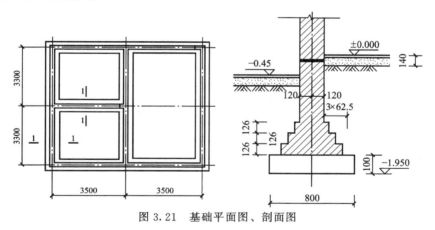

图 3.21 基础平面图、剖面图

（2）某工程如图 3.22 所示，屋面板上铺水泥瓦。试计算清单工程量，并编制工程量清单。

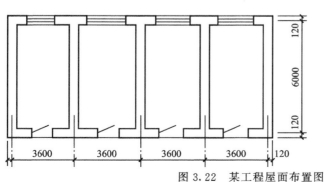 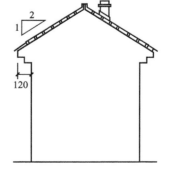

图 3.22 某工程屋面布置图

（3）已知某工程女儿墙厚 240mm，屋面卷材在女儿墙处卷起 250mm，如图 3.23 所示。屋面做法如下。

① 4mm 厚高聚物改性沥青卷材防水层一道。

② 20mm 厚 1：3 水泥砂浆找平层。

③ 1：6 水泥焦渣找坡 2%，最薄处 30mm 厚。

④ 60 厚聚苯乙烯泡沫塑料板保温层。

⑤ 现浇钢筋混凝土板。

试计算屋面清单工程量，编制工程量清单。

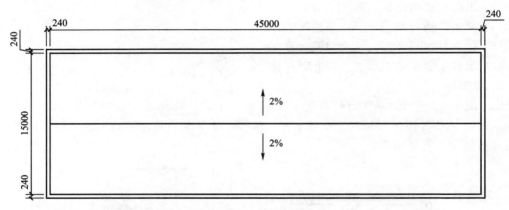

图 3.23　屋面布置图

（4）某建筑物，地下室 1 层，层高 4.2m，建筑面积 2000m²，裙房共 5 层，层高 4.5m，室外标高－0.6m，每层建筑面积 2000m²，裙房屋面标高 22.5m；塔楼共 15 层，层高 3m，每层建筑面积 800m²，塔楼屋面标高 67.5m，上有一出屋面的楼梯间和电梯机房，层高 3m，建筑面积 50m²。采用塔式起重机施工。

① 编制该建筑物脚手架工程量清单。

② 编制该建筑物垂直运输、超高施工增加工程量清单。

第**4**章
工程量清单下定额的应用

教学目标

本章主要讲述定额的概念、作用和定额的分类，预算定额的应用特点，以及企业定额的制定方法。通过学习本章，应达到以下目标。

（1）了解定额的地位和作用。

（2）熟悉定额的分类。

（3）掌握预算定额的应用。

（4）熟悉企业定额的编制。

教学要求

知识要点	能力要求	相关知识
定额的概念、地位和作用	（1）理解定额的概念 （2）了解定额的地位和作用	（1）定额的定义 （2）计价依据
定额体系及分类	（1）熟悉定额体系 （2）理解定额分类	（1）劳动定额、材料消耗定额、机械使用台班定额 （2）工序定额、施工定额、预算定额、概算定额 （3）全国定额、地方定额、行业定额、企业定额、临时定额
预算定额的应用	（1）熟悉三量的确定 （2）掌握三价的确定 （3）掌握预算定额的应用	（1）人工消耗量、材料消耗量、机械台班消耗量 （2）人工单价、材料单价、机械台班单价 （3）预算定额直接套用、预算定额换算
企业定额编制	（1）熟悉企业定额的构成及表现形式 （2）熟悉企业定额编制计划书、编制企业定额的工作方案与计划	（1）企业劳动定额、企业材料消耗定额、企业机械使用台班定额等 （2）人工消耗指标、材料消耗指标、机械台班消耗指标等

基本概念

　　定额、施工定额、预算定额、概算定额、企业定额、人工消耗量、材料消耗量、机械台班消耗量、人工单价、材料单价、机械台班单价

引例

　　所谓"定"，就是规定；"额"，即标准或尺度，这是所谓"定额"最基本的含义。在工程建设中，为了完成某合格产品，就要消耗一定数量的人工、材料、机械台班及资金。工程建设定额是指在正常的施工生产条件下，为完成某项按照法定规则划分的质量合格的分项或分部分项工程（或建筑构件）所需资源消耗量的数量标准。这种规定的额度反映的是在一定的社会生产力发展水平的条件下，完成工程建设中某项合格产品与各种生产消耗之间特定的数量关系。

　　正常施工条件，是指生产过程按生产工艺和施工验收规范操作，施工条件完善，劳动组织合理，机械运转正常，材料储备合理，在这样的条件下完成单位合格产品资源消耗的数量标准，同时还规定所完成的产品规格或工作内容，以及所要达到的质量标准和安全要求。例如，《全国统一建筑工程基础定额》规定，砌墙分项工程的工作内容包括：①调、运、铺砂浆，运砖；②砌砖包括窗台虎头砖、腰线、门窗套，安放木砖、铁件等。定额消耗量是：每砌 $10m^3$ 一砖单面清水内墙规定消耗人工（综合工日）18.87 工日，普通黏土砖 5.314 千块，M2.5 水泥混合砂浆 $2.25m^3$，水 $1.06m^3$，灰浆搅拌机 0.38 台班。对砌体的质量要求是表面平整、横平竖直、灰浆饱满。

　　定额水平是指定额规定的完成单位产品消耗量的数量标准。定额水平高，完成单位产品的消耗量少；反之，完成单位产品的消耗量多。定额水平与一定时期的构件装配化、工厂化和施工机械化程度，工人操作技术水平和职工劳动积极性，新工艺、新材料和新技术的应用程度，企业生产经营管理水平，国家经济管理体制和管理制度等因素有关。因此，定额水平不是一成不变的，随着建筑生产技术水平的发展，定额水平也应不断变化。

4.1 概　　述

4.1.1　定额概念

　　在社会生产中，为了生产某一合格产品或完成某一工作成果，都要消耗一定数量的人力、物力和财力。从个别的生产工作过程来考察，这种消耗数量，受各种生产工作条件的影响，是各自不同的。从总体的生产工作过程来考察，规定出社会平均必需的消耗数量标准，这种标准就称为定额。

　　不同的产品或工作成果有不同的质量要求，没有质量的规定也就没有数量的规定，因此，不能把定额看成是单纯的数量表现，而应看成是质和量的统一体。

　　在建筑安装工程施工生产过程中，为完成某项工程或某项结构构件，都必须消耗一定数量的劳动力、材料和机具。在社会平均生产条件下，用科学的方法和实践经验相结合，制定为生产质量合格的单位工程产品所必需的人工、材料、机械数量标准，就称为建筑安装工程定额，或简称为工程定额。

　　工程定额除了规定有数量标准外，也要规定出它的工作内容、质量标准、生产方法、

安全要求和适用的范围等。

4.1.2 定额的地位和作用

定额是社会经济发展到一定历史阶段的产物，是为一定阶段的政治服务的。中华人民共和国成立后，我国于 1957 年由原国家建委颁发了第一部建筑安装工程定额《全国统一建筑工程预算定额》。我国的建筑安装工程定额是社会主义计划经济下的产物，长期以来，在我国计划经济体制中发挥了重要作用。

1. 定额是完成规定计量单位分项工程计价所需的人工、材料、施工机械台班的消耗量标准

由于经济实体受各自的生产条件包括企业的工人素质、技术装备、管理水平、经济实力的影响，其完成某项特定工程所消耗的人力、物力和财力资源存在着差别。技术装备低、工人素质弱、管理水平差的企业，在特定工程上消耗的活劳动（人力）和物化劳动（物力和财力）就高，凝结在工程中的个别价值就高；反之，技术装备好、工人素质高、管理水平高的企业，在特定工程上消耗的活劳动和物化劳动就少，凝结在工程中的个别价值就低。鉴上所述，个别劳动之间存在着差异，所以有必要制定一个一般消耗量的标准，这就是定额。定额中人工、材料、施工机械台班的消耗量是在正常施工状态下的社会平均消耗量标准。这个标准有利于鞭策落后、鼓励先进，对社会经济发展具有推动作用。

2. 定额是编制工程量计算规则、项目划分、计量单位的依据

定额制定出来以后，它的使用必须遵循一定的规则，在众多规则中，工程量计算规则是一项很重要的规则。而工程量计算规则的编制，必须依据定额进行。工程量计算规则的确定、项目划分、计量单位，以及计算方法都必须依据定额。

3. 定额是编制建筑安装工程地区单位估价表的依据

单位估价表是根据定额编制的建筑安装工程费用计价的依据。建筑安装工程地区单位估价表的编制过程就是根据定额规定消耗的各类资源（人、材、机）的消耗量乘以该地区的基期资源价格，然后分类汇总的过程。人们在往往习惯上将"地区单位估价表"称之为"地区定额"。例如，将"全国统一安装工程预算定额山东省估价表"称为"山东省安装工程预算定额"，可见单位估价表实质上是"量"和"价"结合的一种定额。

4. 定额是编制施工图预算、招标工程标底及确定工程造价的依据

定额的制定，其主要目的就是为了计价。在我国处于计划经济时期，施工图预算、招标标底及投标报价书的编制，以及工程造价的确定，主要是依据工程所在地的单位估价表（定额的另一种形式）和行业定额来制定。

我国现阶段还处于市场经济的初期阶段，市场经济还不发达，许多有利于市场竞争的计价规则还有待于制定、完善和推广。因此，我国现阶段以及以后较长阶段内还将把定额计价作为计价模式之一。

5. 定额是编制投资估算指标的基础

为一个拟建工程项目进行可行性研究的经济评价工作，其基础是该项工程的建设总投

资和产品的工厂成本。因此，正确地估算总投资是一个关键。建设项目投资估算的一种重要的方法是利用估算指标编制建设项目投资额。

估算指标是一种比概算指标更为扩大的单位工程指标或单项工程指标。编制方法是采用有代表性的单位或单项工程的实际资料，采用现行的概（预）算定额编制概（预）算，或收集有关工程的施工图预算或结算资料，经过修正、调整，反复综合平衡，以单项工程（装置、车间）或工段（区域、单位工程）为扩大单位，以"量"和"价"相结合的形式，用货币来反映活劳动和物化劳动。

6. 定额是企业进行投标报价和成本核算的基础

投标报价的过程是一个计价、分析、平衡的过程；成本核算是一个计价、对比、分析、查找原因、制定措施实施的过程。进行投标报价和成本核算的一项重要工作就是"计价"，而计价的重要依据之一就是"定额"，所以定额是企业进行投标报价和成本核算的基础。

4.2 定额的分类

从定额的概念可以看出，其反映的是社会统一平均消耗标准，它反映了行业在一定时期的生产技术和管理水平，定额作为加强企业经营管理、组织施工、决定分配的工具，主要作用表现为：它是企业搞好生产经营管理的前提，也是企业组织生产、引进竞争机制的手段；它是建设系统作为计划管理、宏观调控、确定工程造价、对设计方案进行技术经济评价、贯彻按劳分配原则、实行经济核算的依据；它是衡量劳动生产率的尺度，是总结、分析和改进施工方法的重要手段。

工程建设由于具有规模庞大、构造复杂、种类繁多、建设周期长等技术经济特点，决定了建设工程定额的种类多、层次多的特点。建设工程定额是工程建设中各种定额的总称。可按照不同的原则和方法对其进行科学的分类。建设工程定额的分类如图4.1所示。

4.2.1 按生产要素分类

按生产要素分类可分为劳动消耗定额、材料消耗定额、机械消耗定额。

1. 劳动消耗定额

劳动消耗定额也称劳动定额。劳动定额是指在正常施工条件下，某工种、某等级的工人或工人小组，生产单位合格产品所必须消耗的劳动时间，表现为时间定额；或在单位时间内生产合格产品的数量，表现为产量定额。

1) 时间定额

时间定额是指完成单位产品所必须消耗的工时。它以正常的施工技术和合理的劳动组织为条件，以一定技术等级的工人小组或个人完成质量合格的产品为前提。定额时间包括准备与结束工作时间、基本工作时间、辅助工作时间、不可避免的中断时间及必需的休息时间等。

时间定额以工日为单位，一个工日工作时间为8h。

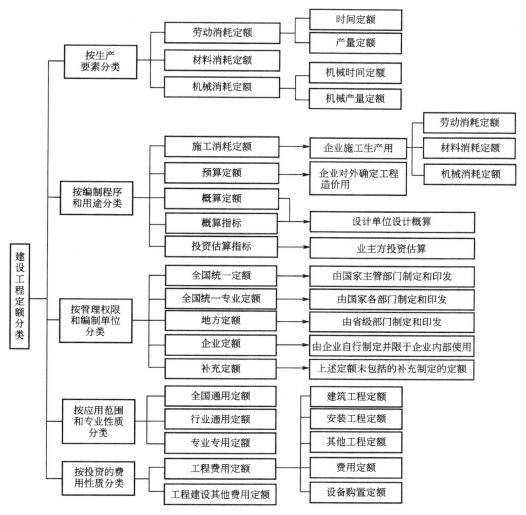

图 4.1 建设工程定额的分类

时间定额的计算方法如下：

$$单位产品的时间定额（工日）＝\frac{1}{每工产量}$$

以小组计算时，则为：

$$单位产品的时间定额（工日）＝\frac{小组成员工日数总和}{小组每班产量}$$

2）产量定额

产量定额是指单位时间（一个工日）内，完成产品的数量。它也是以正常的施工技术和合理的劳动组织为条件，以一定技术等级的工人小组或个人完成质量合格的产品为前提。

产量定额的计算方法如下：

$$每工产量＝\frac{1}{单位产品的时间定额（工日）}$$

以小组计算时，则为：

$$小组每班产量 = \frac{小组成员工日数总和}{单位产品的时间定额（工日）}$$

时间定额与产量定额互为倒数，可以相互换算。

2. 材料消耗定额

材料消耗定额是指在正常施工条件下且在节约与合理使用材料的条件下，生产单位合格产品所必须消耗的一定规格的材料、成品、半成品、构（配）件、动力与燃料的数量标准。

材料作为劳动对象是构成工程的实体物资，需用数量很大，种类繁多。在我国建筑工程的直接成本中，材料费平均占 70% 左右。材料消耗量多少，消耗是否合理，不仅关系到资源的有效利用，而且对建筑工程的造价确定和成本控制有着决定性影响。

材料消耗定额是编制材料需要量计划、运输计划、供应计划、计算仓库面积、签发限额领料单和经济核算的根据。制定合理的材料消耗定额，是组织材料的正常供应，保证生产顺利进行，以及合理利用资源，减少积压、浪费的必要前提。

材料消耗定额的制定方法有观测法、试验法、统计法和理论计算法。

1）观测法

观测法又称现场测定法，它是在施工现场按一定程序对完成合格产品的材料耗用量进行测定，通过分析、整理，确定单位产品的材料消耗定额。

利用现场测定法主要是确定材料损耗定额，也可以提供编制材料净用量定额的数据。其优点是能通过现场观察、测定，取得产品产量和材料消耗的情况，为编制材料定额提供技术根据。

采用观测法，首先要选择典型的工程项目。所选工程的施工技术、组织及产品质量均要符合技术规范的要求；材料的品种、型号、质量也应符合设计要求；产品检验合格，操作工人能合理使用材料和保证产品质量。

在观测前要做好充分的准备工作，如选用标准的运输工具和衡量工具，采取减少材料损耗措施等。

观测中要区分不可避免的材料损耗和可以避免的材料损耗，可以避免的材料损耗不应包括在定额损耗量内。必须经过科学的分析研究以后，确定确切的材料消耗标准，列入定额。

2）试验法

试验法又称实验室试验法，它是在实验室中进行试验和测定工作，这种方法一般用于确定各种材料的配合比。例如：求得不同强度等级混凝土的配合比，用以计算每立方米混凝土的各种材料耗用量。

利用试验法，主要是编制材料净用量定额，它不能取得在施工现场实际条件下，各种客观因素对材料耗用量影响的实际数据。

3）统计法

统计法是指通过统计现场各分部分项工程的进料数量、用料数量、剩余数量及完成产品数量，并对大量统计资料进行分析计算，获得材料消耗的数据。这种方法由于不能分清材料消耗的性质，因而不能作为确定材料净用量定额和材料损耗定额的精确依据。

采用统计法必须要保证统计和测算的耗用材料和其相应产品一致。在施工现场中的某些材料，往往难以区分用在各个不同部位上的准确数量。因此，要注意统计资料的准确性和有效性。

4）理论计算法

理论计算法又称计算法。它是根据施工图样，运用一定的数学公式计算材料的耗用量。理论计算法只能计算出单位产品的材料净用量，材料的损耗量还要在现场通过实测取得。这种方法适用于一般板块类材料的计算。

3. 机械消耗定额

机械消耗定额是指在正常施工条件下，为生产单位合格产品所需消耗某种机械的工作时间，或在单位时间内该机械应该完成的产品数量。由于我国机械消耗定额是以一台机械一个工作班为计量单位，所以又称为机械台班定额。一台施工机械工作一个 8h 工作班为一个台班。

同劳动消耗定额一样，在施工定额、预算定额、概算定额、概算指标等多种定额中，机械消耗定额都是其中的组成部分。

机械消耗定额也有时间定额和产量定额两种表现形式，它们之间的关系也是互成倒数，可以换算。

1）机械消耗定额

（1）机械时间定额。

在正常的施工条件和合理的劳动组织下，完成单位合格产品所必需的机械台班数，按下列公式计算：

$$机械时间定额（台班）= \frac{1}{机械台班产量}$$

（2）机械台班产量定额。

在正常的施工条件、合理的劳动组织下，每一个机械台班时间中必须完成的合格产品数量，按下列公式计算：

$$机械台班产量定额 = \frac{1}{机械时间定额（台班）}$$

例如，履带起重机，吊装 1.5t 大型屋面板，吊装高度 14m 以内，如果规定机械时间定额为 0.01 台班，那么，台班产量定额则是 1 块/0.01 台班＝100 块/台班。

2）人工配合机械工作的定额

人工配合机械工作的定额是按照每个机械台班内配合机械工作的工人班组总工日数及完成的合格产品数量来确定的。

（1）单位产品的时间定额。

完成单位合格产品所必需消耗的工作时间，按下列公式计算：

$$单位产品的时间定额（工日）= \frac{班组成员工日数总和}{一个机械台班的产量}$$

（2）产量定额。

一个机械台班中折合到每个工日生产单位合格产品的数量，按下列公式计算：

$$产量定额 = \frac{一个机械台班的产量}{班组成员工日数总和（工日）}$$

例如，履带起重机，吊装 1.5t 大型屋面板，吊装高度 14m 以内，如果班组成员人数为 13 人，规定机械时间定额为 0.01 台班，台班产量定额则是 1 块/0.01 台班＝100 块/台班，则吊装每块屋面板的时间定额为 13 人/100 块＝0.13 工日/块，产量定额为 100 块/13 人＝7.6923 块/工日。

机械台班定额通常用复式表示，同时表示时间定额和台班产量，即 $\dfrac{\text{时间额定}}{\text{台班产量定额}}$。

4.2.2 按编制程序和用途分类

按编制程序和用途分类，可分为施工消耗定额、预算定额、概算定额、概算指标、投资估算指标。

（1）施工消耗定额：是以同一性质的施工过程或工序为研究对象，表示生产产品数量与时间消耗综合关系的定额。它是施工企业内部组织生产和管理的定额，同时也是建设工程定额中的基础性定额。它由劳动消耗定额、材料消耗定额和机械消耗定额组成。

（2）预算定额：是以分项工程或结构构件为对象编制的，其内容包括劳动定额（人工）、材料消耗定额、机械台班使用定额，是一种计价定额。预算定额主要用于从施工图到竣工验收阶段编制工程预算、结算等。

（3）概算定额：是以扩大分项工程或扩大结构构件为对象编制的，计算和确定劳动、机械台班、材料消耗量所使用的定额。它是在预算定额的基础上综合扩大形成的，也是一种计价定额。它用在初步设计或扩大初设计阶段以确定项目投资额。

（4）概算指标：是概算定额的扩大和合并，它是以整个建筑物或构筑物为对象，以更为扩大的计量单位来编制的。它在概算定额的基础上编制，比概算定额更加综合扩大，它也是一种计价定额，是设计单位编制工程概算、建设单位编制年度计划、准备期间编制材料和机械设备供应计划的依据。

（5）投资估算指标：是在项目建议书和可行性研究阶段编制投资估算时使用的一种定额。它非常简略，往往以独立的单项工程或完整的工程项目为计算对象，编制内容为项目所有费用之和。

4.2.3 按管理权限和编制单位分类

按管理权限和编制单位分类，可分为全国统一定额、全国统一专业定额、地方定额、企业定额、补充定额。

（1）全国统一定额：是由国家建设行政主管部门综合全国工程建设中技术和施工组织管理的情况编制，并在全国范围内执行的定额。

（2）全国统一专业定额：也称行业统一定额，是在考虑各行业部门专业工程技术的特点及施工生产和管理水平情况下编制的定额。它仅限于本行业和相同专业性质的范围内使用。

（3）地方定额：也称地区统一定额，属于省、自治区、直辖市定额，主要是考虑地区性特点和全国统一定额水平做适当调整和补充进行编制的定额。

（4）企业定额：是施工企业考虑本企业的具体情况，参照国家部门或地区定额的水平编制的定额。它仅供企业内部使用，但能反映企业的素质。

（5）补充定额：是指随着计划、施工技术的发展，现行定额不能满足需要的情况下，为了补充缺陷所编制的定额。它只能在指定的范围内使用。

4.2.4　按应用范围和专业性质分类

按应用范围和专业性质分类，可分为全国通用定额、行业通用定额、专业专用定额。

（1）全国通用定额：是指在部门间和地区间都可以使用的定额。

（2）行业通用定额：是指具有专业特点在行业内部可以通用的定额。

（3）专业专用定额：是特殊专业的定额，只能在指定的范围内使用。

4.2.5　按投资的费用性质分类

按投资的费用性质分类，可分为工程费用定额、工程建设其他费用定额。

（1）工程费用定额：可分为建筑工程费用定额、安装工程费用定额、其他工程费用定额和设备购置费定额。

（2）工程建设其他费用定额：是指从工程筹建起到工程竣工验收交付使用的整个建设期间，除了建筑安装工程费用和设备、工器具购置费以外的，为保证工程建设顺利完成和交付使用后能够正常发挥效用而发生的各项费用开支的标准。工程建设其他费用定额经批准后对建设项目实施全过程费用控制。

各种各样的定额虽然用于各种不同的情况，但它们却是一个相互联系的有机整体，在实际工作中常常需要配合使用。

4.3　预 算 定 额

4.3.1　预算定额的概念、性质和作用

建筑工程预算定额是工程建设进入施工图设计阶段时，用于编制工程预算的定额依据，因而称为施工预算定额，简称"预算定额"。

预算定额是指在正常的施工条件、施工技术和组织条件下，完成一定计量单位的分项工程或结构构件所需人工、材料、机械台班消耗和价值货币表现的数量标准。预算定额是国家或各省、市、自治区主管部门或授权单位组织编制并颁发执行的，是基本建设预算制度中的一项重要技术经济法规。它的法令性质保证了在定额适用范围内的建筑工程有统一的造价与核算尺度。预算定额具有如下性质。

第一，预算定额是一种计价定额，它的主要作用是作为计算工程造价的依据。

第二，当施工企业用预算定额作为参照依据计算个别成本并最终确定工程造价时，其性质属于企业定额；当预算定额由政府授权部门编制颁发，并作为一种行业标准，被投资者或社会中介机构用来计算工程的社会平均成本并最终确定工程的社会造价时，其性质属

于社会定额。

第三，预算定额标定对象即分项的划分，可有两类不同的划分方法。传统划分方法是按照选用的施工方法、所使用的材料、结构构件规格等不同因素划分的分项工程或工种工程（或工序作业或不同材料、构件）为基础来划分定额分项。例如，砖砌基础按使用不同砂浆品种、标号都可分别是一个定额分项。这种分项有利于企业成本核算，而不利于工程发承包，工程结算复杂。另一种国际上通用的我国目前推行的工程量清单分项方法，它是以形成工程实体为基础的分项。例如，砖基础工程包括基础防水层在内形成的工程实体为一个分项。

第四，预算定额的定额水平通常取社会平均水平，取企业中大部分生产工人按一般的速度工作，在正常的条件下能够达到的水平。

第五，预算定额规定的消耗指标内容包括人工、材料及机械台班的消耗，或者说预算定额是以施工消耗定额为基础，经过分析和调整而得的结果。

在理解预算定额的概念和性质的基础上，还必须注意预算定额的如下作用。

第一，预算定额是编制建筑安装工程预算，确定工程造价的依据；预算定额中的人工消耗量指标、材料消耗量指标和机械台班消耗量指标，是确定各单位工程人工费、材料费和机械使用费的基础。

第二，预算定额是建设单位编制招标标底，申请贷款和上级主管部门拨款的依据，是承包单位投标报价的基础资料。

第三，预算定额是编制施工组织设计时，确定劳动力、建筑材料、成品、半成品、设备和建筑机械需要量的标准，是建筑企业进行经济核算、经济活动分析和考核工程成本的依据。

第四，预算定额是编制地区单位估价表和概算定额的基础；加强预算定额的管理，对于控制和节约建设资金，降低建筑安装工程的劳动消耗，加强施工企业的计划管理和经济核算，都有重大的现实意义。

第五，预算定额是工程结算的依据。工程结算是建设单位和施工单位按照工程进度对已完成的分部分项工程实现货币支付的行为。按进度支付工程款，需要根据预算定额将已完成分项工程的造价算出。单位工程验收后，再按竣工工程量、预算定额和施工合同的规定进行结算，以保证建设单位建设资金的合理使用和施工单位的经济收入。

4.3.2　人工工日、材料、机械台班消耗量的确定

1. 人工工日消耗量

预算定额中人工工日消耗量是指在正常施工条件下，生产单位合格产品所必须消耗的人工工日数量，是由分项工程所综合的各个工序劳动定额（包括基本用工、其他用工两部分）组成的，即：

$$人工消耗量＝基本用工数量＋其他用工数量$$

其中

$$其他用工数量＝辅助用工数量＋超运距用工数量＋人工幅度差用工数量$$

1）基本用工

基本用工指完成单位合格产品所必需消耗的技术工种用工。按技术工种相应劳动定额工时定额计算，以不同工种列出定额工日。基本用工包括：

（1）完成定额计量单位的主要用工。按综合取定的工程量和相应劳动定额进行计算。计算公式：

$$基本用工＝\sum（综合取定的工程量\times劳动定额）$$

例如：工程实际中的砖基础，有 1 砖厚、1 砖半厚、2 砖厚等之分，用工各不相同，在预算定额中由于不区分厚度，需要按照统计的比例，加权平均，即公式中的综合取定的工程量，得出用工。

（2）按劳动定额规定应增加计算的用工量。例如，砖基础埋深超过 1.5m，超过部分要增加用工，预算定额中应按一定比例给予增加。

（3）由于预算定额是以施工定额子目综合扩大的，包括的工作内容较多，施工的效果视具体部位而不一样，需要另外增加用工，列入基本用工内。

2）其他用工

其他用工通常包括：

（1）超运距用工。超运距是指劳动定额中已包括的材料、半成品场内水平搬运距离与预算定额所考虑的现场材料、半成品堆放地点到操作地点的水平运输距离之差。

$$超运距＝预算定额取定运距－劳动定额已包括的运距$$

需要指出，实际工程现场运距超过预算定额取定运距时，可另行计算材料二次搬运费。

（2）辅助用工。辅助用工指技术工种劳动定额内不包括而在预算定额内又必须考虑的用工。例如，机械土方工程配合用工、材料加工（筛砂、洗石、熟化生石灰）、电焊点火用工等，计算公式如下：

$$辅助用工＝\sum（材料加工数量\times相应的加工劳动定额）$$

（3）人工幅度差。即预算定额与劳动定额的差额，由于预算定额与劳动定额定额水平不同而引起的水平差，主要是指在劳动定额中未包括而在正常施工情况下不可避免但又很难准确计量的用工和各种工时损失。内容包括：

① 各工种间的工序搭接及交叉作业相互配合或影响所发生的停歇用工；

② 施工机械在单位工程之间转移及临时水电线路移动所造成的停工；

③ 质量检查和隐蔽工程验收工作的影响；

④ 班组操作地点转移的用工；

⑤ 工序交接时对前一工序不可避免的修整用工；

⑥ 施工中不可避免的其他零星用工。

人工幅度差计算公式如下：

$$人工幅度差＝（基本用工＋辅助用工＋超运距用工）\times人工幅度差系数$$

人工幅度差系数，一般土建工程为 10％，设备安装工程为 12％。

2．材料消耗量

1）定义及分类

材料消耗量是指完成单位合格产品所必须消耗的材料数量，按用途划分为以下 4 种。

（1）主要材料。指直接构成工程实体的材料，其中也包括成品、半成品的材料。

（2）辅助材料。也是构成工程实体除主要材料以外的其他材料，如垫木钉子、铅丝等。

（3）周转性材料。指脚手架、模板等多次周转使用的不构成工程实体的摊销性材料。

（4）其他材料。指用量少，难以计量的零星用料，如棉纱、编号用的油漆等。

2）计算方法

材料消耗量计算方法主要有以下几种。

（1）凡有标准规格的材料，按规范要求计算定额计量单位的耗用量，如砖、防水卷材、块料面层等。

（2）凡设计图样标注尺寸及下料要求，按设计图样尺寸计算材料净用量，如门窗制作用材料，木方、板料等。

（3）换算法。各种胶结、涂料等材料的配合比用料，可以根据要求条件换算，得出材料用量。

（4）测定法。包括实验室试验法和现场观察法。指各种强度等级的混凝土及砌筑砂浆配合比的耗用原材料数量的计算，需按照规范要求试配，经过试压合格以后并经过必要的调整后得出的水泥、砂子、石子、水的用量。对新材料、新结构又不能用其他方法计算定额消耗用量时，需用现场测定方法来确定，根据不同条件可以采用写实记录法和观察法得出定额的消耗量，按下式计算：

$$材料消耗量＝材料净用量＋材料损耗量$$

其中，材料损耗量指正常条件下不可避免的材料损耗，如现场内材料运输及施工操作过程中的损耗等。其关系式如下：

$$材料损耗率＝材料损耗量/材料净用量×100\%$$
$$材料损耗量＝材料净用量×材料损耗率$$
$$或\quad 材料消耗量＝材料净用量×（1＋材料损耗率）$$

其他材料的确定，一般按工艺测算并在定额项目材料计算表内列出名称、数量，并依编制期价格以其他材料占主要材料的比率计算，列在定额材料栏之下，定额内可不列材料名称及消耗量。

标准砖砌体中，标准砖、砂浆用量计算公式如下：

$$每立方米砌体标准砖净用量（块）＝\frac{2×墙厚的砖数}{（砖长＋灰缝）×（砖厚＋灰缝）}×\frac{1}{墙厚}$$

公式中墙厚的砖数是指用标准砖的长度来标明墙厚。标准砖以240mm×115mm×53mm为准，其砌体计算厚度：半砖取115mm；1砖取240mm；1砖半取365mm；灰缝取般取10mm。

$$砂浆净用量＝1m^3砌体－砖体积$$

【例4.1】 计算每1m³的1砖半厚砖墙标准砖和砂浆的净用量及总消耗量，损耗率为1%。

解：1砖半厚砖墙的标准砖净用量为：

$$砖净用量＝\frac{2×墙厚的砖数}{（砖长＋灰缝）×（砖厚＋灰缝）}×\frac{1}{墙厚}$$
$$＝\frac{2×1.5}{（0.24＋0.01）×（0.053＋0.01）}×\frac{1}{0.365}$$

$$=522(块)$$

$1m^3$ 的 1 砖半墙中砂浆的净用量：

$$砂浆净用量＝1m^3 砌体－砖体积$$

其中，每块标准砖的体积$＝0.24×0.115×0.053＝0.0014628(m^3)$

$$砂浆净用量＝1－砖数×每块砖的体积$$

$$＝1－522×0.0014628$$

$$＝0.236(m^3/m^3)$$

由材料消耗量＝材料净用量×(1＋损耗率)，可知：

$$标准砖总消耗量＝522×(1＋1\%)＝527.22(块/m^3)$$

$$砂浆总消耗量＝0.236×(1＋1\%)＝0.238(m^3/m^3)$$

周转性材料是指在施工过程中不是一次性消耗的材料，而是可多次周转使用，经过修理、补充才逐渐消耗尽的材料，如模板、脚手架等。周转性材料计算是定额与预算中的一个重要内容。

周转性材料消耗的定额量是指每使用一次摊销的数量，其计算必须考虑一次使用量、周转次数、周转使用量、回收价值和摊销量之间的关系。

1）现浇构件周转性材料（木模板）用量计算

（1）一次使用量。

一次使用量是指周转性材料的一次投入量。周转性材料的一次使用量根据施工图计算，其用量与各分部分项工程部位、施工工艺和施工方法有关。

例如：计算现浇钢筋混凝土构件模板的一次使用量时，应先求结构构件混凝土与模板的接触面积，再乘以该结构构件每平方米模板接触面积所需要的材料数量。其计算公式为：

$$一次使用量＝\frac{混凝土模板}{接触面积}×\frac{1m^2 接触面积}{所需模板量}×(1－制作损耗率)$$

（2）周转次数。

周转次数是指周转性材料在补损条件下可以重复使用的次数。可查阅相关手册确定。

（3）周转使用量

周转使用量是指周转性材料在周转使用和补损的条件下，每周转一次的平均需用量。

周转性材料在周转过程中，其投入使用总量为：

$$投入使用总量＝一次使用量＋一次使用量(周转次数－1)×损耗率$$

周转使用量为：

$$周转使用量＝\frac{投入使总用量}{周转次数}$$

$$＝\frac{一次使用量＋一次使用量(周转次数－1)×损耗率}{周转次数}$$

$$＝一次使用量×\left[\frac{1＋(周转次数－1)×损耗率}{周转次数}\right]$$

其中

$$损耗率＝\frac{平均每次损耗量}{一次使用量}$$

若设

$$周转使用系数 k_1＝\frac{1＋(周转次数－1)×损耗率}{周转次数}$$

则，
$$周转使用量＝一次使用量×k_1$$

（4）周转回收量。

周转回收量是指周转性材料每周转一次后，可以平均回收的数量。计算公式为：

$$周转回收量＝\frac{周转使用最终回收量}{周转次数}$$

$$＝\frac{一次使用量－（一次使用量×损耗率）}{周转次数}$$

$$＝一次使用量×\left(\frac{1－损耗率}{周转次数}\right)$$

（5）摊销量。

摊销量是指为完成一定计量单位建筑产品，一次所需要摊销的周转性材料的数量。

$$摊销量＝周转使用量－周转回收量×回收折价率$$

$$＝一次使用量×k_1－一次使用量×\frac{1－损耗率}{周转次数}×回收折价率$$

$$＝一次使用量×\left[k_1－\frac{（1－损耗率）×回收折价率}{周转次数}\right]$$

若设
$$摊销量系数\ k_2＝k_1－\frac{（1－损耗率）×回收折价率}{周转次数}$$

则
$$摊销量＝一次使用量×k_2$$

2）预制构件模板及其他定型模板计算

预制混凝土构件的模板，虽属周转使用材料，但其摊销量的计算方法与现浇混凝土模板的计算方法不同，按照多次使用平均摊销的方法计算，即不需计算每次周转的损耗，只需根据一次使用量及周转次数，即可算出摊销量。计算公式如下：

$$预制构件模板摊销量＝\frac{一次使用量}{周转次数}$$

其他定型模板，如组合式钢模板、复合木模板也按上式计算摊销量。

3. 机械台班消耗量

机械台班消耗量是指在正常施工条件下，生产单位合格产品必须消耗的某种型号施工机械的台班数量。

1）根据施工定额确定机械台班消耗量

这种方法是指根据施工定额或劳动定额中机械台班产量加机械幅度差计算预算定额的机械台班消耗量。

机械台班幅度差一般包括正常施工组织条件下不可避免的机械空转时间，施工技术原因的中断及合理停滞时间，因供电供水故障及水电线路移动检修而发生的运转中断时间，因气候变化或机械本身故障影响工时利用的时间，施工机械转移及配套机械相互影响损失的时间，配合机械施工的工人因与其他工种交叉造成的间歇时间，因检查工程质量造成的机械停歇时间，以及工程收尾和工作量不饱满造成的机械停歇时间等。

大型机械幅度差系数：土方机械为25%；打桩机械为33%；吊装机械为30%。砂浆、混凝土搅拌机由于按小组配用，以小组产量计算机械台班产量，不另增加机械幅度差。其他分部工程中，如钢筋加工、木材、水磨石等各项专用机械的幅度差为10%。

综上所述,预算定额的机械台班消耗量按下式计算:

预算定额机械耗用台班＝施工定额机械耗用台班×(1＋机械幅度差系数)

占比重不大的零星小型机械按劳动定额小组成员计算出机械台班使用量,以"机械费"或"其他机械费"表示,不再列台班数量。

2)以现场测定资料为基础确定机械台班消耗量

如遇到施工定额(劳动定额)缺项者,则需要依据单位时间完成的产量进行现场测定,以确定机械台班消耗量。

4.3.3 人工、材料、机械台班单价的确定

1. 人工单价的确定

1)人工单价及其组成内容

人工单价是指一个建筑安装生产工人一个工作日在预算中应计入的全部人工费用。它基本上反映了建筑安装生产工人的工资水平和一个工人在一个工作日中可以得到的报酬。合理确定人工工日单价是正确计算人工费和工程造价的前提和基础。

目前,我国的人工单价均采用综合人工单价的计价方式,即根据综合取定的不同工种、技术等级工资单价及相应的工时比例进行加权平均,得出能够反映工程建设中生产工人一般综合价格水平的人工综合单价。按照我国现行规定,生产工人的人工工日单价计算公式如下:

日工资单价

$$=\frac{生产工人平均月工资(计时、计件)＋平均月(奖金＋津贴补贴＋特殊情况下支付的工资)}{年平均每月法定工作日}$$

年平均每月法定工作天数

＝(年日历天数－法定假日－法定节日－非生产工日)÷12 个月

＝[365－104－11－非生产工日(注:各地不同)]天÷12 个月

≈20.8(天)

日工资单价是指施工企业平均技术熟练程度的生产工人在每工作日(国家法定工作时间内)按规定从事施工作业应得的日工资总额。工程造价管理机构确定日工资单价应通过市场调查、根据工程项目的技术要求,参考实物工程量人工单价综合分析确定,最低日工资单价不得低于工程所在地人力资源和社会保障部门所发布的最低工资标准的:普工 1.3倍、一般技工 2 倍、高级技工 3 倍。工程计价定额不可只列一个综合工日单价,应根据工程项目技术要求和工种差别适当划分多种日人工单价,确保各分部工程人工费的合理构成。依湖北省 2013 年费用定额的规定,人工工日消耗量不分工种,按普工、技工、高级技工分为三个技术等级,人工工日单价取定:普工 60 元/工日;技工 92 元/工日;高级技工 138 元/工日。

2)影响人工单价的因素

影响建筑安装工人人工单价的因素很多,归纳起来有以下方面。

(1)社会平均工资水平。建筑安装工人人工单价必然和社会平均工资水平趋同。社会平均工资水平取决于经济发展水平。由于我国改革开放以来经济迅速增长,社会平均工资

也有大幅增长，从而影响人工单价的大幅提高。

（2）生活消费指数。生活消费指数的提高会影响人工单价的提高，以减少生活水平的下降，或维持原来的生活水平。生活消费指数的变动决定于物价的变动，尤其决定于生活消费品物价的变动。

（3）人工单价的组成内容。例如，住房消费、养老保险、医疗保险、失业保险等列入人工单价，会使人工单价提高。

（4）劳动力市场供需变化。在劳动力市场，如果需求大于供给，人工单价就会上升；供给大于需求，市场竞争激烈，人工单价就会下降。

（5）政府推行的社会保障和福利政策也会影响人工单价的变动。

2．材料单价的确定

在建筑工程中，材料费占总造价的 $60\%\sim70\%$，在金属结构工程中所占比重还要大，是建筑安装工程费用的主要组成部分。因此，合理确定材料单价的构成，正确编制材料预算价格，有利于合理确定和有效控制工程造价。

1）材料单价的构成

材料单价（材料的预算价格）是指材料（包括构件、成品及半成品等）从其来源地（供应者仓库或提货地点）到达施工工地仓库（施工地点内存放材料的地点）后出库的综合平均价格。材料单价一般由材料原价、运杂费、运输损耗费、采购及保管费组成，按下式计算：

材料单价＝[（材料原价＋运杂费）×（1＋运输损耗率）]×（1＋采购保管费率）

（1）材料原价的确定。

材料原价是指材料的出厂价、交货地价格、市场采购价或批发价；进口材料以国际市场价格加上关税、手续费及保险费构成材料原价，也可按国际通用的材料到岸价或口岸价作为原价。

在确定原价时，同一种材料因产地或供应单位的不同而有几种原价时，应根据不同来源地的供应数量及不同的单价，计算出加权平均原价。按下式计算：

加权平均材料原价＝∑（各来源地材料原价×各来源地材料数量）/∑各来源地材料数量

【例 4.2】 某工程计划用砖 10 万块，由两个砖厂供应：其中第一个砖厂供应 6 万块，单价为 240 元/千块；第二个砖厂供应 4 万块，单价为 260 元/千块。试计算砖的加权平均原价。

解：加权平均材料原价＝（60×240＋40×260）/100＝248（元/千块）

（2）材料运杂费。

材料运杂费是指材料由来源地（或交货地）运到工地仓库（或存放地点）的全部过程中所发生的一切费用，材料的运杂费主要包括以下内容。

① 调车（驳船）费，是指机车到专用线（船只到专用码头）或非公用地点装货时的调车费（驳船费）。

② 装卸费，是指给火车、轮船、汽车上下货物时所发生的费用。

③ 运输费，是指火车、汽车、轮船运输材料的运输费。

④ 附加工作费，是指货物从货源地运至工地仓库期间所发生的材料搬运分类堆放及整理等费用。

（3）运输损耗费，是指材料在运输装卸过程中不可避免的损耗。一般通过损耗率来规定损耗标准，即：

$$材料运输损耗＝(材料原价＋材料运杂费)×运输损耗率$$

（4）材料采购及保管费。

材料采购及保管费是在组织采购、供应和保管材料过程中所需的各种费用，包括采购费、仓储费、工地保管费和仓储损耗。

建筑材料的种类、规格繁多，采购保管费不可能按每种材料在采购过程中所发生的实际费用计取，只能规定几种费率。目前由国家经济贸易委员会规定的综合采购保管费率为2.5%（其中采购费率为1%，保管费率1.5%）。由建设单位供应材料到现场仓库，施工单位只收保管费。

采购及保管费按下式计算：

$$采购及保管费＝(材料原价＋运杂费＋运输损耗费)×采购及保管费率$$

【例4.3】 某工程需用白水泥，选定甲、乙两个供货地点，甲地出厂价670元/t，可供需要量的70%；乙地出厂价690元/t，可供需要量的30%。汽车运输，甲地离工地80km，乙地离工地60km。求白水泥的预算价格。运输费按0.40元/(t·km)计算，装卸费为16元/t，装卸次数一次，材料采购及保管费率为2.5%，运输损耗率为1%。

解：① 加权平均计算综合原价为：

$$综合原价＝670×70\%＋690×30\%＝676(元/t)$$

② 运杂费为：

$$80×0.40×70\%＋60×0.40×30\%＋16＝45.6(元/t)$$

③ 运输损耗费为：

$$(676＋45.6)×1\%＝7.22(元/t)$$

④ 采购及保管费为：

$$(676＋45.6＋7.22)×2.5\%＝18.22(元/t)$$

则白水泥的预算价格为：

$$676＋45.6＋7.22＋18.22＝747.04(元/t)$$

2）影响材料单价变动的因素

（1）市场供需变化。材料原价是材料单价中最基本的组成。市场供大于求价格就会下降；反之，价格就会上升，从而也就会影响材料单价的涨落。

（2）材料生产成本的变动直接涉及材料单价的波动。

（3）流通环节的多少和材料供应体制也会影响材料单价。

（4）运输距离和运输方法的改变会影响材料运输费用的增减，从而也会影响材料单价。

（5）国际市场行情也会对进口材料价格产生影响。

3．施工机械台班单价的确定

施工机械台班单价是指一台施工机械，在正常运转条件下的一个工作班中所发生的全部费用，每台班按8h工作制计算。正确制定施工机械台班单价是合理控制工程造价的又一重要方面。

施工机械台班单价以"台班"为计量单位。某一种机械在一个台班运行中，为使机械正常运转必须支出分摊的各种费用之和，或称台班使用费。根据获取机械使用方式不同，分为外部租用与内部租用方式。

外部租用是向外单位（如设备租赁公司、其他施工企业等）租用机械设备。机械台班单价，以该机械租赁单价为基础确定。

内部租用是企业自有的机械设备。由于机械设备是一种固定资产，一般采取折旧方式来回收固定资产投资。机械台班单价以机械折旧费为基础，加上运行成本费用等因素，通过内部核算来确定机械台班租用费。

1）施工机械台班单价的组成

我国现行体制下施工机械台班单价由 7 项费用组成，包括折旧费、大修理费、经常修理费、安拆费及场外运费、人工费、燃料动力费、税费等。其中折旧费、大修理费、经常修理费、安拆费及场外运费 4 项费用是比较固定的费用，称为第一类费用或不变费用，以摊销方式计算；人工费、燃料动力费、税费 3 项费用因施工地点和条件不同有较大变化，称为第二类费用或可变费用，以实际发生费用计算。

（1）折旧费。

折旧费指施工机械在规定的使用期限（即折旧总台班）内，陆续收回其原值及购置资金的时间价值。其计算公式为：

台班折旧费＝［机械预算价格×（1－残值率）×时间价值系数］/耐用总台班

① 机械预算价格：是按机械出厂（或到岸完税）价格及机械以交货地点或口岸运至使用单位机械管理部门的全部运杂费计算。

国产机械预算价格按下式计算：

预算价格＝机械原值＋供销部门手续费和一次运杂费＋车辆购置税

进口机械预算价格按下式计算：

预算价格＝机械原值＋关税＋增值税＋消费税＋

外贸部门手续费及国内一次运杂费＋财务费＋车辆购置税

② 残值率：是指施工机械报废时其回收残值占原值（机械预算价格）的百分比。根据机械类型不同，按运输机械 2％；特、大型机械 3％；中小型机械 4％；掘进机械 5％选取。

③ 时间价值系数：是考虑购置机械设备的资金在施工生产过程中，随着时间的推移而产生的单位增值。其公式为：

$$时间价值系数＝1+\frac{年折现率×（折旧年限＋1）}{2}$$

年折限率应按编制期银行年贷款利率确定；折旧年限指施工机械逐年计提固定资产折旧的期限，其数值计算应符合国家规定的固定资产计提的法定年限。

④ 耐用总台班：是指机械设备从开始投入使用至报废前所使用的总台班数。耐用总台班应按施工机械的技术指标及寿命期等相关参数确定。

耐用总台班＝折旧年限×年工作台班

或   耐用总台班＝大修间隔台班×大修周期

年工作台班指施工机械在年度内使用的台班数量。年工作台班应在编制期制度工作日基础上扣除规定的修理、保养及机械利用率等因素确定，应根据有关部门对各类主要机械最近三年的统计资料分析确定。

大修间隔台班是指机械自投入使用起至第一次大修或自上一次大修投入使用起至下一

次大修止，应达到的使用台班数。

大修周期是指机械在正常的施工作业条件下，将其寿命期按规定的大修次数划分为若干个周期。其计算公式为：

$$大修周期＝寿命期大修次数＋1$$

【例 4.4】 6t 载重汽车的销售价为 83000 元，购置附加税为 10％，运杂费为 5000 元，残值率为 2％，耐用总台班为 1900 个，时间价值系数为 1.05。试计算台班折旧费。

解： 6t 载重汽车预算价格＝83000×（1＋10％）＋5000＝96300（元）

台班折旧费＝[96300×（1－2％）×1.05]/1900＝99092.7/1900＝52.15（元/台班）

（2）大修理费。

大修理费是指施工机械按规定的大修理间隔台班进行必要的大修理，以恢复其正常功能所需要的费用。其计算公式如下：

$$台班大修理费＝一次大修理费×寿命期大修理次数/耐用总台班$$

$$＝一次大修理费×（大修理周期－1）/耐用总台班$$

① 一次大修理费，按机械设备规定的大修理范围和工作内容，进行一次大修理所发生的工时费、配件费、辅助材料费、油燃料费及送修运杂费等全部费用计算。

② 寿命期大修理次数，为恢复原机功能按规定在寿命期（耐用总台班）内需要进行的大修理次数。

（3）经常修理费。

经常修理费是指施工机械在规定的使用期限内除大修理以外的各级保养和临时故障排除所需的费用。包括为保障机械正常运转所需替换设备与随机配备工具附具的摊销和维护费用，机械运转与日常保养所需润滑与擦拭的材料费用及机械停滞期间的维护和保养费用等，按下式计算：

$$台班经常修理费＝台班大修理费×K$$

式中，K 为系数，是根据历次编定额时台班经常修理费与台班大修理费之间的比例关系资料确定的。

（4）安拆费及场外运输费。

① 安拆费指施工机械在现场进行安装、拆卸所需的人工费、材料费、机械费、试运转费，以及机械辅助设施（包括基础、底座、固定锚桩、行走轨迹、枕木等）的折旧、搭设、拆除等费用，按下式计算：

$$台班安拆费＝（一次安拆费×年平均安拆次数）/年工作台班＋$$

$$[辅助设施一次使用费×（1－残值率）]/辅助设施耐用台班$$

② 场外运输费指施工机械整体或分体自停放场地运至施工现场或由一个工地运至另一个工地、运距在 25km 以内的机械进出场运输及转移费用（包括机械的装卸、运输、辅助材料及架线费用等），按下式计算：

$$台班场外运费＝（一次运输及装卸费＋辅助材料一次摊销费＋$$

$$一次架线费）/年工作台班×年平均场外运输次数$$

安拆费及场外运输费根据施工机械不同分为计入台班单价、单独计算和不计算三种类型。计入台班单价的安拆费及场外运输费，适用于工地间移动较为频繁的小型机械及部分中型机械；单独计算的安拆费及场外运输费，适用于移动有一定难度的特、大型（包括少数中型)机械；不计算安拆费及场外运输费的机械是指不需要安装拆卸且自身又能开行的机械和固定在车间无须安拆运输的机械。

（5）人工费。

人工费是指机上司机(司炉)和其他操作人员的工作日人工费，按下式计算：

$$台班人工费＝人工消耗量×人工单价$$

人工消耗量指机上司机(司炉)和其他操作人员工作日消耗量。

【例 4.5】 履带式柴油打桩机 6t，年工作台班为 230 个，定额编制期规定年制度工作日 250 天。问：施工机械每年 230 个工作台班以外，司机(司炉)和其他操作工作人员能否计取人工费？若机上司机为 2 人，人工单价为 92 元/工日，试计算台班人工费。

解： 根据 2013 年台班定额人工费的定义，司机(司炉)和其他操作工作人员在施工机械规定的年工作台班以外，不应再计取人工费。所以施工机械每年 230 个工作台班以外不能计取人工费。

$$台班人工费＝人工消耗量×人工单价＝2×92＝184(元/台班)$$

（6）燃料动力费。

燃料动力费是指施工机械在运转作业中所耗用的各种燃料及水、电等。

$$台班燃料动力费＝\sum(每台班所消耗的动力燃料数×相应单价)$$

（7）税费。

税费指施工机械按国家有关部门规定应缴纳的车船使用税、保险费及年检费等，按下式计算：

$$台班税费＝(年保险费＋年车船使用税＋年检测费)/年工作台班$$

2）施工机械停滞费及租赁费的计算

（1）施工机械停滞费指施工机械非本身原因停滞期间所发生的费用，也称施工机械窝工损失费，根据 2013 年台班定额，机械停滞费计算公式如下：

$$机械停滞费＝台班折旧费＋台班人工费＋台班税费$$

（2）湖北省定额中的机械是按施工企业自有方式考虑的，根据湖北省工程的实际情况，对采用租赁的施工机械台班单价按以下方法计算：实际工程中，若大型施工机械采用租赁方式的(需承发包双方约定)，租赁的大型机械费用按价差处理。租赁的机械费价差按下列公式计算：

$$机械费价差＝(甲乙双方商定的租赁价格或租赁机械市场信息价$$
$$－定额中施工机械台班价)×租赁的大型机械总台班数×$$

租赁机械调整系数

其中：租赁机械调整系数综合取定为 0.43。

【例 4.6】 某预应力混凝土管桩工程，桩径 $\phi600$，使用轨道式柴油打桩机 6t 打桩施工，工程量为 10000m，施工机械采用租赁方式，租赁价格为 3000 元/台班。试计算机械费价差。

解： 由题意，甲乙双方商定的租赁价格为 3000 元/台班，查 2013 年湖北省施工机械台班费用定额知：轨道式柴油打桩机 6t 台班单价为 1819.28 元/台班。查 2013 年湖北省建设工程公共专业消耗量定额及基价表知，打预应力混凝土管桩桩径 $\phi600$ 定额子目为

G3-21，每打 100m 预应力混凝土管桩需轨道式柴油打桩机 6t 台班 1.00 个，故租赁的大型机械总台班数为 10000/100＝100(个)，所以：

$$机械费价差＝(3000-1819.28)×100×0.43＝50770.96(元)$$

3) 影响机械台班价格的因素

(1) 施工机械的价格。这是影响折旧费，从而也影响机械台班单价的重要因素。

(2) 机械使用年限。它不仅影响折旧费提取，也影响到大修理费和经常修理费的开支。

(3) 机械的使用效率和管理水平。

(4) 政府征收税费的规定等。

4.3.4 预算定额的应用

预算定额手册的项目是根据建筑构成、工程内容、施工顺序、使用材料等，按章(分部)、节(分项)、项(子项)排列的。为了使编制预算项目和定额项目一致，便于查对，定额的章、节、项等都应有固定的编号，称之为定额编号。为提高施工图预算编制质量，便于查阅和审查选套的定额项目是否正确，在编制施工图预算时必须注明选套的定额编号。定额的编号一般采用两符号或三符号编法。

(1) 两符号编号法的第一个符号是表示分部工程的序号，第二个符号是表示分项工程的序号，其表示形式如下：

(2) 三符号编号法第一个符号表示分部工程(章)的序号，第二个符号表示分项工程(节)的序号，第三个符号表示分项工程项目中的子项目符号，其表示形式如下：

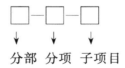

分项工程定额项目表的表达形式如表 4-1 所示，该表是 2013 版《湖北省房屋建筑与装饰工程消耗量定额及基价表》中"砌筑工程"的摘录。从表 4-1 中可知，预算定额基价表是由若干个分项工程和结构构件的单价组成，其计算公式如下：

分项工程预算基价＝定额人工费＋定额材料费＋定额机械费

式中：

定额人工费＝Σ(分项工程定额用工量×地区综合平均日工资标准)

定额材料费＝Σ(分项工程定额材料用量×相应材料预算价格)

定额机械费＝Σ(分项工程定额机械台班使用量×相应机械台班预算单价)

表 4-1　直形砖基础和圆弧形砖基础

工作内容：调、运、铺砂浆，运砖，清理基槽坑，砌砖等。　　　　　　　　　　　单位：10m³

定额编号			A1-1	A1-2
项目			直形砖基础	圆弧形砖基础
			水泥砂浆 M5	
基价/元			2696.19	2807.27
其中	人工费/元		945.20	1056.28
	材料费/元		1707.93	1707.93
	机械费/元		43.06	43.06
名称		单位	单价/元	数量
人工	普工	工日	60.00	5.480	6.120
	技工	工日	92.00	6.700	7.490
材料	混凝土实心砖 240×115×53	千块	230.00	5.236	5.236
	水泥砂浆 M5.0	m³	212.01	2.360	2.360
	水	m³	3.15	1.050	1.050
机械	灰浆搅拌机 200L	台班	110.40	0.390	0.390

【例 4.7】　计算表 4-1 中定额编号为 A1-1 子目的基价、定额人工费、定额材料费、定额机械费。

解： ① 定额人工费＝普工工日×表中单价＋技工工日×表中单价

　　　　　　＝5.480 工日/10m³×60 元/工日＋6.700 工日/10m³×92 元/工日

　　　　　　＝945.20 元/10m³

② 定额材料费。

定额材料费＝M5.0 水泥砂浆用量×M5.0 水泥砂浆预算价格＋

　　　　　　实心砖用量×实心砖预算价格＋水用量×水预算价格

　　　　　＝2.36m³/10m³×212.01 元/m³＋5.236 千块/10m³×230 元/千块＋

　　　　　　1.05m³/10m³×3.15 元/m³

　　　　　＝1707.93 元/10m³

③ 定额机械费。

定额机械费＝灰浆搅拌机机械台班的用量×灰浆搅拌机预算单价

　　　　　　＝0.390 台班/10m³×110.40 元/台班

　　　　　　＝43.06 元/10m³

④ 基价。

基价＝定额人工费＋定额材料费＋定额机械费

　　＝945.20 元/10m³＋1707.93 元/10m³＋43.06 元/10m³

　　＝2696.19 元/10m³

1. 预算定额的直接套用

当设计要求与定额项目的内容相一致时，可直接套用定额的预算基价及工料消耗量，计算该分项工程费以及工料所需量。具体计算步骤如下。

首先，应熟悉施工图上分项工程的设计要求、施工组织设计上分项工程的施工方法，初步选择套用的定额分项。

其次，应熟悉定额，若该分项工程说明，定额表表上工作内容、表下附注说明，以及材料品种和规格等内容与设计要求一致，则可直接套用该定额分项。同时，应注意分项工程或结构构件的工程名称和单位应与定额表中的一致。

最后，套用定额项目，用工程量乘定额基价计算该分项工程费，并进行第一次工料机分析（即用工程量分别乘定额消耗量，得到人工、材料和机械台班消耗量）；但对砂浆（或混凝土等）需进行第二次工料分析，最后汇总得各种材料的消耗量。

单位工程施工图预算的工料分析，首先是从所适用的定额当中，查出各分项工程各工料的单位定额消耗工料的数量，然后分别乘以相应分项工程的工程量，得到分项工程的人工、材料消耗量。最后将各分部分项工程的人工、材料消耗量分别进行计算和汇总，得出单位工程人工、材料的消耗数量。工料分析所得全部人工和各种材料消耗量，是编制单位工程劳动力计划和材料供应计划、开展班组经济核算的基础，也是预算造价计算当中工程费调整的计算依据之一。工料分析应注意的问题如下。

(1) 凡是由预制厂制作现场安装的构件，应按制作和安装分别计算工料。

(2) 对主要材料，应按品种、规格及预算价格不同分别进行用量计算，并分类统计。

(3) 按系数法补价差的地方材料可以不分析，但经济核算有要求时应全部分析。

(4) 对换算的定额子目在工料分析时要注意含量的变化，以求分析量准确完整。

(5) 机械费用需单项调整的，应同时按规格、型号进行机械使用台班用量的分析。

【例 4.8】 采用 M5 水泥砂浆砌筑直形砖基础 1000m^3，试计算完成该分项工程的分项工程费及主要材料消耗量。查 2013 版《湖北省建设工程公共专业消耗量定额及基价表》砌筑砂浆配合比表，定额编号为 5 - 8：每 1m^3 M5 水泥砂浆含 32.5 级水泥 220.00kg，中（粗）砂 1.18m^3，水 0.27m^3。

解： ① 确定定额编号。查表 4 - 1，A1 - 1：每 10^3 M5 水泥砂浆砌筑直形砖基础基价为 2696.19 元。

② 计算该分项工程费。

$$分项工程费 = 预算基价 \times 工程量$$
$$= 2696.19 \text{元}/10\text{m}^3 \times 1000\text{m}^3$$
$$= 269619 \text{元}$$

③ 计算主要材料消耗量。

由砌筑砂浆配合比表知：每 1m^3 M5 水泥砂浆含 32.5 级水泥 220.00kg，中（粗）砂 1.18m^3，水 0.27m^3。

M5 水泥砂浆：$2.36\text{m}^3/10\text{m}^3 \times 1000\text{m}^3 = 236.0\text{m}^3$

其中：水泥(32.5)：$220.00\text{kg}/\text{m}^3 \times 236.0\text{m}^3 = 51920\text{kg}$

中（粗）砂：$1.18\text{m}^3/\text{m}^3 \times 236.0\text{m}^3 = 278.48\text{m}^3$

水：$0.27\text{m}^3/\text{m}^3 \times 236.0\text{m}^3 = 63.72\text{m}^3$

混凝土实心砖：5.236 千块$/10\text{m}^3 \times 1000\text{m}^3 = 523.6$ 千块

水：$1.05\text{m}^3/10\text{m}^3 \times 1000\text{m}^3 = 105.0\text{m}^3$

④ 主要材料汇总表见表 4 - 2。

表 4 - 2　主要材料汇总表

序号	材料名称	规格	单位	数量	定额取定价/元	备注
1	硅酸盐水泥	32.5 级	kg	51920	0.46	
2	中（粗）砂		m^3	278.48	93.19	
3	混凝土实心砖	240×115×53	千块	523.6	230.00	
4	水		m^3	168.72	3.15	105.0+63.72

2. 预算定额的换算

确定某一分项工程或结构构件预算价值时，如果施工图样设计内容与套用相应定额项目内容不完全一致，就不能直接套用定额，则应按定额规定的范围、内容和方法对相应定额项目的基价和人工、材料、机械消耗量进行调整换算。换算后的定额项目应在定额编号的右下角标注一个"换"字，以示区别。

预算定额的换算类型有：砌筑砂浆和混凝土标号不同时的换算；抹灰砂浆的换算；系数换算等。

由预算定额的换算类型可知，定额的换算绝大多数均属于材料换算。一般情况下，材料换算时，人工费和机械费保持不变，仅换算材料费。而且在材料费的换算过程中，定额上的材料用量保持不变，仅换算材料的预算单价。材料换算的公式为：

换算后的基价＝换算前原定额基价＋应换算材料的定额用量×
（换入材料的单价－换出材料的单价）

1) 砌筑砂浆和混凝土强度等级不同时的换算

（1）砌筑砂浆的换算。

砌筑砂浆的换算：砂浆的换算实质上是砂浆强度等级的换算。这是由于施工图设计的砂浆强度等级与定额规定的砂浆强度等级有差异，定额又规定允许换算。在换算过程中，单位产品材料消耗量一般不变，仅换算不同强度等级的砂浆单价和材料用量。换算的步骤和方法如下。

首先，从砂浆配合比表中，找出设计的分项工程项目所用砂浆品种、强度等级，以及相应定额子目所用砂浆品种、强度等级和需要进行换算的两种砂浆每立方米的单价。

其次，计算两种不同强度等级砂浆单价的价差；从定额项目表中查出完成定额计量该分项工程需要换算的砂浆定额消耗量，以及该分项工程的定额基价。

最后，计算该分项工程换算的定额基价并注明换算后的定额编号(□-□-□)换或(□-□)换。用工程量乘以相应换算后的定额基价即得到分项工程换算后的预算价值。

【例 4.9】　试求 30m^3 的 M10 水泥砂浆直形砖基础的分项工程费和主要材料消耗量。

解：① 经查 2013 版《湖北省房屋建筑与装饰工程消耗量定额及基价表》知，无定额子目 M10 水泥砂浆直形砖基础，需套用相近定额子目 M5 水泥砂浆直形砖基础(表 4-1)并进行换算。

A1-1，M5 水泥砂浆直形砖基础，基价＝2696.19 元/10m^3。

M5 水泥砂浆用量：2.360m^3/ 10m^3，M5 水泥砂浆，单价为 212.01 元/m^3。

定额换算：查砌筑砂浆配合比表。

5－10，M10 水泥砂浆，单价为 235.08 元/m³。

每 1m³ M10 水泥砂浆含 32.5 级水泥 270.00kg，中（粗）砂 1.18m³，水 0.29m³。

由材料换算公式得：

换算后的基价＝2696.19＋2.360×（235.08－212.01）＝2750.64 元/10m³

计算分项工程费见表 4－3。

表 4－3　分项工程费计算表

定额编号	分项工程名称	单位	工程量	基价	分项工程费/元
（A1－1）换	M10 水泥砂浆直形砖基础	10m³	3	2750.64	8251.92

由表 4－3 有：

分项工程费＝基价×工程量＝2750.64 元/10m³×30m³＝8251.92 元

② 换算后主要材料消耗量分析。

注意：换算后水泥砂浆中相应的材料也要做相应的调整，均按 M10 水泥砂浆的配合比含量计算。

M10 水泥砂浆：2.36m³/10m³×30m³＝7.08m³

其中：水泥（32.5）：270.00kg/m³×7.080m³＝1911.60kg

中（粗）砂：1.18m³/m³×7.080m³＝8.35m³

水：0.29m³/m³×7.080m³＝2.05m³

混凝土实心砖：5.236 千块/10m³×30m³＝15.71 千块

水：1.05m³/10m³×30m³＝3.15m³

主要材料汇总表见表 4－4。

表 4－4　主要材料汇总表

序号	材料名称	规格	单位	数量	定额取价/元	备注
1	硅酸盐水泥	32.5 级	kg	1911.60	0.46	
2	中（粗）砂		m³	8.35	93.19	
3	混凝土实心砖	240×115×53	千块	15.71	230.00	
4	水		m³	5.20	3.15	3.15＋2.05

（2）混凝土的换算。

由于混凝土强度等级不同而引起定额基价变动，必须对定额基价进行换算。在换算过程中，混凝土消耗量不变，仅调整混凝土的预算价格。因此，混凝土换算实质就是预算单价的调整。其换算的步骤和方法基本与砂浆的换算相同。

【例 4.10】　某工程现场搅拌钢筋混凝土构造柱设计为 C25，试确定此构造柱基价。

解：① 套用相近定额，查 2013 版《湖北省房屋建筑与装饰工程消耗量定额及基价表》得：

A2－20，C20 现场搅拌钢筋混凝土构造柱：基价＝4220.64 元/10m³

C20 现场搅拌混凝土用量：10.150m³/10m³，单价＝259.90 元/m³

② 定额换算：查碎石混凝土配合比表。

1－56，C25 混凝土，单价＝277.66 元/m³

每 $1m^3$ C25 混凝土含 32.5 级水泥 350.000kg，中（粗）砂 $0.460m^3$，40 碎石 $0.910m^3$，水 $0.180m^3$。

换算后定额编号为（A2－20）_换：

（A2－20）_换＝4220.64＋10.150×（277.66－259.90）＝4400.90（元/$10m^3$）

③ 换算后材料用量分析。

32.5 级水泥：350.000kg/m^3×10.150m^3/$10m^3$＝3552.50 kg/$10m^3$

中（粗）砂：$0.460m^3$/m^3×10.150m^3/$10m^3$＝4.67m^3/$10m^3$

40 碎石：$0.910m^3$/m^3×10.150m^3/$10m^3$＝9.24m^3/$10m^3$

水：$0.180m^3$/m^3×10.150m^3/$10m^3$＝1.83m^3/$10m^3$

2）抹灰砂浆的换算

当设计图样要求的抹灰砂浆配合比与预算定额的抹灰砂浆配合比不同时，可按设计规定调整，但人工、机械消耗量不变。换算公式为：

$$换算后定额基价＝原定额基价＋抹灰砂浆定额用量×$$
$$（换入砂浆单价－换出砂浆单价）$$

当设计图样要求的抹灰砂浆抹灰厚度与预算定额的抹灰砂浆厚度不同时，除定额有注明厚度的项目可以换算外，其他一律不做调整。

3）系数的换算

凡定额说明、工程量计算规则和附注中规定按定额人工、材料、机械乘以系数的分项工程，应将其系数乘在定额基价或乘在人工费、材料费和机械费某一项上。工程量也应另列项目，与不乘系数的分项工程分别计算。乘系数换算需注意以下问题。

（1）要区分定额系数与工程量系数。定额系数一般在定额说明或附注中，定额系数用以调整定额基价，如 2013 版《湖北省房屋建筑与装饰工程消耗量定额及基价表》（结构·屋面）第一章砌筑工程说明第四条规定：单面清水砖墙（含弧形砖墙）按相应的混水砖墙定额执行，人工乘以系数 1.15。再如装饰装修工程定额第五章门窗工程说明第七条规定：木枋木种均以一、二类木种为准，如采用三、四类木种时，人工和机械乘以系数 1.24。工程量系数一般在工程量计算规则中，工程量系数用以调整工程量，如 2013 版《湖北省房屋建筑与装饰工程消耗量定额及基价表》（装饰·装修）第四章天棚工程工程量计算规则第七条规定：阳台底面抹灰按水平投影面积计算，并入相应天棚抹灰面积内。阳台如带悬臂梁者，其工程量乘以系数 1.30。

（2）要区分定额系数的具体调整对象。有的系数用以调整定额基价，有的系数用以调整其中的人工、材料或机械费。

（3）按定额说明、工程量计算规则和附注中的有关规定进行换算。

【例 4.11】 采用 M5 水泥砂浆砌筑圆弧形空花砖墙 $200m^3$，试计算完成该分项工程的分项工程费。

解：根据砌筑工程定额说明：砖砌圆弧形空花、空心砖墙及圆弧形砌块砌体墙按直形墙相应定额项目人工乘以系数 1.1。

① 确定换算定额编号及单价。

M5 水泥砂浆砌筑空花砖墙定额编号为 A1－21，基价＝2816.04 元/$10m^3$

其中：定额人工费＝1455.84 元/$10m^3$；定额材料费＝1338.12 元/$10m^3$；

定额机械费＝22.08 元/$10m^3$

② 计算换算后基价。

$$1455.84 \text{ 元}/10m^3 \times 1.1 + 1338.12 \text{ 元}/10m^3 + 22.08 \text{ 元}/10m^3$$
$$= 2961.62 \text{ 元}/10m^3$$

③ 计算完成该分项工程的分项工程费。

$$2961.62 \text{ 元}/10m^3 \times 200m^3 = 59232.40 \text{ 元}$$

3. 定额的补充

当设计图样中的分项工程或结构构件项目在定额中缺项，而又不属于定额调整换算范围之内，并无定额项目可套时，应编制补充定额，经批准备案，一次性使用。补充定额编制可采用定额代换法或定额编制法。

1）定额代换法

即利用性质相似、材料大致相同，施工方法又很接近的定额项目，将类似项目分解套用或考虑（估算）一定系数调整使用。此种方法一定要在实践中注意观察和测定，合理确定系数，保证定额的精确性，也为以后新编定额项目做准备。

2）定额编制法

材料用量按图样的构造做法及相应的计算公式计算，并加入规定的损耗率。人工及机械台班使用量，可按劳动定额、机械台班使用定额计算，材料用量按实际确定或经有关技术和定额人员讨论后确定，然后乘以人工日工资单价、材料预算价格和机械台班单价，即得到补充定额基价。

4.3.5 适应企业投标的企业定额编制

工程量清单是一种与市场经济相适应的，由投标人自主报价，通过市场竞争确定价格，与国际惯例接轨的计价模式。工程量清单计价要求招标人在招标文件中明确需要施工的建设项目分部分项工程的数量，参加投标的承包商根据招标文件的要求、施工项目的工程数量，按照本企业的施工水平、技术，机械装备力量，管理水平，设备材料的进货渠道和所掌握的价格情况，以及对利润追求的程度计算工程量清单报价。同一个建设项目，同样的工程数量，各投标人以各企业内部定额为基础所报的价格不同，这反映了企业之间个别成本的差异，也是企业之间整体竞争实力的体现。为了适应工程量清单报价法的需要，各施工企业内部定额的建立已势在必行。

企业定额，是由企业自行编制，只限于本企业内部使用，是由企业根据自身技术力量、科学管理的水平而自行编制的，包括各种材料价格、机械台班租赁价格等，是企业用于投标报价或在本企业内部经济核算时使用的一种定额。

1. 企业定额的性质及作用

1）企业定额的性质

企业定额是企业按照国家有关政策、法规，以及相应的施工技术标准、验收规范、施工方法等资料，根据现行自身的机械装备情况、生产工人技术操作水平、企业施工组织能力、管理水平、机构的设置形式和运作效率及可能挖掘的潜力情况自行编制的，供本企业使用的人工、材料和机械台班消耗量标准，并供企业内部进行经营管理、成本核算和投标报价的企业内部文件。

2）企业定额的作用

企业定额是企业直接参与生产工人在合理的施工组织和正常条件下，为完成单位合格产品或完成一定量的工作所耗用的人工、材料和机械台班使用量的标准数量。企业定额不仅能反映企业的劳动生产率和技术装备水平，同时也是衡量企业管理水平的标尺，是企业加强集约经营、精细管理的前提和主要手段，其主要作用如下。

（1）是编制施工组织设计和施工作业计划的依据。

（2）是企业内部编制施工预算的统一标准，也是加强项目成本管理和主要经济指标考核的基础。

（3）是施工队和施工班组下达施工任务书和限额领料、计算施工工时和工人劳动报酬的依据。

（4）是企业走向市场参与竞争，加强工程成本管理，进行投标报价的主要依据。

2. 企业定额的构成及表现形式

企业定额的编制应根据自身的特点，遵循简单明了、准确、适用的原则。企业定额的构成及表现形式因企业的性质不同、取得资料的详细程度不同、编制的目的不同、编制的方法不同而不同。其构成及表现形式主要有以下几种。

（1）企业劳动定额。

（2）企业材料消耗定额。

（3）企业机械台班使用定额。

（4）企业施工定额。

（5）企业定额估价表。

（6）企业定额标准。

（7）企业产品出厂价格。

（8）企业机械台班租赁价格。

3. 企业定额的确定

企业定额的确定实际就是企业定额的编制过程。企业定额的编制过程是一个系统而又复杂的过程，一般包括以下步骤。

1）制定《企业定额编制计划书》

《企业定额编制计划书》一般包括以下内容。

（1）企业定额编制的目的。企业定额编制的目的一定要明确，因为编制目的决定了企业定额的适用性，同时也决定了企业定额的表现形式。例如，企业定额的编制目的如果是为了控制工耗和计算工人劳动报酬，则应采取劳动定额的形式；如果是为了企业进行工程成本核算，以及为企业走向市场参与投标报价提供依据，则应采用施工定额或定额估价表的形式。

（2）定额水平的确定原则。企业定额水平的确定，是企业定额能否实现编制目的的关键。定额水平过高，背离企业现有水平，使定额在实施工程中，企业内多数施工队、班组、工人通过努力仍然达不到定额水平，不仅不利于定额在本企业内推行，还会挫伤管理者和劳动者双方的积极性；定额水平过低，则起不到督促落后的作用，而且对项目成本核算和企业参与市场竞争不利。因此，在编制计划书过程中，必须对定额水平进行确定。

（3）确定编制方法和定额形式。定额的编制方法很多，对不同形式的定额，其编制方法也不相同。例如，劳动定额的编制方法有技术测定法、统计分析法、类比推算法、经验估算法等；

材料消耗定额的编制方法有观察法、试验法、统计法等。因此，定额编制究竟采取哪种方法应根据具体情况而定。企业定额编制通常采用的方法一般有两种：定额测算法和方案测算法。

（4）拟成立企业定额编制机构，提交需参编人员名单。企业定额的编制工作是一个系统性的工程，它需要一批高素质的专业人才，在一个高效率的组织机构统一指挥下协调工作，因此，在定额编制工作开始时，必须设置一个专门的机构，配置一批专业人员。

（5）明确应收集的数据和资料。定额在编制时要搜集大量的基础数据和各种法律、法规、标准、规程、规范文件、规定等，这些资料都是定额编制的依据。所以，在编制计划书中，要制定一份按门类划分的资料明细表。在明细表中，除一些必须采用的法律、法规、标准、规程、规范资料外，应根据企业自身的特点，选择一些能够适合本企业使用的基础性数据资料。

（6）确定工期和编制进度。定额的编制目的是为了使用，具有时效性，所以，应确定一个合理的工期和进度计划表，这样，既有利于编制工作的开展，又能保证编制工作的效率和效益。

2）搜集资料、调查、分析、测算和研究

搜集的资料包括以下内容。

（1）现行定额，包括基础定额和预算定额；工程量计算规则。

（2）国家现行的法律、法规、经济政策和劳动制度等与工程建设有关的各种文件。

（3）有关建筑安装工程的设计规范、施工及验收规范、工程质量检验评定标准和安全操作规程。

（4）现行的全国通用建筑标准设计图集、安装工程标准安装图集、定型设计图样、具有代表性的设计图样、地方建筑配件通用图集和地方结构构件通用图集，并根据上述资料计算工程量，作为编制定额的依据。

（5）有关建筑安装工程的科学实验、技术测定和经济分析数据。

（6）高新技术、新型结构、新研制的建筑材料和新的施工方法等。

（7）现行人工工资标准和地方材料预算价格。

（8）现行机械效率、寿命周期和价格；机械台班租赁价格行情。

（9）本企业近几年各工程项目的财务报表、公司财务总报表，以及历年收集的各类经济数据。

（10）本企业近几年各工程项目的施工组织设计、施工方案，以及工程结算资料。

（11）本企业近几年所采用的主要施工方法。

（12）本企业近几年发布的合理化建议和技术成果。

（13）本企业目前拥有的机械设备状况和材料库存状况。

（14）本企业目前工人技术素质、构成比例、家庭状况和收入水平。

资料收集后，要对上述资料进行分类整理、分析、对比、研究和综合测算，提取可供使用的各种技术数据。内容包括：企业整体水平与定额水平的差异；现行法律、法规，以及规程规范对定额的影响；新材料、新技术对定额水平的影响等。

3）拟定编制企业定额的工作方案与计划

编制企业定额的工作方案与计划包括以下内容。

（1）根据编制目的，确定企业定额的内容及专业划分。

（2）确定企业定额的册、章、节的划分和内容的框架。

（3）确定企业定额的结构形式及步距划分原则。

（4）具体参编人员的工作内容、职责、要求。

4）企业定额初稿的编制

（1）确定企业定额的定额项目及其内容。企业定额项目及其内容的编制，就是根据定额的编制目的及企业自身的特点，本着内容简明适用、形式结构合理、步距划分合理的原则，将一个单位工程按工程性质划分为若干个分部工程，如土建专业的土石方工程、桩基础工程等。然后将分部工程划分为若干个分项工程，如土石方工程分为人工挖土方、淤泥、流砂，人工挖沟槽、基坑，人工挖桩孔等分项工程。最后，确定分项工程的步距，并根据步距对分项工程进一步详细划分为具体项目。步距参数的设定一定要合理，既不应过粗，也不宜过细。如可根据土质和挖掘深度作为步距参数，对人工挖土方进行划分。同时应对分项工程的工作内容做简明扼要的说明。

（2）确定定额的计量单位。分项工程计量单位的确定一定要合理，设置时应根据分项工程的特点，本着准确、贴切、方便计量的原则设置。定额的计量单位包括自然计量单位，如台、套、个、件、组等；物理计量单位，如 m、km、m^2、m^3、kg、t 等。一般来说，当实物体的三个度量都会发生变化时，采用立方米为计量单位，如土方、混凝土、保温层等；如果实物体的三个度量中有两个度量不固定，采用平方米为计量单位，如地面、抹灰、油漆等；如果实物体截面积形状大小固定，则采用延长米为计量单位，如管道、电缆、电线等；不规则形状的，难以度量的则采用自然单位或质量单位为计量单位。

（3）确定企业定额指标。确定企业定额指标是企业定额编制的重点和难点，企业定额指标的编制，应根据企业采用的施工方法、新材料的替代，以及机械装备的装配和管理模式，结合搜集、整理的各类基础资料进行确定。确定企业定额指标包括确定人工消耗指标、确定材料消耗指标、确定机械台班消耗指标等。

（4）编制企业定额项目表。分项工程的人工、材料和机械台班的消耗量确定以后，接下来就可以编制企业定额项目表了。具体地说，就是编制企业定额表中的各项内容。

企业定额项目表是企业定额的主体部分，它由表头栏、人工栏、材料栏和机械栏组成。表头部分用以表述各分项工程的结构形式、材料做法和规格档次等；人工栏是以工种表示的消耗的工日数及合计；材料栏是按消耗的主要材料和消耗性材料依主次顺序分列出的消耗量；机械栏是按机械种类和规格型号分列出的机械台班使用量。

（5）企业定额的项目编排。定额项目表是按分部工程归类，按分项工程子目编排的一些项目表格。也就是说，按施工的程序，遵循章、节、项目和子目等顺序编排。

定额项目表中，大部分是以分部工程为章，把单位工程中性质相近，且材料大致相同的施工对象编排在一起。每章（分部工程）中，按工程内容施工方法和使用的材料类别的不同，分成若干个节（分项工程）。在每节（分项工程）中，可以分成若干项目，在项目下边，还可以根据施工要求、材料类别和机械设备型号的不同，细分成不同子目。

（6）企业定额相关项目说明的编制。企业定额相关项目的说明包括：前言、总说明、目录、分部（或分章）说明、建筑面积计算规则、工程量计算规则、分项工程工作内容等。

（7）企业定额估价表的编制。企业根据投标报价工作的需要，可以编制企业定额估价表。企业定额估价表是在人工、材料、机械台班三项消耗量的企业定额的基础上，用货币形式表达每个分项工程及其子目的定额单位估价计算表格。

企业定额估价表的人工、材料、机械台班单价是通过市场调查，结合国家有关法律文件及规定，按照企业自身的特点来确定。其确定方法可参考相关内容。

5）评审及修改

评审及修改主要是通过对比分析、专家论证等方法，对定额的水平、使用范围、结构及内容的合理性，以及存在的缺陷进行综合评估，并根据评审结果对定额进行修正。

最后定稿、刊发及组织实施。

下面着重介绍企业定额指标的确定方法。

4．人工消耗指标的确定

企业定额人工消耗指标的确定，实际就是企业劳动定额的编制过程。企业劳动定额在企业定额中占有特殊重要的地位。它是指本企业生产工人在一定的生产技术和生产组织条件下，为完成一定合格产品或一定量工作所耗用的人工数量标准。企业劳动定额一般以时间定额为表现形式。

企业定额的人工消耗指标的确定一般是通过定额测算法确定的。

定额测算法就是通过对本企业近年（一般为 3 年）的各种基础资料，包括财务、预结算、供应、技术等部门的资料进行科学的分析归纳，测算出企业现有的消耗水平，然后将企业消耗水平与国家统一（或行业）定额水平进行对比，计算出水平差异率，最后，以国家统一定额为基础按差异率进行调整，用调整后的资料来编制企业定额。

用定额测算法编制企业定额应分专业进行。下面就以预算定额为基础定额对企业定额人工消耗指标的确定过程进行描述。

第一步，搜集资料，整理分析，计算预算定额人工消耗水平和企业实际人工消耗水平。选择近三年本企业承建的已竣工结算完的有代表性的工程项目，计算预算人工工日消耗量，计算方法是用工程结算书中的人工费除以人工费单价。计算公式为：

预算人工工日消耗量＝预算人工费÷预算人工费单价

然后，根据考勤表和施工记录等资料，计算实际工作工日消耗量。

工人的劳动时间是由不同时间构成的，它的构成反映劳动时间的结构，是研究劳动时间利用情况的基础。劳动时间构成情况见表 4－5。

表 4－5　劳动时间构成表

日历工日（工期）							
制度工休工日		制　度　工　日					
实际工休工日	工休加班工日	出勤工日					全日缺勤工日
		制度内实际工作工日			全日非生产工日（公假工日）	全日停工工日	
实际工作工日							
工休加班工时	制度内实际工作工时	非全日停工工时	非全日缺勤工时	非全日非生产工时	非全日公假工时		
实际工作工时							
加点工时							

根据劳动时间构成表，可以计算出实际工作工日数和实际工作工时数。

实际工作工日数＝制度内实际工作工日数＋工休加班工日数＋

（加点工时÷制度规定每日工作小时数）

其中：加点工时如果数量不大，可以忽略不计。

制度内实际工作工日数＝出勤工日数－（全日停工工日数＋全日公假工日数）

出勤工日数＝每个制度工作日生产工人出勤人数之和

＝制度工日数－缺勤工日数

实际工作工时数＝制度内实际工作工时数＋加班加点工时数

＝期内每日生产工人实际工作小时数之和

其中：

制度内实际工作工时数＝（制度内实际工作工日数×制度规定每日工作小时数）－

（非全日缺勤工时数＋非全日停工工时数＋非全日公假工时数）

在企业定额编制工作中，一般以工日为计量单位，即计算实际工作工日消耗量。

第二步，用预算定额人工消耗量与企业实际人工消耗量对比，计算工效增长率。

首先，计算预算定额完成率，预算定额完成率的计算公式为：

$$\text{预算定额完成率} = \frac{\text{预算人工工日消耗量}}{\text{实际工作工日消耗量}} \times 100\%$$

当预算定额完成率为＞1时，说明企业劳动率水平比社会平均劳动率水平高；反之，则说明企业劳动率水平比社会平均劳动率水平低。

然后，计算工效增长率，其计算公式为：

$$\text{工效增长率} = \text{预算定额完成率} - 1$$

第三步，计算施工方法对人工消耗的影响。

不同的施工方法，将产生不同的劳动生产率水平。科学合理地选择施工方法，将直接影响人工、材料和机械台班的使用数量，这一点，在编制定额时必须予以重视。例如：塔类设备吊装工程，施工方法有拔杆吊装法和起重设备吊装法两种；电缆敷设工程，敷设方法有人工敷设和机械敷设两种施工方法。在编制企业定额时，选用哪种施工方法，其施工方法与预算定额取定的施工方法是否一致，不同施工方法对人、材、机消耗量影响的差异是多少，应通过对比计算，确定施工方法对人工消耗的影响水平，并作为编制企业定额的依据。一般来说，编制企业定额所选用的施工方法应是企业近年在施工中经常采用的并在以后较长时期内继续使用的施工方法。两种施工方法对工日消耗量影响的差异可按下列公式计算：

$$\text{施工方法对分项工程工日消耗影响的指标} = \frac{\sum \text{两种施工方法对工日消耗影响的差异额}}{\sum \text{受影响的分项工程工日消耗}} \times 100\%$$

$$\text{施工方法对整体工程工日消耗影响的指标} = \frac{\sum \text{两种施工方法对工日消耗影响的差异额}}{\sum \text{受影响的分项工程工日消耗}} \times \text{受影响项目人工费合计占工程总人工费的比重}$$

第四步，计算施工技术规范及施工验收标准对人工消耗的影响。

定额是有时间效应的，不论何种定额，都只能在一定的时间段内使用。影响定额的时间效应的因素很多，包括施工方法的改进与淘汰、社会平均劳动生产率水平的提高、新材料取代旧材料，以及市场规则的变化等，当然也包括施工技术规范及施工验收标准的变化。

施工技术规范及施工验收标准的变化对人工消耗的影响，主要通过施工工序的变化和施工程序的变化来体现，这种变化对人工消耗的影响一般要通过现场调研取得。

比较简单的方法是走访现场有经验的工人，了解施工技术规范及施工验收标准变化后，现场的施工发生了哪些变化，变化量是多少。然后，根据调查记录，选择有代表性的工程，进行实地观察核实。最后对取得的资料分析对比，确定施工技术规范及施工验收标准的变化对企业劳动生产率水平影响的趋势和幅度的。

第五步，计算新材料、新工艺对人工消耗的影响。

新材料、新工艺对人工消耗的影响，也是通过现场走访和实地观察来确定其对企业劳动生产率水平影响的趋势和幅度的。

第六步，计算企业技术装备程度对人工消耗的影响。

企业的技术装备程度表明生产施工过程中的机械化和自动化水平，它不但能大大降低生产施工工人的劳动强度，而且是决定劳动生产率水平高低的一个重要因素。分析机械装备程度对劳动生产率的影响，对企业定额的编制具有十分重要的意义。

劳动的技术装备程度，通常以平均每一劳动者装备的生产性固定资产或动力、能力的数量来表示。其计算公式是：

$$劳动的技术装备指标 = \frac{生产性固定资产（或动力、能力）平均数}{平均生产人工人数}$$

还应看到，不仅劳动的技术装备程度对劳动生产率有影响，而且，固定资产或动力、能力的利用指标的高低，对劳动生产率也有影响。

固定资产或动力、能力的利用指标，也称为设备能力利用指标的计算公式为：

$$设备能力利用指标（\%） = \frac{设备实际生产能力}{设备可能生产能力} \times 100\%$$

根据劳动的技术装备程度指标和设备能力利用指标可以计算出劳动生产率。

劳动生产率 = 劳动的技术装备程度指标 × 设备能力利用指标

最后，用社会平均劳动生产率与用技术装备程度计算出的企业劳动生产率对比，计算劳动生产率指数。

$$劳动生产率指数 = \frac{q_0}{q_1} = \frac{企业劳动生产率}{社会平均劳动生产率} \times 100\%$$

第七步，其他影响因素的计算。

对企业人工消耗水平即劳动生产率的影响因素是很复杂的、多方面的，前面只是就影响劳动生产率的几类基本因素做了概括性说明，在实际的企业定额编制工作中，还要根据具体的目的和特性，从不同的角度对其进行具体的分析。

第八步，关键项目和关键工序的调研。

在编制企业定额时，对工程中经常发生的资源消耗（人工工日消耗、材料消耗、机械台班使用消耗）、量大的项目（分部分项工程）及工序，要进行重点调查，选择一些有代表性的施工项目，进行现场访谈和实地观测，搜集现场第一手资料，然后通过对比分析，剔除其中不合理和偶然因素的影响，确定各类资源的实际耗用量，作为编制企业定额的依据。

第九步，确定企业定额项目水平，编制人工消耗指标。

通过上述一系列的工作，取得编制企业定额所需的各类数据，然后根据上述数据，考虑企业还可挖掘的潜力，确定企业定额人工消耗的总体水平，最后以差别水平的方式，将影响定额人工消耗水平的各种因素落实到具体的定额项目中，编制企业定额人工消耗指标。

5. 材料消耗指标的确定

材料消耗指标的确定过程与人工消耗指标的确定过程基本相同。在编制企业定额时，确定企业定额材料的消耗水平，主要把握以下几点。

1）计算企业施工过程中材料消耗水平与定额水平

以预算定额为基础，预算定额的各类材料消耗量，可以通过对工程结算资料分析取得。施工过程中，实际发生的与定额材料相对应的材料消耗量可以根据供应的出入库台账、班组材料台账及班组施工日志等资料，通过下列公式计算：

材料实际消耗量＝期初班组库存材料量＋报告期领料量－退库量－

期末班组库存量－返工工程及浪费损失量－挪用材料量

2）替代材料的计算

替代材料是指企业在施工生产过程中，采用新型材料代替过去施工采用（预算定额综合）的旧材料，以及由于施工方法的改变，用一部分材料代替另外一部分材料。替代材料的计算是指针对发生替代材料的具体施工工序或分项工程，计算其采用的替代材料的数量，以及被替代材料的数量，以备编制具体的企业定额子目时进行调整。

3）对重点项目（分项工程）和工序消耗的材料进行计算和调研

材料消耗量是影响定额水平的一个重要指标，准确把握定额计价材料消耗的水平，对企业定额的编制具有重要意义。在编制企业定额时，对那些虽是企业成本开支项目，但其费用不作为工程造价组成的材料耗用，如工程外耗费的材料消耗、返工工程发生的材料消耗，以及超标准使用浪费的材料消耗，不能作为定额计价材料耗用指标的组成部分。

对于一些工程上经常发生的、材料消耗量大的或材料消耗量虽不大，但材料单位价值高的项目（分部分项工程）及工序，要根据设计图中标明的材料及构造，结合理论公式和施工规范、验收标准计算消耗量，并通过现场调研进行验证。

4）周转性材料的计算

工程消耗的材料，一部分是构成工程实体的材料，还有一部分材料，虽不构成工程实体，但却有利于工程实体的形成，在这部分材料中，有一部分是施工作业用料，因此也称施工手段用料。又因为这部分材料在每次的施工中，只受到一些损耗，经过修理可供下次施工继续使用，如土建工程中的模板、挡土板、脚手架，安装工程中的胎具、组装平台、工卡具，试压用的阀门、盲板等，所以又称为周转性材料。

周转性材料的消耗量有一部分被综合在具体的定额子目中，有一部分作为措施项目费用的组成部分单独计取。

周转性材料的消耗量是按照周转使用、分次摊销的方法进行计算。周转性材料每使用一次，分摊到工程产品上的消耗量称为摊销量。周转性材料的摊销量与周转次数有直接关系。一般地讲，通用程度强的周转次数多些，通用程度弱的周转次数少些，还有少数材料是一次摊销，具体处理方法应根据企业特点和采用的措施来计算。

摊销量可根据下列公式计算：

$$摊销量＝周转使用量－回收量×回收系数$$

$$周转使用量＝\frac{一次使用量＋一次使用量（周转次数－1）×损耗率}{周转次数}$$

$$＝一次使用量×\left[\frac{1＋（周转次数－1）×损耗率}{周转次数}\right]$$

5）计算企业施工过程中材料消耗水平与定额水平的差异

通过上述的一系列工作，对实际材料消耗量进行调整，计算材料消耗差异率。材料消耗差异率的计算应按每种材料分别进行。

$$材料消耗差异率＝\frac{预算材料消耗量}{调后实际材料消耗量}×100\%－1$$

6）调整预算定额材料种类和消耗量，编制施工材料消耗量指标

6. 施工机械台班消耗指标的确定

施工机械台班消耗指标的确定，一般应按下列步骤进行。

（1）计算预算定额机械台班消耗量水平和企业实际机械台班消耗水平。

预算定额机械台班消耗量水平的计算，可以通过对工程结算资料进行人、材、机分析，取得定额消耗的各类机械台班数量。对于企业实际机械台班消耗水平的计算则比较复杂，一般要分以下几步进行。

① 统计对比工程实际调配的各类机械的台数和天数。

② 根据机械运转记录，确定机械设备实际运转的台班数。

③ 对机械设备的使用性质进行分析，分清哪些机械设备是生产性机械，哪些是非生产性机械；对于生产型机械，分清哪些使用台班是为生产服务的，哪些不是为生产服务的。

④ 对生产型的机械使用台班，根据机械种类、规格型号，进行分类统计汇总。

（2）对本企业采用的新型施工机械进行统计分析。

对新型施工机械的分析，主要以下有两点。

① 由于施工方法的改变，用机械施工代替人力施工而增加的机械。对于这一点，应研究其施工方法是临时的，还是企业一贯采用的；由临时的施工方法引起的机械台班消耗，在编制企业定额时不予考虑，而企业一贯采用的施工方法引起的机械台班消耗，在编制企业定额时应予考虑。

② 由新型施工机械代替旧种类、旧型号的施工机械。对于这一点，应研究其替代行为是临时的，还是企业一贯采用的；由临时的替代行为引起的机械台班消耗，在编制企业定额时应按企业水平对机械种类和消耗量进行还原，而企业一贯采用的替代行为引起的机械台班消耗，在编制企业定额时应对实际发生的机械种类和消耗量进行加工处理，替代原定额相应项目。

（3）计算设备综合利用指标，分析影响企业机械设备利用率的各种原因。

设备综合利用指标的计算公式为：

$$设备综合利用指标（\%）＝\frac{设备实际产量}{设备可能产量}×100\%$$

$$＝\frac{设备实际能力×设备实际开动时间}{设备理论能力×设备可能开动时间}×100\%$$

$$＝设备能力利用指标×设备时间利用指标$$

通过上式可以看出，企业机械设备综合利用指标的高低，决定于设备能力和设备时间两个方面的利用情况。从机械本身的原因来看，设备的完好率及设备事故频率是影响机械台班利用率最直接的因素。企业可以通过更换新设备、加速机械折旧速度淘汰旧设备，以及对部分机械设备进行大修理等途径，提高设备完好率、降低事故频率，达到提高设备利用率的目的。因此，在编制企业定额，确定机械使用台班消耗指标时，应考虑近期企业施工机械更新换代及大修理提高机械利用率的因素。

（4）计算机械台班消耗的实际水平与预算定额水平的差异。

机械台班消耗的实际水平与预算定额水平的差异的计算，应区分机械设备类别，按下式计算：

$$机械使用台班消耗差异率 = \frac{预算机械台班消耗量}{调后实际机械台班消耗量} \times 100\% - 1$$

调后实际机械台班消耗量是考虑了企业采用的新型施工机械，以及企业对旧施工机械的更换和挖潜改造影响因素后，计算出的台班消耗量。

（5）调整预算定额机械台班使用的种类和消耗量，编制施工机械台班消耗量指标。

其过程是依据上述计算的各种数据，按编制企业定额的工作方案，以及确定的企业定额的项目及其内容调整预算定额的机械台班使用的种类和消耗量，编制企业定额项目表。

7. 措施费用指标的编制

措施费用指标的编制，是通过对本企业在某类（以工程特性、规模、地域、自然环境等特征划分的工程类别）工程中所采用的措施项目及其实施效果进行对比分析，选择技术可行、经济效益好的措施方案，进行经济技术分析，确定其各类资源消耗量，作为本企业内部推广使用的措施费用指标。

措施费用指标的编制方法一般采用方案测算法，即根据具体的施工方案，进行技术经济分析，将方案分解，对其每一步的施工过程所消耗的人、材、机等资源进行定性和定量分析，最后整理汇总编制指标。

下面以案例的形式，就"安全生产"措施费用指标对具体编制过程进行说明。

【例 4.12】 某工程，建筑安装工程生产价值约 10000 万元人民币，工期为 1 年。承包单位根据业主提供的资料，编制施工方案，其中涉及"安全生产"部分的内容有以下部分。

（1）本工程工期 1 年，实际施工天数为 320 天。

（2）本工程投入生产工人 1200 名，各类管理人员（包括辅助服务人员）80 名，在生产工人当中抽出 12 名专职安全员，负责整个现场的施工安全。

（3）进入现场的人员一律穿安全鞋、戴安全帽，高空作业人员一律佩戴安全带。

（4）为安全起见，施工现场脚手架均须安装防护网。

（5）每天早晨施工以前，进行 10min 的安全教育，每星期一召开半小时的安全例会。

（6）班组的安全记录要按日填写完整。

根据施工方案对安全生产的要求，投标人编制安全措施费用如下。

（1）专职安全员的人工工资及奖金补助等费用支出 ＝工期×人数×工日单价
＝365×12×50＝219000（元）

（2）安全鞋、安全帽费用。

安全鞋按每个职工一年 2 双，安全帽按每个职工一顶计算。

费用＝30×2×(1200＋80)＋15×1×(1200＋80)

　　　＝76800＋19200＝96000(元)

(3) 高峰期高空作业人员按生产工人的 30％计算，安全带费用＝120×1200×30％＝43200(元)

(4) 安全教育与安全例会降效费＝[52×0.5/8＋(320－52)×10/(60×8)]×

　　　　　　　　　　　　　　　50×(1200－12)＝524700(元)

(5) 安全防护网措施费，根据计算，防护网搭设面积为 14080m²，需购买安全网 3000m²，安全网为 8 元/m²，搭拆费用为 2.5 元/m²，工程结束后，安全网折旧完毕，安全防护网措施费＝3000×8＋14080×2.5＝59200(元)

(6) 安全生产费用合计＝219000＋96000＋43200＋524700＋59200＝942100(元)

(7) 工程实际消耗工日数＝320×(1200－12)＝380160（工日）

(8)"安全生产"措施费用指标＝942100/380160＝2.48(元/工日)

注意：每个工程都有自己的特点，发生的措施项目及其额度都不相同，所以，在计算措施费用时，应根据工程特点具体进行，企业制定的措施费用指标仅供参考。

8. 其他费用指标的编制

其他费用指标主要包括管理费用指标和利润指标。

管理费指标的编制方法一般采用方案测算法，其编制过程是选择有代表性的工程，将工程中实际发生的各项管理费用支出金额进行核定，剔除其中不合理的开支项目后汇总，然后与工程生产工人实际消耗的工日数进行对比，计算每个工日应支付的管理费用。

以上述工程为例：建筑安装工程生产价值约 10000 万元人民币，工期 1 年，实际施工天数为 320 天，投入生产工人 1200 名，各类管理人员(包括辅助服务人员)80 名。管理费根据下式计算：

施工管理费＝管理人员及辅助服务人员的工资＋办公费＋差旅交通费＋

　　　　　　固定资产使用费＋工具用具使用费＋保险费＋其他费用

(1) 管理人员及辅助服务人员的工资，管理人员平均工资水平为 1200 元/(人·月)，工资总额＝1200×80×12＝1152000(元)

(2) 办公费项目有三大类。

① 文具、纸张、印刷、账册、报表等。

② 邮电费，包括电传、电话、电报、信件。

③ 计算机及水电、开水费、空调采暖费等。

工程结束后统计，其合理费用开支金额为 358000 元。

(3) 差旅交通费。

① 因公出差，工期内共发生 20 人次，累计费用 61500 元。

② 交通工具使用费，包括燃油费、汽车租赁及修理费，共计 270000 元。

③ 其他费用共计 25000 元。

(4) 固定资产使用费累计金额 75000 元。

(5) 工具用具使用费累计金额 21000 元。

(6) 保险费累计发生额 350000 元。

（7）其他费用 200000 元。

（8）管理费用合计＝1152000＋358000＋61500＋270000＋25000＋75000＋21000＋
350000＋200000＝2512500（元）

（9）工程实际消耗工日数为：320×（1200－12）＝380160（工日）

（10）管理费用指标＝2512500/380160＝6.61（元/工日）

利润指标的编制是根据某些有代表性工程的利润水平，通过分析对比，结合建筑市场同类企业的利润水平，进行综合取定的，此处不再叙述。

9. 企业定额的使用方法

企业定额的种类很多，表现形式多种多样，其在企业中所起的作用不同，使用方法也不同。企业定额在企业投标报价过程中的应用，要把握以下几点。

（1）最适用于投标报价的企业定额模式是企业定额估价表。但是作为定额，都是在一定的条件下编制的，都具有普遍性和综合性，定额反映的水平是一种平均水平，企业定额也不例外，只不过企业定额的普遍性和综合性只反映在本企业之内，企业定额水平是企业内部的一种平均先进水平。所以，利用企业定额投标报价时，必须充分认识这一点，具体问题具体分析，个别工程个别对待。

（2）利用企业定额进行工程量清单报价时，应对定额包括的工作内容与工程量清单所综合的工程内容进行比较，口径一致时方可套用，否则应对定额进行调整。

（3）定额是一定时期的产物，定额代表的劳动生产率水平和各种价格水平均具有时效性。所以，对不再具有时效的定额不能直接使用。

（4）应对定额使用的范围进行确定，不能超出其使用范围使用定额。

本 章 小 结

定额是计价的主要依据之一。

定额按生产要素分类有：劳动定额、材料消耗定额、机械使用台班定额。

按照定额的测定对象和用途分为：工序定额、施工定额、预算定额、概算定额。

按制定单位和执行范围分为：全国定额、地方定额、行业定额、企业定额、临时定额。

预算定额的应用包括直接套用和换算。

适应企业投标的企业定额编制内容有：人工消耗指标的确定、材料消耗指标的确定、机械台班消耗指标的确定、措施费用指标的编制、其他费用指标的编制。

习 题

1. 思考题

（1）什么是建筑安装工程定额？它有何作用？

（2）简述建筑安装工程定额的分类。

（3）什么是企业定额？它有什么作用？

（4）简述企业定额的构成及表现形式。

2. 练习题

（1）某工程采用现浇 M7.5 水泥砂浆砌筑圆弧形砖基础 15.23m³，试计算完成该分项工程的分项工程费及主要材料消耗量。

（2）某工程钢筋混凝土单梁设计用现浇 C25 混凝土，试确定此单梁基价。

（3）用标准砖(240mm×115mm×53mm)砌一砖厚墙，求 1m³ 的一砖墙中标准砖、砂浆的净用量。

（4）5 吨载重汽车的成交价为 75000 元，购置附加税税率为 10%，运杂费为 2000 元，残值率为 3%，耐用总台班为 2000 个，不计时间价值系数，试计算台班折旧费。若一次大修理费为 8700 元，大修理周期为 4 个，试计算台班大修理费。经测算 5 吨载重汽车的台班经常修理费系数为 5.41，按计算出的 5 吨载重汽车大修理费和计算方式，计算台班经常修理费。

（5）根据表 4-6 中所给数据计算某地区某种规格地砖的材料预算单价。

表 4-6 普通地砖的基础数据表

供应厂家	供应量/块	出厂价/(元/块)	运距/km	运价/[元/(t·km)]	容重/(kg/块)	装卸费/(元/t)	采保费率/(%)	运输损耗费率/(%)
A 厂	1800	110	15	0.75				
B 厂	2000	112	10	0.80	2.2	2.5	2.5	1
C 厂	1600	115	8	1.00				

第**5**章
工程量清单计价方法

教学目标

本章主要介绍工程量清单计价的程序和方法。通过学习本章，应达到以下目标。

(1) 了解工程量清单计价依据。

(2) 掌握工程量清单的费用构成及计价程序。

(3) 掌握招标控制价和投标报价的编制。

教学要求

知识要点	能力要求	相关知识
工程量清单计价的基本概念	(1) 理解关于工程量清单计价的几个概念 (2) 掌握工程量清单计价的步骤	(1) 计价规范关于清单计价的一般规定 (2) 综合单价、招标控制价、投标报价
工程量清单的费用构成及计价程序	(1) 掌握工程量清单的费用构成 (2) 掌握工程量清单的计价程序	(1)《建筑安装工程费用项目组成》（建标〔2013〕44号 (2)《湖北省建筑安装工程费用定额》（2013版）
招标控制价与投标报价的编制	(1) 掌握招标控制价的编制 (2) 掌握投标报价的编制	(1) 计价规范关于招标控制价的规定 (2) 计价规范关于投标报价的规定

基本概念

工程量清单计价、招标控制价、投标报价、分部分项工程费、单价措施项目费、总价措施项目费、其他项目费、规费与税金

引例

一栋建筑物，若要计算出其土建部分的招标控制价或投标报价，我们首先就要计算出该栋建筑物从土石方工程、桩与地基基础工程、砌筑工程、混凝土及钢筋混凝土工程、屋面及防水工程到装饰工程等工程的清单工程量，然后核算清单工程量，按定额计算规则计算出计价工程量，计算综合单价，计算分

部分项工程费与单价措施项目费，再根据取费定额计算出总价措施项目费、其他项目费、规费与税金，最后得到整个工程的造价。

5.1 工程量清单计价基本概念

5.1.1 概述

工程量清单计价法，是指在建设工程招标投标中，招标人按照国家统一的《建设工程工程量清单计价规范》（GB 50500—2013），提供工程数量清单，由投标人依据工程量清单计算所需的全部费用，包括分部分项工程费、措施项目费、其他项目费、规费和税金，自主报价，并按照经评审合理低价中标的工程造价计价模式。简言之，工程量清单计价法是建设工程在招标投标中，招标人（或委托具有相应资质的造价公司）编制反映工程实体消耗和措施消耗的工程量清单，作为招标文件的一部分提供给投标人，由投标人依据工程量清单自主报价的计价方式。

工程量清单计价步骤如下。

（1）研究招标文件、熟悉工程量清单。

（2）核算工程数量、分析项目特征、编制综合单价、计算分部分项工程费用。

（3）确定措施清单内容、计算措施项目费用。

（4）计算其他项目费用、规费和税金。

（5）汇总各项费用、复核调整确认。

5.1.2 一般规定

《建设工程工程量清单计价规范》（以下简称《计价规范》）（GB 50500—2013）规定了工程建设项目发承包所应采取的计价方式。

《计价规范》3.1.1条规定：使用国有资金投资的建设工程发承包，必须采用工程量清单计价。

所谓国有资金（含国家融资资金）的工程建设项目是指国有资金占投资总额50％以上，或虽不足50％但国有投资者实质上拥有控股权的工程建设项目。

根据国家计委第3号令《工程建设项目招标范围和规模标准规定》，有如下规定。

（1）使用国有资金投资项目的范围包括：

① 使用各级财政预算资金的项目；

② 使用纳入财政管理的各种政府性专项建设基金的项目；

③ 使用国有企事业单位自有资金，并且国有资产投资者实际拥有控股权的项目。

（2）国家融资项目的范围包括：

① 使用国家发行债券所筹集资金的项目；

② 使用国家对外借款或者担保所筹资金的项目；

③ 使用国家政策性贷款的项目；

④ 国家授权投资主体融资的项目；

⑤ 国家特许的融资项目。

《计价规范》3.1.2条规定：非国有资金投资的建设工程，宜采用工程量清单计价。

《计价规范》3.1.3条规定：不采用工程量清单计价的建设工程，应执行本规范除工程量清单等专门性规定外的其他规定。

对于不采用工程量清单计价方式的工程建设项目，除工程量清单等专门性规定外，本规范的其他条文仍应执行。

《计价规范》3.1.4条规定：工程量清单应采用综合单价计价。

本条规定了工程量清单采用综合单价法计价。采用综合单价法进行工程量清单计价时，综合单价是指完成一个规定清单项目所需的人工费、材料和工程设备费、施工机具使用费和企业管理费、利润及一定范围内的风险费用。综合单价包括除规费和税金以外的全部费用。

综合单价＝人工费＋材料和工程设备费＋施工机具使用费＋企业管理费＋利润＋由投标人承担的风险费用

《计价规范》3.1.5条规定：措施项目中的安全文明施工费必须按国家或省级、行业建设主管部门的规定计算，不得作为竞争性费用。

本条规定了安全文明施工费的计算原则。

（1）遵照相关法律、法规，将安全文明施工费纳入国家强制性管理范围，规定："投标方安全防护、文明施工措施的报价，不得低于依据工程所在地工程造价管理机构测定费率计算所需费用总额的90％。"还规定："建筑施工企业提取的安全费用列入工程造价，在竞标时，不得删减。"

（2）考虑到安全生产、文明施工的管理与要求越来越高，本规范规定措施项目清单中的安全文明施工费必须按国家或省级、行业建设主管部门的规定费用标准计算，招标人不得要求投标人对该项目费用进行优惠，投标人也不得将此项费用参与市场竞争。

《计价规范》3.1.6条规定：规费和税金必须按国家或省级、行业建设主管部门的规定计算，不得作为竞争性费用。

规费和税金都是工程造价的组成部分，但其费用内容和计取标准都不是发承包人能自主确定的，更不是由市场竞争决定的。在工程造价计价时，规费和税金必须按国家或省级、行业建设主管部门的有关规定计算，不得作为竞争性费用。

5.1.3 招标控制价

招标控制价是指招标人根据国家或省级、行业建设主管部门颁发的有关计价依据和办法，以及拟定的招标文件和招标工程量清单，结合工程具体情况编制的招标工程的最高投标限价。

招标控制价应根据下列依据编制与复核。

（1）计价规范。

（2）国家或省级、行业建设主管部门颁发的计价定额和计价办法。

（3）建设工程设计文件及相关资料。

（4）拟定的招标文件及招标工程量清单。

（5）与建设项目相关的标准、规范、技术资料。

（6）施工现场情况、工程特点及常规施工方案。

（7）工程造价管理机构发布的工程造价信息；当工程造价信息没有发布时，参照市场价。

（8）其他的相关资料。

5.1.4 投标报价

投标价是指投标人投标时响应招标文件要求所报出的对已标价工程量清单汇总后标明的总价。

投标报价应根据下列依据编制和复核。

（1）计价规范。

（2）国家或省级、行业建设主管部门颁发的计价办法。

（3）企业定额，国家或省级、行业建设主管部门颁发的计价定额和计价办法。

（4）招标文件、招标工程量清单及其补充通知、答疑纪要。

（5）建设工程设计文件及相关资料。

（6）施工现场情况、工程特点及投标时拟定的施工组织设计或施工方案。

（7）与建设项目相关的标准、规范等技术资料。

（8）市场价格信息或工程造价管理机构发布的工程造价信息。

（9）其他的相关资料。

5.2 工程量清单的费用构成

根据工程量清单计价的特点，工程量清单的费用构成由分部分项工程费、措施项目费、其他项目费、规费、税金组成，分部分项工程费、措施项目费、其他项目费包含人工费、材料费、施工机具使用费、企业管理费和利润（图5.1）。

1. 分部分项工程费

分部分项工程费：是指各专业工程的分部分项工程应予列支的各项费用。

（1）专业工程：是指按现行国家计量规范划分的房屋建筑与装饰工程、仿古建筑工程、通用安装工程、市政工程、园林绿化工程、矿山工程、构筑物工程、城市轨道交通工程、爆破工程等各类工程。

（2）分部分项工程：指按现行国家计量规范对各专业工程划分的项目，是分部工程和分项工程的总称。如房屋建筑与装饰工程划分的土石方工程、地基处理与桩基工程、砌筑工程、钢筋及钢筋混凝土工程等。

各类专业工程的分部分项工程划分见现行国家或行业计量规范。

分部分项工程费＝∑（分部分项工程量×综合单价）

式中：综合单价包括人工费、材料费、施工机具使用费、企业管理费和利润，以及一定范围的风险费用。

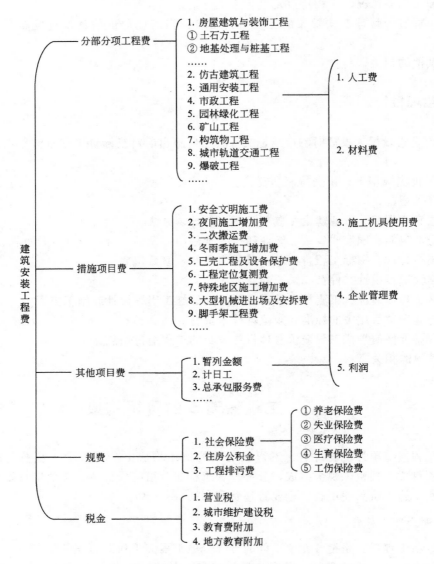

图 5.1　工程量清单费用构成

2. 措施项目费

措施项目费：是指为完成工程项目施工，发生于该工程施工准备和施工过程中的技术、生活、安全、环境保护等方面的费用。

（1）安全文明施工费。

① 环境保护费：是指施工现场为达到环保部门要求所需要的各项费用。

② 文明施工费：是指施工现场文明施工所需要的各项费用。

③ 安全施工费：是指施工现场安全施工所需要的各项费用。

④ 临时设施费：是指施工企业为进行建设工程施工所必须搭设的生活和生产用的临时建筑物、构筑物和其他临时设施费用，包括临时设施的搭设、维修、拆除、清理费或摊

销费等。

（2）夜间施工增加费：是指因夜间施工所发生的夜班补助费、夜间施工降效、夜间施工照明设备摊销及照明用电等费用。

（3）二次搬运费：是指因施工场地条件限制而发生的材料、构配件、半成品等一次运输不能到达堆放地点，必须进行二次或多次搬运所发生的费用。

（4）冬雨季施工增加费：是指在冬季或雨季施工需增加的临时设施、防滑、排除雨雪，人工及施工机械效率降低等费用。

（5）已完工程及设备保护费：是指竣工验收前，对已完工程及设备采取的必要保护措施所发生的费用。

（6）工程定位复测费：是指工程施工过程中进行全部施工测量放线和复测工作的费用。

（7）特殊地区施工增加费：是指工程在沙漠或其边缘地区、高海拔、高寒、原始森林等特殊地区施工增加的费用。

（8）大型机械设备进出场及安拆费：是指机械整体或分体自停放场地运至施工现场或由一个施工地点运至另一个施工地点，所发生的机械进出场运输及转移费用，以及机械在施工现场进行安装、拆卸所需的人工费、材料费、机械费、试运转费和安装所需的辅助设施的费用。

（9）脚手架工程费：是指施工需要的各种脚手架搭、拆、运输费用，以及脚手架购置费的摊销（或租赁）费用。

3. 其他项目费

（1）暂列金额：是指建设单位在工程量清单中暂定并包括在工程合同价款中的一笔款项。用于施工合同签订时尚未确定或者不可预见的所需材料、工程设备、服务的采购，施工中可能发生的工程变更、合同约定调整因素出现时的工程价款调整，以及发生的索赔、现场签证确认等的费用。

暂列金额由建设单位根据工程特点，按有关计价规定估算，施工过程中由建设单位掌握使用、扣除合同价款调整后如有余额，归建设单位。

（2）暂估价：是指招标人在工程量清单中提供的用于支付必然发生但暂时不能确定价格的材料的单价以及专业工程的金额。

暂估价分为材料暂估价、工程设备暂估单价、专业工程暂估金额。

（3）计日工：是指在施工过程中，施工企业完成建设单位提出的施工图样以外的零星项目或工作所需的费用。按合同中约定单价计算的费用。

计日工由建设单位和施工企业按施工过程中的签证计价。

（4）总承包服务费：是指总承包人为配合、协调建设单位进行的专业工程发包，对建设单位自行采购的材料、工程设备等进行保管，以及施工现场管理、竣工资料汇总整理等服务所需的费用。

总承包服务费由建设单位在招标控制价中根据总包服务范围和有关计价规定编制，施工企业投标时自主报价，施工过程中按签约合同价执行。

4. 规费

规费：是指按国家法律、法规规定，由省级政府和省级有关权力部门规定必须缴纳或计取的费用，包括社会保险费（由养老保险费、失业保险费、医疗保险费、生育保险费和工伤保险费组成）、住房公积金和工程排污费。

5. 税金

税金：是指国家税法规定的应计入建筑安装工程造价内的营业税、城市维护建设税、教育费附加以及地方教育附加。其他应列而未列入的规费，按实际发生计取。若实行营业税改增值税时，按纳税地点调整的税率另行计算。

建设单位和施工企业均应按照省、自治区、直辖市或行业建设主管部门发布标准计算规费和税金，不得作为竞争性费用。

5.3 计价程序

目前，我国各省、市、自治区工程造价管理部门一般会结合本地区实际情况编制本地区的建筑安装工程费用定额，为计取建设工程价格提供计价依据，各省、市建设工程计价费率标准各有差异，但费用项目组成在本质上是相同的。

下面将根据 2013 版《湖北省建筑安装工程费用定额》的相关规定，以湖北省的计价程序为例具体介绍。《湖北省建筑安装工程费用定额》（2013 版）适用于湖北省境内房屋建筑工程、装饰工程、通用安装工程、市政工程、园林绿化工程、土石方工程施工发承包及实施阶段的计价活动，本定额适用于工程量清单计价和定额计价。

房屋建筑工程：适用于工业与民用临时性和永久性的建筑物（含构筑物），包括各种房屋、设备基础、钢筋混凝土、砖石砌筑、木结构、钢结构及零星金属构件、烟囱、水塔、水池、围墙、挡土墙、化粪池、窨井、室内外管道沟砌筑等。

装饰工程：适用于新建、扩建和改建工程的建筑装饰装修，包括楼地面工程、墙柱面装饰工程、天棚装饰工程、门窗和幕墙工程及油漆、涂料、裱糊工程等。

土石方工程：适用于各专业工程的土石方工程。

各专业工程的计费基础：以人工费与施工机具使用费之和为计费基数。

5.3.1 费率标准

措施项目费分为单价措施项目费和总价措施项目费。

1. 单价措施项目费

单价措施项目内容详见现行国家各专业工程工程量计算规范。国家计量规范规定应予计量的措施项目，其计算公式为：

$$措施项目费 = \sum（措施项目工程量 \times 综合单价）$$

2. 总价措施项目费

总价措施项目费中的安全文明施工费、规费和税金是不可竞争性费用，应按规定计取。

1) 安全文明施工费

安全文明施工费＝计算基数×安全文明施工费费率(%)

安全文明施工费费率见表 5-1。

表 5-1 安全文明施工费费率表 单位:%

专业		房屋建筑工程			装饰工程	通用安装工程	土石方工程	市政工程	园林绿化工程
建筑划分		12 层以下(或檐高≤40m)	12 层以上(或檐高>40m)	工业厂房					
计费基数		人工费＋施工机具使用费							
费率		13.28	12.51	10.68	5.81	9.05	3.46	—	—
其中	安全施工费	7.2	7.41	4.94	3.29	3.57	1.06	—	—
	文明施工费	3.68	2.47	3.19	1.29	1.97	1.44	—	—
	环境保护费								
	临时设施费	2.4	2.63	2.55	1.23	3.51	0.96	—	—

2) 其他总价措施项目费

(1) 夜间施工增加费。

夜间施工增加费＝计算基数×夜间施工增加费费率(%)

(2) 二次搬运费。

二次搬运费＝计算基数×二次搬运费费率(%)

(3) 冬雨季施工增加费。

冬雨季施工增加费＝计算基数×冬雨季施工增加费费率(%)

(4) 工程定位复测费。

工程定位复测费＝计算基数×工程定位复测费费率(%)

其他总价措施项目费费率见表 5-2。

表 5-2 其他总价措施项目费费率表 单位:%

计费基数		人工费＋施工机具使用费
费率		0.65
其中	夜间施工增加费	0.15
	二次搬运费	按施工组织设计
	冬雨季施工增加费	0.37
	工程定位复测费	0.13

3. 企业管理费

企业管理费费率见表 5-3。

表 5-3　企业管理费费率表　　　　单位:%

专业	房屋建筑工程	装饰工程	通用安装工程	土石方工程	市政工程	园林绿化工程
计费基数	人工费＋施工机具使用费					
费率	23.84	13.47	17.5	7.6	—	—

4. 利润

利润率见表 5-4。

表 5-4　利润率表　　　　单位:%

专业	房屋建筑工程	装饰工程	通用安装工程	土石方工程	市政工程	园林绿化工程
计费基数	人工费＋施工机具使用费					
费率	18.17	15.8	14.91	4.96	—	—

5. 规费

规费费率见表 5-5。

表 5-5　规费费率表　　　　单位:%

专业		房屋建筑工程	装饰工程	通用安装工程	土石方工程	市政工程	园林绿化工程
计费基数		人工费＋施工机具使用费					
费率		24.72	10.95	11.66	6.11	—	—
社会保险费		18.49	8.18	8.71	4.57	—	—
其中	养老保险费	11.68	5.26	5.6	2.89	—	—
	失业保险费	1.17	0.52	0.56	0.29	—	—
	医疗保险费	3.7	1.54	1.64	0.91	—	—
	工伤保险费	1.36	0.61	0.65	0.34	—	—
	生育保险费	0.58	0.25	0.26	0.14	—	—
住房公积金		4.87	2.06	2.2	1.2	—	—
工程排污费		1.36	0.71	0.75	0.34	—	—

6. 税金

税金费率见表 5-6。

表 5 - 6 税金费率表   单位:%

纳税人地区	纳税人所在地在市区	纳税人所在地在县城、镇	纳税人所在地不在市区、县城或镇
计税基数	不含税工程造价		
综合税率	3.48	3.41	3.28

注:1. 不分国营或集体企业,均以工程所在地税率计取。

2. 企事业单位所属的建筑修缮单位,承包本单位建筑、安装和修缮业务不计取税金(本单位的范围只限于从事建筑安装和修缮业务的企业单位本身,不能扩大到本部门各个企业之间或总分支机构之间)。

3. 建筑安装企业承包工程实行分包形式的,税金由总承包单位统一缴纳。

5.3.2 计算程序

1. 分部分项工程及单价措施项目综合单价计算程序 (表 5 - 7)

表 5 - 7 综合单价计算程序表

序号	费用项目	计算方法
1	人工费	Σ(人工费)
2	材料费	Σ(材料费)
3	施工机具使用费	Σ(施工机具使用费)
4	企业管理费	(1+3)×费率
5	利润	(1+3)×费率
6	风险因素	按招标文件或约定
7	综合单价	1+2+3+4+5+6

【例 5.1】 某多层砖混住宅土方工程,土壤类别为三类土,砖基础大放脚带形基础,垫层宽度为920mm,挖土深度为1.8m,基础总长度为1590.6m。根据施工方案,土方开挖的工作面宽度各边0.25m,放坡系数为0.3。除沟边堆土1000m³外,现场堆土2170.5m³,运距60m,采用人工运输。其余土方需装载机装,自卸汽车运,运距4km。已知人工挖沟槽土方单价为20.29元/m³,人工运土单价18.80元/m³,装载机装、自卸汽车运土需使用机械有装载机(620元/台班,0.00259台班/m³)、自卸汽车(666元/台班,0.01933台班/m³)、推土机(839元/台班,0.00294台班/m³)和洒水车(400元/台班,0.0006台班/m³)。另外,装载机装、自卸汽车运土需用工(60元/工日,0.006工日/m³)、用水(水3.15元/m³,每1m³土方需耗水0.012m³)。试根据建筑工程量清单计算规则计算土方工程的综合单价(不含措施费、规费和税金),其中管理费取人工费和机械费之和的7.6%,利润取人工费和机械费之和的4.96%。

解:(1)招标人根据清单规则计算的挖方量为:

$$0.92×1.8×1590.6=2634.0(m^3)$$

(2)投标人根据地质资料和施工方案计算挖土方量和运土方量。

① 需挖土方量。

工作面宽度各边为0.25m,放坡系数为0.3,则基础挖土方总量为:

$$(0.92+2\times0.25+0.3\times1.8)\times1.8\times1590.6=5611.6(\text{m}^3)$$

② 运土方量。

沟边堆土 1000m³；现场堆土 2170.5m³，运距 60m，采用人工运输；装载机装，自卸汽车运，运距 4km，运土方量为：

$$5611.6-1000-2170.5=2441.1（\text{m}^3）$$

（3）人工挖土。

人工费：$5611.6\times20.29=113859.36(\text{元})$

（4）人工运土（60m 内）。

人工费：$2170.5\times18.8=40805.40(\text{元})$

（5）装载机装自卸汽车运土（4km）。

① 人工费：$60\times0.006\times2441.1=878.80(\text{元})$

人工单价$=60\times0.006=0.36(\text{元/m}^3)$

② 材料费：

水：$3.15\times0.012\times2441.1=92.27(\text{元})$

材料单价$=3.15\times0.012=0.04(\text{元/m}^3)$

③ 机械费：

装载机：$620\times0.00259\times2441.1=3919.92(\text{元})$

自卸汽车：$666\times0.01933\times2441.1=31426.18(\text{元})$

推土机：$839\times0.00294\times2441.1=6021.36(\text{元})$

洒水车：$400\times0.0006\times2441.1=585.86(\text{元})$

机械费小计：$41953.32(\text{元})$

机械费单价$=620\times0.00259+666\times0.01933+839\times0.00294+400\times0.0006=17.19(\text{元/m}^3)$

④ 装载机装自卸汽车运土费合计＝人工费＋材料费＋机械费

$=878.80+92.27+41953.32=42924.39(\text{元})$

（6）综合单价计算。

① 分部分项人工费和机械费之和。

$$113859.36+40805.40+878.80+41953.32=197496.88(\text{元})$$

② 管理费。

$$（人工费＋机械费）\times7.6\%=197496.88\times7.6\%=15009.76(\text{元})$$

③ 利润。

$$（人工费＋机械费）\times4.96\%=197496.88\times4.96\%=9795.85(\text{元})$$

④ 总计：$197496.88+92.27+15009.76+9795.85=222394.76(\text{元})$

⑤ 综合单价。

按招标人提供的土方挖方总量折算为工程量清单综合单价：

$$222394.76/2634.0=84.43(\text{元/m}^3)$$

（7）综合单价分析。

① 人工挖土方。

单位清单工程量$=5611.6/2634.0=2.1304(\text{m}^3/\text{m}^3)$

管理费$=20.29\times7.6\%=1.54(\text{元/m}^3)$

利润$=20.29\times4.96\%=1.01(\text{元/m}^3)$

管理费及利润＝1.54＋1.01＝2.55(元/m³)

② 人工运土方。

$$单位清单工程量＝2170.5/2634.0＝0.8240(m³/m³)$$

$$管理费＝18.8×7.6\%＝1.43(元/m³)$$

$$利润＝18.8×4.96\%＝0.93(元/m³)$$

$$管理费及利润＝1.43＋0.93＝2.36(元/m³)$$

③ 装载机自卸汽车运土方。

$$单位清单工程量＝2441.1/2634.0＝0.9268(m³/m³)$$

$$人工费＋机械费＝0.36＋17.19＝17.55(元/m³)$$

$$管理费＝17.55×7.6\%＝1.33(元/m³)$$

$$利润＝17.55×4.96\%＝0.87(元/m³)$$

$$管理费及利润＝1.33＋0.87＝2.20(元/m³)$$

本工程分部分项工程量清单与计价表见表5-8。

表5-8　分部分项工程量清单与计价表

工程名称：某多层砖混住宅工程　　　　　　　　标段：　　　　　　　　　第　页　共　页

序号	项目编码	项目名称	项目特征描述	计量单位	工程量	金额/元		
						综合单价	合价	其中：暂估价
	010101003001	挖沟槽土方	土壤类别：三类土挖土深度：1.8m 场内弃土距离：60m 场外弃土距离：4km	m³	2634.0	84.43	222395.61	
			本页小计					
			合计					

本工程工程量清单综合单价分析见表5-9。

表5-9　工程量清单综合单价分析表

工程名称：某多层砖混住宅工程　　　　　　　　标段：　　　　　　　　　第　页　共　页

项目编码	010101003001		项目名称	挖基础土方	计量单位	m³	工程量	2634.0

清单综合单价组成明细

定额编号	定额名称	定额单位	数量	单价				合价			
				人工费	材料费	机械费	管理费和利润	人工费	材料费	机械费	管理费和利润
	人工挖土	m³	2.1304	20.29			2.55	43.23			5.43
	人工运土	m³	0.8240	18.80			2.36	15.49			1.95
	装载机装、自卸汽车运土方	m³	0.9268	0.36	0.04	17.19	2.20	0.33	0.04	15.93	2.04

（续）

定额编号	定额名称	定额单位	数量	单价				合价			
				人工费	材料费	机械费	管理费和利润	人工费	材料费	机械费	管理费和利润
人工单价				小计				59.05	0.04	15.93	9.4
60元/工日				未计价材料费							
清单项目综合单价								84.42			

材料费明细	主要材料名称、规格、型号	单位	数量	单价/元	合价/元	暂估单价/元	暂估合价/元
	水	m³	0.012	3.15	0.04		
	其他材料费			—		—	
	材料费小计			—	0.04	—	

2. 总价措施项目费计算程序（表5-10）

表5-10 总价措施项目费计算程序表

序号	费用项目		计算方法
1	分部分项工程费		Σ（分部分项工程费）
1.1	其中	人工费	Σ（人工费）
1.2		施工机具使用费	Σ（施工机具使用费）
2	单价措施项目费		Σ（单价措施项目费）
2.1	其中	人工费	Σ（人工费）
2.2		施工机具使用费	Σ（施工机具使用费）
3	总价措施项目费		3.1+3.2
3.1	安全文明施工费		(1.1+1.2+2.1+2.2)×费率
3.2	其他总价措施项目费		(1.1+1.2+2.1+2.2)×费率

3. 其他项目费计算程序（表5-11）

表5-11 其他项目费计算程序表

序号	费用项目		计算方法
1	暂列金额		按招标文件
2	暂估价		2.1+2.2
2.1	其中	材料暂估价/结算价	Σ（材料暂估价×暂估数量）/Σ（材料结算价×计算数量）
2.2		专业工程暂估价/结算价	按招标文件/结算价
3	计日工		3.1+3.2+3.3+3.4+3.5

（续）

序号	费用项目		计算方法
3.1	其中	人工费	$\sum$（人工价格×暂定数量）
3.2		材料费	$\sum$（材料价格×暂定数量）
3.3		施工机具使用费	$\sum$（机械台班价格×暂定数量）
3.4		企业管理费	（3.1＋3.3）×费率
3.5		利润	（3.1＋3.3）×费率
4	总包服务费		4.1＋4.2
4.1	其中	发包人发包专业工程	$\sum$（项目价值×费率）
4.2		发包人提供材料	$\sum$（项目价值×费率）
5	索赔与现场签证		$\sum$（价格×数量）/$\sum$费用
6	其他项目费		1＋2＋3＋4＋5

总承包服务费应依据招标人在招标文件中列出的分包专业工程内容和供应材料、设备情况，按照招标人提出的协调、配合和服务要求及施工现场管理需要自主确定，也可参照下列标准计算。

（1）招标人仅要求对分包的专业工程进行总承包管理和协调时，按分包的专业工程造价的1.5%计算。

（2）招标人要求对分包的专业工程进行总承包管理和协调，并同时要求提供配合服务时，根据招标文件中列出的配合服务内容和提出的要求，按分包的专业工程造价的3%～5%计算。配合服务的内容包括：对分包单位的管理、协调和施工配合等费用；施工现场水电设施、管线敷设的摊销费用；共用脚手架搭拆的摊销费用；共用垂直运输设备，加压设备的使用、折旧、维修费用等。

（3）招标人自行供应材料、工程设备的，按招标人供应材料、工程设备价值的1%计算。

4. 单位工程造价计算程序（表5-12）

表5-12 单位工程造价计算程序表

序号	费用项目		计算方法
1	分部分项工程费		$\sum$（分部分项工程费）
1.1	其中	人工费	$\sum$（人工费）
1.2		施工机具使用费	$\sum$（施工机具使用费）
2	单价措施项目费		$\sum$（单价措施项目费）
2.1	其中	人工费	$\sum$（人工费）
2.2		施工机具使用费	$\sum$（施工机具使用费）
3	总价措施项目费		$\sum$（总价措施项目费）

（续）

序号	费用项目		计算方法
4	其他项目费		$\sum$（其他项目费）
4.1	其中	人工费	$\sum$（人工费）
4.2		施工机具使用费	$\sum$（施工机具使用费）
5	规费		（1.1＋1.2＋2.1＋2.2＋4.1＋4.2）×费率
6	税金		（1＋2＋3＋4＋5）×费率
7	含税工程造价		1＋2＋3＋4＋5＋6

5.3.3 工程计价表格

（1）工程计价表宜采用统一格式。各省、自治区、直辖市建设行政主管部门和行业建设主管部门可根据本地区、本行业的实际情况，在《计价规范》附录 B 至附录 L 计价表格的基础上补充完善。

（2）工程计价表格的设置应满足工程计价的需要，方便使用。

（3）招标控制价、投标报价的编制应符合下列规定。

① 使用表格（详见《计价规范》附录 B 至附录 L）

a. 招标控制价使用表格包括：封-2、扉-2、表-01、表-02、表-03、表-04、表-08、表-09、表-11、表-12（不含表-12-6～表-12-8）、表-13、表-20、表-21 或表-22。

b. 投标报价使用的表格包括：封-3、扉-3、表-01、表-02、表-03、表-04、表-08、表-09、表-11、表-12（不含表-12-6～表-12-8）、表-13、表-16、招标文件提供的表-20、表-21 或表-22。

② 扉页应按规定的内容填写、签字、盖章。除承包人自行编制的投标报价和竣工结算外，受委托编制的招标控制价、投标报价、竣工结算，由造价员编制的应有负责审核的造价工程师签字、盖章以及工造价咨询人盖章。

③ 总说明应按下列内容填写。

a. 工程概况：建设规模、工程特征、计划工期、合同工期、实际工期、施工现场及变化情况、施工组织设计的特点、自然地理条件、环境保护要求等。

b. 编制依据等。

④ 投标人应按招标文件的要求，附工程量清单综合单价分析表。

5.4 招标控制价的编制

5.4.1 一般规定

招标控制价也称"拦标价"或"预算控制价"，是招标人根据《建设工程工程量清单计价规范》计算的招标工程的工程造价，是国家或业主对招标工程发包的最高投标限价。

招标控制价不同于"标底"，无须保密。为体现招标的公开、公正，防止招标人有意抬高或压低工程造价，招标控制价应在招标时公布，不应上调或下浮，并应将招标控制价及有关资料报送工程所在地工程造价管理机构备查。

（1）国有资金投资的建设工程招标，招标人必须编制招标控制价。

（2）招标控制价应由具有编制能力的招标人或受其委托具有相应资质的工程造价咨询人编制和复核。

（3）工程造价咨询人接受招标人委托编制招标控制价，不得再就同一工程接受投标人委托编制投标报价。

（4）招标控制价应按照《建设工程工程量清单计价规范》（GB 50500—2013）招标控制价编制与复核依据的规定编制，不应上调或下浮。

（5）当招标控制价超过批准的概算时，招标人应将其报原概算审批部门审核。

（6）招标人应在发布招标文件时公布招标控制价，同时应将招标控制价及有关资料报送工程所在地或有该工程管辖权的行业管理部门工程造价管理机构备查。

（7）综合单价中应包括招标文件中划分的应由投标人承担的风险范围及其费用。招标文件中没有明确的，如是工程造价咨询人编制，应提请招标人明确；如是招标人编制，应予明确。

（8）分部分项工程和措施项目中的单价项目，应根据拟定的招标文件和招标工程量清单项目中的特征描述及有关要求确定综合单价计算。

（9）措施项目中的总价项目应根据拟定的招标文件和常规施工方案按《计价规范》的规定计价。

（10）其他项目应按下列规定计价。

① 暂列金额应按招标工程量清单中列出的金额填写。

② 暂估价中的材料、工程设备单价应按招标工程量清单中列出的单价计入综合单价。

③ 暂估价中的专业工程金额应按招标工程量清单中列出的金额填写。

④ 计日工应按招标工程量清单中列出的项目根据工程特点和有关计价依据确定综合单价计算。

⑤ 总承包服务费应根据招标工程量清单列出的内容和要求估算。

5.4.2 招标控制价的编制方法

招标控制价的编制内容包括分部分项工程费、措施项目费、其他项目费、规费和税金，各个部分有不同的计价要求。

1. 分部分项工程费的确定

招标控制价的分部分项工程费应由各单位工程的招标工程量清单乘以相应综合单价汇总而成。综合单价是指完成一个规定清单项目所需的人工费、材料和工程设备费、施工机具使用费、企业管理费、利润，以及一定范围内的风险费用。风险费用是指隐含于已标价工程量清单综合单价中，用于化解发承包双方在工程合同中约定内容和范围内的市场价格波动风险的费用。即：

综合单价＝人工费＋材料和工程设备费＋施工机具使用费＋企业管理费＋利润＋风险费

$$企业管理费＝（人工费＋施工机具使用费）×管理费率$$
$$利润＝（人工费＋施工机具使用费）×利润率$$
$$分部分项工程费＝\sum 分部分项工程量×分部分项工程综合单价$$

确定分部分项工程费时，工程量依据招标文件中提供的分部分项工程量清单确定，对招标文件中提供了暂估单价的材料，应按暂估的单价计入综合单价，为使招标控制价与投标报价所包含的内容一致，综合单价应当包括招标文件中招标人要求投标人所承担的风险内容及其范围（幅度）产生的风险费用。

1）综合单价的组价

首先，依据提供的施工图样、工程量清单项目名称和项目特征及工作内容，按照工程所在地区颁发的计价定额的规定，确定所组价的定额项目名称，并计算出相应的计价工程量；其次，依据工程造价政策规定或工程造价信息确定其人工、材料和工程设备、机械台班单价；同时，按照有关费用取费标准在考虑风险因素确定管理费率和利润率的基础上，按规定程序计算出所组价定额项目的合价，然后将若干项所组价的定额项目合价相加除以工程量清单项目工程量，便得到工程量清单项目综合单价，对于未计价材料（包括暂估单价的材料费）应计入综合单价。

$$定额项目合价＝计价工程量×\big[\sum（定额人工消耗量×人工单价）＋\sum（定额材料或工程设备消耗量×材料或工程设备单价）＋\sum（定额机械台班消耗量×机械台班单价）＋管理费、利润和风险费\big]$$

$$工程量清单综合单价＝\frac{\sum（定额项目合价）＋未计价材料}{工程量清单项目工程量}$$

2）确定综合单价应考虑的因素

编制招标控制价在确定其综合单价时，应考虑一定范围内的风险因素。在招标文件中应通过预留一定的风险费用，或明确说明风险所包含的范围及超出该范围的价格调整方法。对于招标文件中未做要求的可按以下原则确定。

① 对于技术难度较大和管理复杂的项目，可考虑一定的风险费用，并纳入综合单价中。

② 对于工程设备、材料价格的市场风险，应依据招标文件的规定，工程所在地或行业工程造价管理机构的有关规定，以及市场价格趋势考虑一定率值的风险费用，纳入综合单价中。

③ 税金、规费等法律、法规、规章和政策变化的风险和人工单价等风险费用不应纳入综合单价。

招标工程发布的分部分项工程量清单对应的综合单价，应依据招标人发布的分部分项工程量清单的项目名称、工程量、项目特征描述，依据工程所在地区颁发的计价定额和人工、材料、机械台班价格信息等进行组价确定，并应编制工程量清单综合单价分析表。

2. 措施项目费的确定

措施项目清单分为单价措施项目清单和总价措施项目清单两种。措施项目清单计价根据拟建工程的施工组织设计，对单价措施项目清单，应按分部分项工程量清单的方式采用综合单价计价，对总价措施项目清单，应按有关规定确定计算基数和费率的方法综合取定，结果应是包括除规费、税金外的全部费用。措施项目清单中的安全文明施工费应当按照国家或省级、行业建设主管部门的规定标准计算，该部分不得作为竞争性费用。

$$单价措施项目费＝\sum 单价措施项目工程量 \times 单价措施项目综合单价$$

$$总价措施项目费＝\sum 总价措施项目计算基数 \times 费率$$

3. 其他项目费的确定

其他项目费由暂列金额、暂估价、计日工、总承包服务费等内容构成。

（1）暂列金额。暂列金额应按招标工程量清单中列出的金额填写；如招标工程量清单未列出金额，可根据工程的复杂程度、设计深度、工程环境条件（包括地质、水文、气候条件等）进行估算，一般可按分部分项工程费的 10%～15% 为参考。

（2）暂估价。暂估价中的材料、工程设备暂估单价应按招标工程量清单中列出的单价填写，并计入综合单价中；如招标工程量清单未列出单价，应按照工程造价管理机构发布的工程造价信息确定，工程造价信息未发布的，其单价参照市场价格确定。暂估价中的专业工程金额应按招标工程量清单中列出的金额填写；如招标工程量清单未列出金额，专业工程暂估价应分不同专业，按有关计价规定估算。

（3）计日工。在编制招标控制价时，对计日工中的人工单价和施工机械台班单价应按省级、行业建设主管部门或其授权的工程造价管理机构公布的单价计算；材料单价应按工程造价管理机构发布的工程造价信息中的材料单价计算，工程造价信息未发布单价的材料，其价格应按市场调查确定的单价计算。

（4）总承包服务费。总承包服务费应按照省级或行业建设主管部门的规定计算，编制招标控制价时，应根据招标文件列出的内容和向总承包人提出的要求参照下列标准计算。

① 当招标人仅要求总包人对其发包的专业工程进行施工现场协调和统一管理、对竣工资料进行统一汇总整理等服务时，总承包服务费按发包的专业工程估算造价的 1.5% 左右计算。

② 当招标人要求总包人对其发包的专业工程既进行总承包管理和协调，又要求提供相应配合服务时，总承包服务费根据招标文件列出的配合服务内容，按发包的专业工程估算造价的 3%～5% 计算。

③ 招标人自行供应材料、设备的，按招标人供应材料、设备价值的 1% 计算。

4. 规费和税金的确定

规费和税金应按国家或省级、行业建设主管部门规定的标准计算，不得作为竞争性费用。

每一项规费和税金的规定文件中，对其计算方法都有明确的说明，故可以按各项法规和规定的计算方式计取。具体计算时，一般按国家及有关部门规定的计算公式和费率标准进行计算。

5. 招标控制价的计价程序

招标控制价的计价方法如上所述，其计价程序见表 5-13。表中计费基数是以 2013 版《湖北省建筑安装工程费用定额》为依据。

表 5 – 13　招标控制价计价程序表

序号	费用项目			计算方法
1	分部分项工程费			$\sum$分部分项工程量×分部分项工程综合单价
1.1	其中		人工费	$\sum$（人工费）
1.2			施工机具使用费	$\sum$（施工机具使用费）
2	单价措施项目费			$\sum$单价措施项目工程量×单价措施项目综合单价
2.1	其中		人工费	$\sum$（人工费）
2.2			施工机具使用费	$\sum$（施工机具使用费）
3	总价措施项目费			3.1+3.2
3.1	安全文明施工费			（1.1+1.2+2.1+2.2）×费率
3.2	其他总价措施项目费			（1.1+1.2+2.1+2.2）×费率
4	其他项目费			暂列金额+暂估价+计日工+总承包服务费
4.1	暂列金额			按招标工程量清单中列出的金额填写或按分部分项工程费的10%～15%为参考
4.2	暂估价			材料（工程设备）暂估价+专业工程暂估价
4.2.1	材料（工程设备）暂估价			按招标工程量清单中列出的单价填写或$\sum$（材料暂估单价×暂估数量）
4.2.2	专业工程暂估价			按招标工程量清单中列出的金额填写或按有关计价规定估算
4.3	计日工			$\sum$（人工单价×暂定数量）+$\sum$（材料单价×暂定数量）+$\sum$（机械台班单价×暂定数量）+管理费+利润
4.4	总承包服务费			按发包的专业工程估算造价的1.5%左右计算，或按发包的专业工程估算造价的3%～5%计算，或按招标人供应材料、设备价值的1%计算
5	规费			（1.1+1.2+2.1+2.2+其他项目费中的人工费和施工机具使用费）×规费费率
6	税金			（1+2+3+4+5）×综合税率
7	单位工程含税造价			1+2+3+4+5+6
8	单项工程造价			$\sum$单位工程造价

5.4.3　招标控制价编制的注意问题

（1）采用的材料价格应是工程造价管理机构发布的工程造价信息中的材料单价，工程造价信息未发布单价的材料，其材料价格应通过市场调查确定。未采用工程造价管理机构发布的工程造价信息时，需在招标文件或答疑补充文件中对招标控制价采用的与造价信息不一致的市场价格予以说明，采用的市场价格则应通过市场调查、分析确定，有可靠的信息来源。

（2）施工机械设备的选型直接关系到综合单价水平，应根据工程项目特点和施工条件，本着经济实用、先进高效的原则确定。

（3）应该正确、全面地使用行业和地方的计价定额与相关文件。

（4）不可竞争的措施项目和规费、税金等费用的计算均属于强制性的条款，编制招标控制价时应按国家有关规定计算。

（5）不同工程项目、不同施工单位会有不同的施工组织方法，所发生的措施费也会有所不同，因此，对于竞争性的措施费用的确定，招标人应首先编制常规的施工组织设计或施工方案，然后经专家论证确认后再合理确定措施项目与费用。

（6）根据《计价规范》的规定，由发包人承担的计价风险包括：国家法律、法规、规章和政策发生变化；省级或行业建设主管部门发布的人工费调整，但承包人对人工费人工单价的报价高于发布的除外；由政府定价或政府指导价管理的原材料等价格进行的调整。这些全部由发包人承担的计价风险应在编制控制价时予以充分考虑。

5.4.4　招标控制价的投诉与处理

（1）投标人经复核认为招标人公布的招标控制价未按照《计价规范》的规定进行编制的，应在招标控制价公布后5天内向招投标监督机构和工程造价管理机构投诉。

（2）投诉人投诉时，应当提交由单位盖章和法定代表人或其委托人签名或盖章的书面投诉书。投诉书应包括下列内容。

① 投诉人与被投诉人的名称、地址及有效联系方式。

② 投诉的招标工程名称、具体事项及理由。

③ 投诉依据及有关证明材料。

④ 相关的请求及主张。

（3）投诉人不得进行虚假、恶意投诉，阻碍招投标活动的正常进行。

（4）工程造价管理机构在接到投诉书后，应在2个工作日内进行审查，对有下列情况之一的，不予受理。

① 投诉人不是所投诉招标下程招标文件的收受人。

② 投诉书提交的时间不符合《计价规范》规定的。

③ 投诉书不符合《计价规范》规定的。

④ 投诉事项已进入行政复议或行政诉讼程序的。

（5）工程造价管理机构应在不迟于结束审查的次日将是否受理投诉的决定书面通知投诉人、被投诉人以及负责该工程招投标监督的招投标管理机构。

（6）工程造价管理机构受理投诉后，应立即对招标控制价进行复查，组织投诉人、被投诉人或其委托的招标控制价编制人等单位人员对投诉问题逐一核对。有关当事人应当予以配合，并应保证所提供资料的真实性。

（7）工程造价管理机构应当在受理投诉的 10 天内完成复查，特殊情况下可适当延长，并作出书面结论通知投诉人、被投诉人及负责该工程招投标监督的招投标管理机构。

（8）当招标控制价复查结论与原公布的招标控制价误差大于±3％时，应当责成招标人改正。

（9）招标人根据招标控制价复查结论需要重新公布招标控制价的，其最终公布的时间至招标文件要求提交投标文件截止时间不足 15 天的，应相应延长投标文件的截止时间。

（10）投标人可以从如下几个方面投诉招标人。

① 招标控制价总价是否与细节构成完全吻合。

② 招标人编制招标控制价时人材机单价是否先用信息价然后再用市场价。

③ 建设主管部门对费用或费用标准的政策规定有幅度时，是否按幅度上限执行。

④ 招标人编制招标控制价时对于安全文明施工费、规费和税金是否进行了竞争。

⑤ 招标控制价中的综合单价是否包括招标文件中招标人要求投标人所承担的风险内容及其范围（幅度）产生的风险费用。招标文件中有无无限风险，所有风险由承包人承担的字样。

⑥ 招标人提供了有暂估单价的材料时，是否按暂定的单价计入综合单价。

5.5 投标报价的编制

5.5.1 一般规定

投标价是投标人投标时响应招标文件要求所报出的对已标价工程量清单汇总后标明的总价。

（1）投标价应由投标人或受其委托具有相应资质的工程造价咨询人编制。

（2）投标人应依据《计价规范》所规定的投标报价编制和复核的依据自主确定投标报价。

（3）投标报价不得低于工程成本。

（4）投标人必须按招标工程量清单填报价格。项目编码、项目名称、项目特征、计量单位、工程量必须与招标工程量清单一致。

（5）投标人的投标报价高于招标控制价的应予废标。

5.5.2 编制投标报价应遵循的原则

投标报价应在满足招标文件要求的前提下，实行企业定额的人、材、机消耗量自定，综合单价及费用自选，全面竞争，自由报价。其中：可以自主的包括企业定额消耗量、人材机单价、企业管理费率、利润率、措施费用、计日工单价、总承包服务费等；不能自主的包括安全文明施工费、规费、税金、暂列金额、暂估价、计日工量，且投标报价不得低于成本。

投标文件的编制必须按照国家有关招标投标的法律、法规和部门规章的规定，遵循下列原则和要求。

（1）投标人应按招标文件的规定和要求编制投标文件。

（2）投标文件应对招标文件提出的实质性要求和条件作出响应。

（3）投标报价应依据招标文件中商务条款的规定；国家公布的统一工程项目划分、统一计量单位、统一计算规则及设计图样、技术要求和技术规范编制。

（4）根据招标文件中要求的计价方法，并结合施工方案或施工组织设计，投标人自身的经营状况、技术水平和计价依据，以及招标时的建筑要素市场状况，确定企业利润、风险金、措施费等，作出报价。

（5）投标报价应由工程成本、利润、税金、保险、措施费及采用固定价格的风险金等构成。

（6）投标人不得以低于成本的报价竞标，也不得以他人名义投标或者以其他方式弄虚作假，骗取中标。

5.5.3　投标报价的编制步骤与方法

1. 投标报价的编制步骤

招标工程量清单是投标报价的基础，投标报价是完成随招标文件发布的招标工程量清单的计价编制，投标报价的编制内容包括分部分项工程费、措施项目费、其他项目费、规费和税金，其编制步骤如下。

（1）研究招标文件、熟悉工程量清单。

（2）核算工程数量、分析项目特征、编制综合单价、计算分部分项工程费用。

（3）确定措施项目清单内容、计算措施项目费用。

（4）计算其他项目费用、规费和税金。

（5）汇总各项费用、复核调整确认。

2. 投标报价的编制方法

1）分部分项工程费的计算与确定

投标人必须按招标工程量清单填报价格。项目编码、项目名称、项目特征、计量单位、工程量必须与招标人提供的一致，均不做改动。综合单价和合价由投标人自主决定填写。投标价中的分部分项工程费，应由招标工程量清单中分部分项工程量乘以相应综合单价汇总而成。即：

$$分部分项工程费＝\sum 分部分项工程量 \times 分部分项工程综合单价$$

分部分项工程综合单价应按招标工程量清单中分部分项工程量清单项目的特征描述和计量规范中的工作内容来确定，包括完成单位分部分项工程清单项目所需的人工费、材料和工程设备费、施工机具使用费、企业管理费、利润，并考虑风险费用的分摊。

（1）分部分项工程综合单价确定的步骤和方法。

① 确定计算基础。

计算基础主要包括消耗量指标和生产要素单价。应根据本企业的企业实际消耗量水平，并结合拟定的施工方案确定完成清单项目需要消耗的各种人工、材料、机械台班的数量。计算时应采用企业定额，在没有企业定额或企业定额缺项时，可参照与本企业实际水平相近的地区、行业定额，并通过调整来确定清单项目的人、材、机单位用量。各种人工、材料和工程设备、机械台班单价，则应根据询价的结果和市场行情综合确定。

② 分析每一清单项目的项目特征和工作内容，确定组合定额子目。

在招标工程量清单中，招标人已对项目特征进行了准确、详细的描述，投标人根据这一描述，再结合施工现场情况和拟定的施工方案确定完成各清单项目实际发生的工作内容。必要时可参照计量规范中提供的工作内容，有些特殊的工程也可能出现规范列表之外的工作内容。清单项目一般以一个"综合实体"考虑，包括了较多的工作内容，计价时，可能出现一个清单项目对应多个定额子目的情况，比如挖基坑土方清单项目就由排地表水、土方开挖、挡土板的支拆、基底钎探、土方运输等定额子目组合而成。计算综合单价就是要将清单项目的工作内容与定额项目的工作内容进行比较，结合清单项目的特征描述，确定拟组价清单项目应该由哪几个定额子目来组合。

③ 计算定额子目的工程数量。

每一项定额子目都应根据所选定额的工程量计算规则计算其工程数量，由于一个清单项目可能对应几个定额子目，而清单工程量计算的是主项工程量，与各定额子目的工程量可能并不一致；即便一个清单项目对应一个定额子目，也可能由于清单工程量计算规则与所采用的定额工程量计算规则之间的差异，而导致二者的计价单位和计算出来的工程量不一致。因此，清单工程量不能直接用于计价，在计价时必须考虑施工方案等各种影响因素，根据所采用的计价定额及相应的工程量计算规则重新计算各定额子目的施工工程量，这个工程量也称计价工程量。定额子目工程量的具体计算方法，应严格按照与所采用的定额相对应的工程量计算规则计算。当定额的工程量计算规则与清单的工程量计算规则相一致时，可直接以工程量清单中的工程量作为定额子目的工程量。

④ 确定人、材、机消耗量。

人、材、机的消耗量一般参照定额进行确定。在编制招标控制价时一般参照政府颁发的消耗量定额；编制投标报价时一般采用反映企业水平的企业定额，投标企业没有企业定额时可参照消耗量定额进行调整。

⑤ 确定人、材、机单价。

人工单价、材料单价和施工机械台班单价，应根据工程项目的具体情况及市场资源的供求状况进行确定，采用市场价格作为参考，并考虑一定的调价系数。

⑥ 计算清单项目的人工费、材料费和机械费。

按确定的分项工程人工、材料和机械的消耗量及询价获得的人工单价、材料单价、施工机械台班单价，与相应的计价工程量相乘得到各定额子目的人工费、材料费和机械费，将各定额子目的人工费、材料费和机械费汇总后算出清单项目的人工费、材料费和机械费。即：

清单项目人工费、材料费和机械费＝∑计价工程量×(∑人工消耗量×人工单价＋
∑材料消耗量×材料单价＋∑台班消耗量×台班单价)

⑦ 计算清单项目的管理费、利润及风险费。

企业管理费及利润通常根据各地区规定的费率乘以规定的计算基数得出，再根据工程的类别和施工难易程度考虑一定的风险费用。依据 2013 版《湖北省建筑安装工程费用定额》，管理费、利润是以人工费和施工机械使用费为基数，乘以相应的费率计算。

$$管理费＝（人工费＋施工机械使用费）×管理费费率$$

$$利润＝（人工费＋施工机械使用费）×利润率$$

风险费是以人工费、材料费、施工机械使用费、管理费和利润为基数，乘以风险费率计算。

$$风险费＝（人工费＋材料费＋施工机械使用费＋管理费＋利润）×风险费率$$

⑧ 计算清单项目的综合单价。

将清单项目的人工费、材料费、机械费、管理费、利润及风险费汇总得到该清单项目合价，将该清单项目合价除以清单项目的工程量即可得到该清单项目的综合单价。

$$综合单价＝\frac{\sum（人工费＋材料费＋机械费＋管理费＋利润＋风险费）}{清单工程量}$$

根据计算出的综合单价，可编制分部分项工程量清单与计价表以及综合单价分析表。综合单价分析表应填写使用的企业定额名称，也可填写使用的省级或行业建设主管部门发布的计价定额，如不使用则不填写。

（2）确定分部分项工程综合单价时应注意的事项。

① 以项目特征描述为依据。

项目特征是确定综合单价的重要依据之一，投标人投标报价时应依据招标文件中分部分项工程量清单项目的特征描述确定清单项目的综合单价。在招标投标过程中，当出现招标文件中分部分项工程量清单项目特征描述与设计图样不符时，投标人应以分部分项工程量清单的项目特征描述为准，确定投标报价的综合单价。当施工中施工图样或设计变更与工程量清单项目特征描述不一致时，发承包双方应按实际施工的项目特征，依据合同约定重新确定综合单价。

② 材料、工程设备暂估价的处理。

投标人应将招标文件中提供了暂估单价的材料和工程设备，按其暂估的单价计入分部分项工程量清单项目的综合单价中，并应计算出暂估单价的材料在综合单价及其合价中的具体数额，因此，为了更详细地反映暂估价情况，也可在表中增设一栏综合单价"其中暂估价"。

③ 考虑合理的风险。

招标文件中要求投标人承担的风险费用，投标人应考虑进入综合单价。在施工过程中，当出现的风险内容及其范围（幅度）在招标文件规定的范围（幅度）内时，综合单价不得变动，合同价款不做调整。根据国际惯例并结合我国工程建设的特点，投标人应完全承担的风险是技术风险和管理风险，如管理费和利润；应有限度承担的是市场风险，如材料、工程设备涨价、施工机械使用费等；应完全不承担的是法律、法规、规章和政策变化的风险。为此，计价规范规定如下。

a. 国家法律、法规、规章和政策变化，省级或行业建设主管部门发布的人工费调整，由政府定价或政府指导价管理的原材料等价格进行了调整的风险由招标人承担。

b. 由于市场物价波动影响合同价款，应由招投标双方合理分摊，材料、工程设备的涨幅在招标时基准价格 5％以内的，施工机械使用费的涨幅在招标时基准价格 10％以内的由投标人承担。超过者予以调整。

c. 管理费和利润的风险由投标人全部承担。

2）措施项目费的计算与确定

根据计价规范的规定，措施项目分为单价措施项目和总价措施项目。单价措施项目由投标人以综合单价的方式自主报价，总价措施项目中的安全文明施工费必须按国家或省级、行业建设主管部门的规定计算，不得作为竞争性费用；总价措施项目中的其他费用由投标人以费率的方式自主报价。措施项目费的计算与确定应遵循以下原则。

（1）措施项目的内容应依据招标人提供的措施项目清单和投标人投标时拟定的施工组织设计或施工方案确定，投标人可根据工程实际情况结合施工组织设计，对招标人所列的措施项目进行增补。这是由于各投标人拥有的施工装备、技术水平和采用的施工方法有所差异，招标人提出的措施项目清单是根据一般情况确定的，没有考虑不同投标人的“个性”，投标人投标时应根据自身编制的投标施工组织设计（或施工方案）确定措施项目，投标人根据投标施工组织设计（或施工方案）调整和确定的措施项目应通过评标委员会的评审。

（2）措施项目清单计价应根据拟建工程的施工组织设计（或施工方案），对措施项目中的单价项目采用分部分项工程量清单方式的综合单价计价；措施项目中的总价项目以“项”为单位的方式按费率计算，按项计价，其价格组成与综合单价相同，应包括除规费、税金以外的全部费用。

（3）措施项目清单中的安全文明施工费必须按国家或省级、行业建设主管部门的规定计价，不得作为竞争性费用。招标人不得要求投标人对该项费用进行优惠，投标人也不得将该项费用参与市场竞争。

单价措施项目和总价措施项目清单与计价表见表5-14和表5-15，单价措施项目的综合单价分析表略。

表5-14 单价措施项目清单与计价表

工程名称：　　　　　　　　　　　标段：　　　　　　　　　第　页　共　页

序号	项目编码	项目名称	项目特征描述	计量单位	工程量	金额/元		
						综合单价	合价	其中：暂估价
1	011701001001	综合脚手架	建筑结构形式：框架 檐口高度：8.3 m	m²	650.9	17.57	11436.31	
2	011703001001	垂直运输	建筑类型：物业办公室 结构形式：框架 檐口高度：8.3m，局部9.4m 层数：2层	m²	650.9	8.75	5695.38	

表5-15 总价措施项目清单与计价表

工程名称：　　　　　　　　　　　标段：　　　　　　　　　第　页　共　页

序号	项目编码	项目名称	计算基础	费率/(%)	金额/元	调整费率/(%)	调整后金额/元	备注
1	011707001001	安全文明施工	人工费＋机械费	13.28	10800			
2	011707002001	夜间施工	人工费＋机械费	0.15	122			

3）其他项目费的计算与确定

其他项目费主要包括暂列金额、暂估价、计日工及总承包服务费等内容。投标人对其他项目费投标报价时应遵循以下原则。

（1）暂列金额应按照招标工程量清单中列出的金额填写，不得变动。

（2）材料暂估价不得变动和更改。暂估价中的材料、工程设备必须按照暂估单价计入综合单价；专业工程暂估价必须按照招标工程量清单列出的金额填写。

（3）计日工应按照招标工程量清单列出的项目和估算的数量，自主确定各项综合单价并计算费用。

（4）总承包服务费应根据招标工程量清单列出的专业工程暂估价内容和供应材料、设备情况，按照招标人提出的协调、配合与服务要求和施工现场管理需要自主确定。其他项目清单与计价表见表 5-16～表 5-21。

表 5-16　其他项目清单与计价汇总表

序号	项目名称	金额/元	结算金额/元	备注
1	暂列金额	350000		明细详见表 5-17
2	暂估价	200000		
2.1	材料（工程设备）暂估价	—		明细详见表 5-18
2.2	专业工程暂估价	200000		明细详见表 5-19
3	计日工	26528		明细详见表 5-20
4	总承包服务费	20760		明细详见表 5-21
	合计	597288		

注：材料（工程设备）暂估单价进入清单项目综合单价，此处不汇总。

表 5-17　暂列金额明细表

序号	项目名称	计量单位	暂定金额/元	备注
1	自行车棚工程	项	100000	正在设计图样
2	工程量偏差和设计变更	项	100000	
3	政策性调整和材料价格波动	项	100000	
4	其他	项	50000	
	总计		350000	—

注：此表由招标人填写，如不能详列，也可只列暂定金额总额，投标人应将上述暂列金额计入投标总价中。

表 5-18　材料（工程设备）暂估单价及调整表

序号	材料（工程设备）名称、规格、型号	计量单位	数量		单价/元		合价/元		差额±/元		备注
			暂估	确认	暂估	确认	暂估	确认	单价	合价	
1	钢筋（规格见施工图）	t	200		4000		800000				用于现浇钢筋混凝土项目
2	低压开关柜（CGD190380/220V）	台	1		45000		45000				用于低压开关柜安装项目
	合计						845000				

注：此表由招标人填写"暂估单价"，并在备注栏说明暂估价的材料、工程设备拟用在那些清单项目上，投标人应将上述材料、工程设备暂估单价计入工程量清单综合单价报价中。

表 5-19 专业工程暂估价及结算价表

序号	工程名称	工程内容	暂估金额/元	结算金额/元	差额士/元	备注
1	消防工程	合同图样中标明的以及消防工程规范和技术说明中规定的各系统中的设备、管道、阀门、线缆等的供应、安装和调试工作	200000			
	合计		200000			

注：此表"暂估金额"由招标人填写，投标人应将"暂估金额"计入投标总价中。结算时按合同约定结算金额填写。

表 5-20 计日工表

编号	项目名称	单位	暂定数量	实际数量	综合单价/元	合价/元 暂定	合价/元 实际
一	人工						
1	普工	工日	100		60	6000	
2	技工	工日	60		92	5520	
	人工小计					11520	
二	材料						
1	钢筋（规格见施工图）	t	1		4000	4000	
2	水泥 42.5	t	2		600	1200	
3	中砂	m³	10		80	800	
4	砾石（5~40mm）	m³	5		42	210	
5	页岩砖（240×115×53）	千块	1		300	300	
	材料小计					6510	
三	施工机械						
1	自升式塔式起重机	台班	5		550	2750	
2	灰浆搅拌机（400L）	台班	2		20	40	
3							
	施工机械小计					2790	
四、企业管理费和利率	（人工费＋机械费）×42.01%					6011.63	
	总计					26831.63	

注：此表项目名称、暂定数量由招标人填写，编制招标控制价时，单价由招标人按有关计价规定确定；投标时，单价由投标人自主报价，按暂定数量计算合价计入投标总价中。结算时，按发承包双方确认的实际数量计算合价。

表 5 - 21　总承包服务费计价表

序号	项目名称	项目价值/元	服务内容	计算基础	费率/(%)	金额/元
1	发包人发包专业工程	200000	1. 按专业工程承包人的要求提供施工工作面，并对施工现场进行统一管理，对竣工资料进行统一整理汇总 2. 为专业工程承包人提供垂直运输机械和焊接电源接入点，并承担垂直运输费和电费	项目价值	7	14000
2	发包人供应材料	845000	对发包人供应的材料进行验收及保管和使用发放	项目价值	0.8	6760
合计						20760

注：此表项目名称、服务内容由招标人填写，编制招标控制价时，费率及金额由招标人按有关计价规定确定；投标时，费率及金额由投标人自主报价，计入投标总价中。

4）规费、税金的计算与确定

规费和税金应按国家或省级、行业建设主管部门规定的标准计算，不得作为竞争性费用。规费和税金的计取标准是依据有关法律、法规和政策规定制定的，具有强制性。具体计算时，一般按国家及有关部门规定的计算公式和费率标准进行计算。规费、税金项目计价表见表 5 - 22。表中计费基数是以 2013 版《湖北省建筑安装工程费用定额》为依据。

表 5 - 22　规费、税金项目计价表

序号	项目名称	计算基数	计算费率/(%)	金额/元
1	规费	1.1＋1.2＋1.3		269850
1.1	社会保险费	人工费＋施工机具使用费	18.49	201841.69
(1)	养老保险费	人工费＋施工机具使用费	11.68	127501.94
(2)	失业保险费	人工费＋施工机具使用费	1.17	12772.03
(3)	医疗保险费	人工费＋施工机具使用费	3.70	40390.17
(4)	工伤保险费	人工费＋施工机具使用费	1.36	14846.12
(5)	生育保险费	人工费＋施工机具使用费	0.58	6331.43
1.2	住房公积金	人工费＋施工机具使用费	4.87	53162.20
1.3	工程排污费	人工费＋施工机具使用费	1.36	14846.12
2	税金	分部分项工程费＋措施项目费＋其他项目费＋规费－按规定不计税的工程设备金额	3.48	262800
合计				532650

编制人（造价人员）：　　　　　　　　　　　　　　复核人（造价工程师）：

5）投标报价的计价程序

投标人的投标总价应当与组成已标价工程量清单的分部分项工程费、措施项目费、其他项目费和规费、税金的合计金额一致。即投标人在进行投标报价时，不能进行投标总价优惠（或降价、让利），投标人对招标人的任何优惠（或降价、让利）均应反映在相应清单项目的综合单价中。投标报价的计价程序见表 5 - 23。

表 5 - 23　投标报价计价程序表

序号	费用项目	计算特点	计算方法
1	分部分项工程费	自主报价	∑分部分项工程量×分部分项工程综合单价
2	措施项目费		单价措施项目费＋总价措施项目费
2.1	单价措施项目费	自主报价	∑单价措施项目工程量×单价措施项目综合单价
2.2	总价措施项目费		∑总价措施项目计算基数×费率
2.2.1	其中：安全文明施工费	按规定标准计算，不可竞争费用	
3	其他项目费		暂列金额＋暂估价＋计日工＋总承包服务费
3.1	暂列金额	按招标工程量清单列出的金额填写	
3.2	暂估价		材料（工程设备）暂估价＋专业工程暂估价
3.2.1	材料（工程设备）暂估价	按招标工程量清单列出的金额填写	
3.2.2	专业工程暂估价	按招标工程量清单列出的金额填写	
3.3	计日工	自主报价	以综合单价计算
3.4	总承包服务费	自主报价	以综合单价计算
4	规费	按规定标准计算，不可竞争费用	（∑人工费＋∑施工机具使用费）×规费费率
5	税金	按规定标准计算，扣除不计税的工程设备金额，不可竞争费用	（1＋2＋3＋4）×税率
6	单位工程投标报价汇总		1＋2＋3＋4＋5

5.5.4　编制投标报价的注意事项

（1）综合单价中应包括招标文件中划分的应由投标人承担的风险范围及其费用，招标文件中没有明确的，应提请招标人明确。

投标人在自主决定投标报价时，还应考虑招标文件中要求投标人承担的风险内容及其范围(幅度)，以及相应的风险费用。在施工过程中，当出现风险的内容及其范围(幅度)在招标文件规定的范围内时，综合单价不得变更，工程价款不做调整。

(2) 分部分项工程和措施项目中的单价项目，应根据招标文件和招标工程量清单项目中的特征描述确定综合单价计算。

分部分项工程和措施项目中的单价项目报价的最重要依据之一是该项目的特征描述，投标人应根据招标文件及其招标工程量清单项目的特征描述确定综合单价计算，当出现招标文件中工程量清单项目的特征描述与设计不符时，应以工程量清单项目的特征描述为准；当施工中施工图样或设计变更与工程量清单项目的特征描述不一致时，发承包双方应按实际施工的项目特征，依据合同约定重新确定综合单价。

(3) 措施项目中的总价项目金额应根据招标文件及投标时拟定的施工组织设计或施工方案，按《计价规范》的规定自主确定。

措施项目的内容应依据招标人提供的措施项目清单和投标人投标时拟定的施工组织设计或施工方案；投标人可根据工程实际情况结合施工组织设计，对招标人所列的措施项目进行增补。

(4) 其他项目应按下列规定报价。

① 暂列金额应按招标工程量清单中列出的金额填写。

② 材料、工程设备暂估价应按招标工程量清单中列出的单价计入综合单价。

③ 专业工程暂估价应按招标工程量清单中列出的金额填写。

④ 计日工应按招标工程量清单中列出的项目和数量，自主确定综合单价并计算计日工金额。

⑤ 总承包服务费应根据招标工程量清单中列出的内容和提出的要求自主确定。

(5) 措施项目中的安全文明施工费、规费和税金必须按国家或省级、行业建设主管部门的规定计算，不得作为竞争性费用。

(6) 招标工程量清单与计价表中列明的所有需要填写单价和合价的项目，投标人均应填写且只允许有一个报价。未填写单价和合价的项目，可视为此项费用已包含在已标价工程量清单中其他项目的单价和合价之中。当竣工结算时，此项目不得重新组价予以调整。

(7) 投标总价应当与分部分项工程费、措施项目费、其他项目费、规费、税金的合计金额一致。

(8) 投标报价的人、材、机消耗量应根据企业定额确定，现阶段，应按照各省、自治区、直辖市的计价定额计算。

(9) 投标报价的人、材、机单价应根据市场价格(暂估价除外)自主报价。

(10) 工程量清单没有考虑施工过程中的施工损耗，编制综合单价时，材料消耗量要考虑施工损耗，以便准确计价。

(11) 必须复核工程量清单中的工程量，应以实际工程量(施工量)来计算工程造价，以招标人提供的工程量(清单量)进行报价。

(12) 注意清单工程量计算规则与计价定额工程量计算规则的区别。

本 章 小 结

工程量清单计价内容包括分部分项工程费、措施项目费、其他项目费、规费和税金。

招标控制价也称"拦标价"或"预算控制价"，是招标人根据《建设工程工程量清单计价规范》计算的招标工程的工程造价，是国家或业主对招标工程发包的最高投标限价。

投标价是投标人投标时响应招标文件要求所报出的对已标价工程量清单汇总后标明的总价。

习　　题

1. 思考题

（1）什么是工程量清单计价？简述工程量清单计价的步骤。

（2）建筑安装工程费按照费用构成要素划分由哪几部分组成？

（3）人工费是指什么费用？费用内容包括什么？

（4）材料费包括哪些费用？

（5）施工机具使用费包括哪些费用？

（6）简述编制招标控制价时，其他项目如何计价。

（7）简述编制投标报价应遵循的原则。

2. 练习题

（1）经业主根据施工图计算：某建筑物的台阶水平投影面积为 29.34m²，3:7 灰土垫层 100mm 厚，体积 3.59m³，C15 混凝土垫层 80mm 厚，体积 6.06m³，面层为芝麻白花岗岩、板厚 25mm、单价 245 元/m²。工程量清单见表 5-24，试确定该清单项目投标报价，并编制综合单价分析表。

表 5-24　分部分项工程量清单与计价表

工程名称：某工程　　　　　　　　　　　　标段：　　　　　　　　　第 页 共 页

序号	项目编码	项目名称	项目特征	计量单位	工程数量	金额/元		
						综合单价	合价	其中：暂估价
1	011107001001	石材台阶面	芝麻白花岗岩 25mm 厚黏结层：30mm 厚，1:3 水泥砂浆；垫层 80mm 厚 C15 混凝土；垫层 100mm 厚 3:7 灰土	m²	29.34			

（2）某建设单位拟建一栋商住楼，采用工程量清单方式招标，部分工程量清单见表 5-25，请依据当地消耗量定额计算分部分项工程量清单综合单价。

表 5 - 25　分部分项工程量清单与计价表

工程名称：某工程

序号	项目编码	项目名称	项目特征	计量单位	工程数量	金额/元		
						综合单价	合价	其中：暂估价
1	010502001001	矩形柱	柱截面：450mm×450mm 混凝土：C25 现浇混凝土 柱高：4.5m	m³	6.60			
	011102003001	块料楼地面陶瓷地砖300mm×300mm	找平层：1∶3 水泥砂浆，厚20mm，501m²；C20 细石混凝土，厚30mm，501m² 防水层：聚氨酯涂膜防水，厚1.5mm，526m² 结合层：1∶4 水泥砂浆，厚20mm，501m²	m²	501.00			

第**6**章
工程量清单投标报价

教学目标

本章包括建设工程招投标的知识和某小区门卫接待室工程清单计价的投标报价实例。通过学习本章，应达到以下目标。

（1）熟悉建设工程招投标的相关内容。

（2）熟悉工程量清单编制的过程。

（3）熟悉工程量清单投标报价的程序以及综合单价的形成过程。

教学要求

知识要点	能力要求	相关知识
建设工程招投标	（1）了解建设工程招投标的方式及程序 （2）熟悉投标报价 （3）熟悉评标方法	（1）招投标的范围、基本要求、程序 （2）投标报价的程序、编制方法，以及决策、策略与技巧 （3）评议法、综合评分法、合理低标价法
清单工程量计算	（1）掌握土建工程量计算 （2）掌握钢筋工程量计算	（1）土石方工程、砌筑工程、混凝土及钢筋混凝土工程、门窗工程、屋面及防水工程、保温隔热工程、楼地面装饰工程、墙柱面装饰工程、天棚工程、油漆工程等清单工程量的计算 （2）基础钢筋、柱钢筋、梁钢筋、板钢筋工程量计算
编制工程量清单	熟悉5个工程量清单编制方法	（1）编制说明 （2）分部分项工程量清单、措施项目清单、其他项目清单、规费清单、税金清单编制
编制投标报价	熟悉投标报价的编制程序和方法	（1）编制说明 （2）投标报价汇总表、分部分项工程和单价措施项目清单与计价表、综合单价分析表、总价措施项目清单与计价表、规费、税金项目计价表、人材机分析表

基本概念

建筑施工图、结构施工图、土建工程量计算、钢筋工程量计算、投标报价

引例

具体到一个工程实例，编制工程量清单和投标报价时，要从识图开始，依据《计价规范》和《计量规范》的相关规定，列项计算清单工程量，然后根据工程的实际施工条件编制工程量清单。在编制投标报价时，应审核清单工程量无误后，依据施工单位的施工条件和工程现场的实例条件编制投标报价。如某一个工程，因为受到施工现场比较狭窄条件的限制，在现场不能全部堆放采购周期内采购的施工材料，这时就要考虑在施工现场周边找到可以堆放部分施工材料的仓库，在投标报价时需计算材料的二次搬运费。

6.1 建设工程招投标

建设工程招标是指发包人(即招标人)在发包建设项目之前通过公共媒介告示或直接邀请潜在的投标人，由投标人根据招标文件的要求提出实施方案及报价进行投标，经开标、评标、决标等环节，从众多的投标人中择优选定承包人的一种经济活动。投标是指具有合法资格和能力的投标人根据招标文件的要求，提出实施方案和报价，在规定的期限内提交标书，并参加开标，努力争取中标并与招标人签订承包合同的经济活动。

招投标实质上是一种市场竞争行为。建设工程招投标是以工程设计、施工、监理或以工程所需的物资、设备、建筑材料等为对象，在招标人和若干个投标人之间进行的，它是商品经济发展到一定时期的产物。在市场经济的条件下，建设工程招投标是一种普遍的、常见的择优方式。

6.1.1 建设工程招投标的范围

1. 必须进行招投标的项目

依据我国招投标法及有关规定，在中华人民共和国境内进行下列工程建设项目包括项目的勘察、设计、施工、监理，以及与工程建设有关的重要设备、材料等的采购，必须通过招投标方式来选择承包商。

(1) 大型基础设施、公用事业等关系社会公共利益、公众安全的项目。

(2) 全部或者部分使用国有资金投资或者国家融资的项目。

(3) 使用国际组织或者外国政府贷款、援助资金的项目。

2. 可以不进行招投标的项目

依据我国招投标法及有关规定，在我国境内建设的以下项目可以不通过招投标方式确定承包商。

（1）涉及国家安全、国家秘密、抢险救灾或者属于利用扶贫资金实行以工代赈、需要使用农民工等特殊情况，不适宜进行招标的项目，按照国家有关规定可以不进行招标。

（2）建设项目的勘察设计，采用特定专利或者专有技术的，或者建筑艺术造型有特殊要求的，经过项目主管部门批准后可以不进行招标。

6.1.2　建设工程招标的方式

工程建设项目招标的方式主要有公开招标和邀请招标。

1. 公开招标

公开招标是指招标人以招标公告的方式邀请不特定的法人或者其他组织投标。即招标人通过报刊、信息网络或者其他媒介发布招标公告进行的招标。

公开招标是一种无限制的竞争方式，最大的特点是一切有资格的承包人或者供应商均可以参加投标竞争，都有同等的机会。公开招标的优点是招标人有较大的选择范围，可以在众多的投标人中选择有实力、技术较强、管理水平高的中标人。当然，由于参加投标的单位多，资格预审和评标的工作量就会很大，整个招投标过程的时间长，费用也较大。

2. 邀请招标

邀请招标是指招标人以投标邀请书的方式邀请特定的法人或者其他组织投标。招标人采取邀请招标方式的，应邀请三个以上具备承担招标项目的能力并有良好信誉的潜在投标人投标。

邀请招标一般邀请的都是招标人所熟悉的，或者是拟建项目所处行业内有良好业绩和良好信誉的投标人。邀请招标可以针对拟建项目的特点有选择地邀请投标人，这样就会大大减少投标人的数量，也减少了资格审查和评标的工作量，缩短招投标周期，节约费用。但是邀请招标也人为地限制了竞争的范围，可能失去技术和报价上有竞争力的投标人，容易导致不公平竞争和招投标中的腐败现象产生。

有下列情形之一的，经批准可以进行邀请招标。

（1）项目技术复杂或有特殊要求，只有少量几家潜在投标人可供选择的。

（2）受自然地域环境限制的。

（3）涉及国家安全、国家秘密或者抢险救灾，适宜招标但不宜公开招标的。

（4）和公开招标的费用与项目的价值相比，不值得的。

（5）法律、法规规定不宜公开招标的。

国家重点建设项目的邀请招标，应当经国务院发展计划部门批准。地方重点建设项目的邀请招标，应当经各省、自治区、直辖市人民政府批准。全部使用国有资金投资或国有资金投资占控股或者主导地位的并需要审批的工程建设项目的邀请招标，应当经项目审批部门批准；当项目审批部门只审批立项的，应由有关行政监督部门审批。

6.1.3　建筑工程招标的基本要求

（1）工程建设招标人是依法提出工程招标项目、进行招标的法人或者其他组织。

（2）依法必须招标的工程建设项目，应当具备下列条件才能进行工程招标。

① 招标人已经依法成立。

② 初步设计及概算应当履行审批手续的，已经获得批准。

③ 招标范围、招标方式和招标组织形式等应当履行核准手续的，已经核准。

④ 有相应资金或资金来源已经落实。

⑤ 有招标所需的设计图样及技术资料。

（3）依法必须进行施工招标的工程建设项目，按工程建设项目审批管理规定，凡应报送项目审批部门审批的，招标人必须在报送的可行性研究报告中将招标范围、招标方式、招标组织形式等有关招标内容报项目审批部门核准。

6.2 我国建设工程招投标的程序

工程建设项目招标的程序较多，涉及的单位和部门多，经历的时间长、费用也较高，因此开始招标前应做好计划，使招投标工作能够顺利进行。

建设工程公开招标的程序如图6.1所示。

对于邀请招标，其程序基本上与公开招标相同，不同之处只在于没有资格预审，而增加了发出投标邀请函的步骤。

1. 建设工程项目报建

建设工程项目的立项批准文件或年度投资计划下达后，按照《工程建设项目报建管理办法》规定具备条件的，须向建设行政主管部门报建备案。

建设工程项目报建内容主要包括：工程名称、建设地点、投资规模、资金来源、当年投资额、工程规模、结构类型、发包方式、计划开竣工日期、工程筹建情况等。

2. 审查建设单位资质

建设单位办理招标应具备如下条件。

（1）是法人或依法成立的其他组织。

（2）有与招标工程相适应的经济、技术管理人员。

（3）有组织编制招标文件的能力。

（4）有审查投标单位资质的能力。

（5）有组织开标、评标、定标的能力。

如建设单位不具备上述第（2）～（5）项条件的，须委托具有相应资质的中介机构代理招标，并与其签订委托协议，并报招标管理机构备案。

3. 提出招标申请和发布招标公告

招标单位填写"建设工程施工招标申请表"，招标申请获准后，由招标单位发布招标公告或投标邀请函，招标公告或者投标邀请书应当至少载明下列内容。

（1）招标人的名称和地址。

（2）招标项目的内容、规模、资金来源。

（3）招标项目的实施地点和工期。

（4）获取招标文件或者资格预审文件的地点和时间。

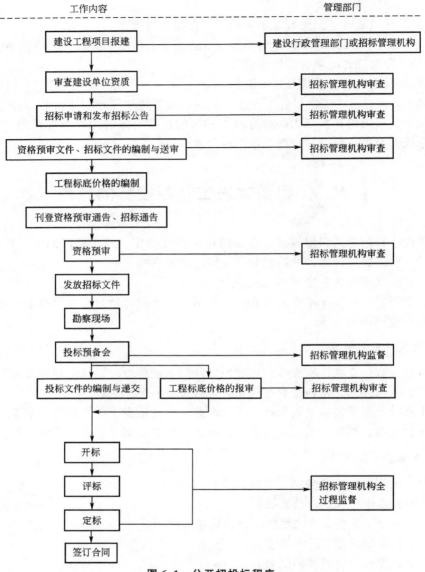

图6.1　公开招投标程序

（5）对招标文件或者资格预审文件收取的费用。

（6）对投标人的资质等级的要求。

4．招标文件的编制与送审

（1）招标人应根据招标项目的特点和需要编制招标文件。招标人应当在招标文件中规定实质性要求和条件，并用醒目的方式标明。招标文件具体应包括下列内容。

① 投标须知。

② 合同条件。

③ 合同协议条款。

④ 合同格式。

⑤ 技术规范。

⑥ 图样。

⑦ 投标文件参考格式，包括投标书及投标附录、工程量清单与报价表、辅助资料表、资格审查表(资格预审的不采用)。

(2) 招标人可以要求投标人在提交符合招标文件规定要求的投标文件外，提交备选投标方案，但应当在招标文件中做出说明，并提出相应的评审和比较方法。

(3) 招标文件规定的各项技术标准应符合国家强制性标准。招标文件中规定的各项技术标准均不得要求或标明某一特定的专利、商标、名称、设计、原产地或生产供应者，不得含有倾向或者排斥潜在投标人的其他内容。

5. 编制工程标底，报招标投标管理部门审批

招标人可以根据项目特点决定是否编制标底。招标项目可以不设标底，进行无标底招标。任何单位或个人不得强制招标人编制或报审标底，或干预其确定标底。

如果进行有标底招标，标底由招标人自行编制或委托中介机构编制，一个工程只能编制一个标底。工程项目招标的标底价格在开标前报招标管理机构审定，招标管理机构在规定的时间内完成标底价格的审定工作，未经过审定的标底价格一律无效。标底价格审定的内容与标底价格的组成内容一致。且标底价格应该严格保密，标底价格的编制人员在保密的环境中编制，完成后应该密封送审标底。

6. 发布招标通告

招标人采用公开招标方式的，应当发布招标公告。依法必须进行招标的项目的公告，应当通过国家指定的报刊、信息网络或其他媒介发布。招标公告应当载明招标人的名称和地址，招标项目的性质、数量、实施地点和时间以及获取招标文件的办法等事项。

7. 资格预审

《中华人民共和国招标投标法》规定，招标人可以根据招标项目本身的特点，在招标公告或者招标邀请书中，要求潜在投标人提供有关资质证明文件和业绩情况，并对潜在投标人进行资格审查，并将审查的结果通知申请投标单位。

资格预审审查的主要内容为：投标单位组织机构和企业概况；近三年完成工程情况；目前正在履行的合同情况；资源方面，如财务、管理、技术、劳力、设备等方面的情况；其他资料(如各种奖励或者处罚等)。

8. 发放招标文件

招标人应根据工程招标项目的特点和需要编制招标文件。将招标文件、图样和有关的技术资料发放给通过了资格预审获得投标资格的投标单位。

9. 勘察现场

招标单位组织投标单位进行勘察现场的目的在于了解工程场地和周围的情况，以获取投标单位认为有必要的信息。为便于投标单位提出问题并得到解答，勘察现场一般安排在投标预备会的前1~2天。投标人在勘察现场中如有疑问，应在投标预备会前以书面形式向招标人提出，并应给招标人留出解答时间。招标人应向投标人介绍有关现场的以下情况：施工现场是否达到招标文件规定的条件；施工现场的地理位置和地形、地貌；施工现场的地质、土质、地下水位和水文等情况；施工现场的气候条件；现场的环境；工程在施工现场中的位置或布置；临时用地和临时设施搭建等。

10. 投标预备会

投标预备会在招标管理机构监督下由招标单位组织主持召开，其目的在于澄清招标文件中的疑问，解答投标单位对招标文件和勘察现场中所提出的疑问问题。投标预备会可以安排在发出招标文件后的 7 日后 28 日内举行。

在投标预备会上由招标单位对招标文件和现场情况做介绍或解释，并解答投标单位提出的书面和口头问题，还应在投标预备会上对图样进行交底和解释。

所有参加投标预备会的投标人应签到登记，投标预备会结束后，由招标人整理会议记录和解答内容，由招标管理机构核准后，尽快以书面形式将问题及解答同时发送到所有获得招标文件的投标人。

11. 投标文件的编制与递交

投标文件应当对招标文件提实质性要求和条件做出响应，投标人应当按照招标文件的要求编制投标文件。投标文件的一般包括下列内容。

（1）投标函。

（2）投标报价。

（3）施工组织设计。

（4）商务和技术偏差表。

投标文件是投标活动的一个书面成果，投标人应当在招标文件要求提交投标文件的截止时间前，将投标文件密封送达投标地点，逾期或未送达指定地点的投标文件以及未按招标文件密封的投标文件，为无效的投标文件。

此外，招标人如果要求投标人提交投标保证金的，投标人应当按照招标文件要求的方式和金额，将投标保证金随投标文件提交给招标人。投标人不按招标文件要求提交投标保证金的，该投标文件作废标处理。投标保证金除现金外，可以是银行出具的银行保函、保兑支票、银行汇票或现金支票。

投标文件是投标人能否通过评标、决标而签订合同的依据。因此，投标人应对投标文件的编制和投送给以高度的重视。

12. 开标

在投标截止后，开标应当按照招标文件规定的时间、地点和程序以公开方式进行。开标会议由招标单位组织并主持，并邀请评标委员会成员、投标单位法定代表人或授权代理人和有关单位代表参加。开标会议应在招标管理机构监督下进行，开标会议还可以邀请公证部门对开标全过程进行公证。投标人检查投标文件的密封情况，确认无误后，由有关工作人员当众拆封、验证投标资格，并宣读投标人名称、投标价格以及其他主要内容。投标人可以对唱标做必要的解释，但所做的解释不得超过投标文件记载的范围或改变投标文件的实质性内容。开标应做记录，存档备查。

13. 评标

评标由招标人依法组建的评标委员会负责进行，招标管理机构监督，评标应当按照招标文件的规定进行。招标人负责组建评标委员会,评标委员会由招标人的代表及在专家库中随机抽取的技术、经济、法律等方面的专家组成,总人数一般为 5 人以上且总人数为单数,其中受聘的专家不得少于总人数的 2/3。与投标人有利害关系的人员不得进入评标委员会。评标委员会负责评标,对所有投标文件进行审查,对与招标文件规定有实质性不符的投标文件,应当决定其无效。

投标文件有下列情形之一的,由评标委员会初审后按废标处理。

(1)无单位盖章并无法定代表人或法定代表人授权的代理人签字或盖章的。

(2)未按规定的格式填写,内容不全或关键字迹模糊、无法辨认的。

(3)投标人递交两份或多份内容不同的投标文件,或在一份招标文件中对同一招标项目报有两个或多个报价,且未声明哪一个有效,按招标文件规定提交备选方案的除外。

(4)投标人名称或组织结构与资格预审时不一致的。

(5)未按招标文件要求提交投标保证金的。

(6)联合体投标未附联合体各方共同投标协议的。

评标方法可采用评议法、综合评分法和合理低价法等,所采用的评标方法应在招标文件中确定。

14. 定标

评标委员会完成评标后,应当向招标人提出书面评标报告,并推荐 1～3 个合格的中标候选人,并标明其排列顺序。招标人根据评标委员会提出的书面评标报告和推荐的中标候选人确定中标人。招标人也可以授权评标委员会直接确定中标人。

依法必须进行招标的项目,招标人应当确定排名第一的中标候选人为中标人。排名第一的中标候选人明确提出放弃中标或因不可抗力提出不能履行合同,或者招标文件规定应当提交履约保证金而在规定的期限内未能提交的,招标人可以确定排名第二的中标候选人为中标人,排名第二的中标候选人因同样原因不能签订合同的,招标人可以确定排名第三的中标候选人为中标人。

15. 合同签订

中标单位确定后,建设单位与中标单位应在规定的期限内签订合同。结构不太复杂的中小型工程 7 天内,结构复杂的 14 天内,在约定的日期、时间和地点,根据《中华人民共和国合同法》《建设工程施工合同管理办法》的规定,依据招标文件、投标文件双方签订工程建设合同。招标人和中标人不得再行订立背离合同实质性内容的其他协议。

6.3 投标报价的编制

6.3.1 投标报价的概念和特点

1. 投标报价的概念

投标报价是投标单位根据招标文件及有关计算工程造价的依据,计算出投标价,并在此基础上采取一定的投标策略，以争取到投标项目提出的有竞争力的投标报价。这项工作对投标单位投标的成败和将来实施工程的盈亏起着决定性作用。

2. 投标报价的特点

（1）投标报价是投标单位根据招标文件和有关的计算工程造价的依据计算出的标价为基础，结合本单位的经营策略和投标项目的特点提出的工程造价，为了争取到项目投标报价可在一定的范围内浮动。

（2）投标报价除了跟市场价格因素、投标单位技术水平、管理水平有关外，还跟投标单位的经营策略相关。投标单位为了维持运转或抢占某一片市场，可以提出较低的报价，但是必须以保证按要求完成项目为前提。

6.3.2 投标报价的程序

任何一个项目的投标报价都是一项系统工程，应遵循一定的程序，一般可分为如下 6 个步骤。

（1）研究招标文件。投标单位报名参加或受邀请参加某一工程的投标，通过了资格审查并取得招标文件后，首要的工作就是认真仔细地研究招标文件，充分了解内容和要求，以便有针对性地安排投标工作。

（2）调查投标环境。所谓投标环境就是招标工程施工的自然、经济和社会条件，这些条件都可能成为工程施工的制约因素或有利因素，必然会影响到工程成本，是投标单位报价时必须考虑的，所以在报价前要尽可能了解清楚。

（3）制定施工方案。施工方案是投标报价的一个前提条件，也是招标单位评标时要考虑的因素之一。施工方案应由施工单位的技术负责人主持制定，主要考虑施工方法，主要施工机具的配备，各工种劳动力的安排及现场施工人员的平衡，施工进度及分批竣工的安排，安全措施等。施工方案的制定应在技术和工期两个方面对招标单位有吸引力，同时又有助于降低施工成本。

（4）投标计算。投标计算是投标单位对承建招标工程所发生的各种费用的计算。在进行投标计算时，必须首先根据招标文件复核或计算工程量。作为投标计算的必要条件，应预先确定施工方案和施工进度，此外，投标计算还必须与采用的合同形式相协调。报价是投标的关键性工作，报价是否合理直接关系到投标的成败。

（5）确定投标策略。正确的投标策略对提高中标率、获得较高的利润有重要作用。常用的投标策略有以信誉取胜、以低价取胜、以缩短工期取胜、以改进设计取胜，同时还可采取以退为进策略、以长远发展为目标策略等。综合考虑企业目标、竞争对手情况、投标策略等多种因素后作出报价决策。

（6）投标报价决策作出后，即应编制正式投标书。投标单位应按招标单位的要求编制投标书，并在规定的时间内送到指定地点。

6.3.3 投标报价的编制方法

1. 标价的计算依据

（1）招标单位提供的招标文件。

（2）招标单位提供的图样、工程量清单及有关技术说明书等。

（3）国家及地区颁发的现行建筑、安装工程预算定额及与之相配套执行的各种定额、规定等。

（4）地方现行材料预算价格、采购地点及供应方式等。

（5）因招标文件及设计图样等不明确，经咨询后由招标单位书面答复的有关资料。

（6）企业内部制定的有关取费、价格等的规定和标准。

（7）其他与报价计算有关的各项政策、规定及调价系数等。

2．标价的计算方法

投标报价的编制方法同标底的编制一样，可采用定额计价和工程量清单计价来编制。

1）以定额计价模式投标标价

以定额计价法编制投标标价是我国传统一直采用的方法。一般采用预算定额编制，即按照定额规定计算分部分项工程量，套用定额基价或定额消耗量根据市场价格确定直接费，然后再按规定的费用定额计取各项费用，最后汇总形成标价。

2）以工程量清单计价模式投标标价

以工程量清单计价模式投标报价，是与市场经济相适应的投标报价方法，也是国际通用的竞争性招标方式所要求的。投标人是根据工程量清单所列项目及工程量逐项填报综合单价，计算出总价，作为投标报价。

6.3.4　投标报价的编制程序和过程

1．投标报价编制的一般过程

（1）计算或复核工程量。若招标文件中没有提供工程量清单，则必须根据图样计算全部工程量。工程招标文件中若提供有工程量清单，则投标价格计算之前，要对工程量进行校核。

（2）确定分部分项工程单价。在投标报价中，计算或复核各个分部分项工程的实物工程量以后，就需要确定每一个分部分项工程的单价，并按照招标文件中工程量表的格式填写。在投标价格编制的各个阶段，投标价格一般以表格的形式进行计算。

一般来说，承包企业应建立自己的价格数据库，并据此计算工程的投标价格。在应用单价数据库针对某一具体工程进行投标报价时，需要对选用的单价进行审核评价与调整，使之符合拟投标工程的实际情况，反映市场价格的变化。因此单价的确定是一项十分细致的工作。

（3）确定分包工程费。来自分包人的工程分包费用是投标价格的一个重要组成部分，有时总承包人投标价格中的相当部分来自于分包工程费。因此，在编制投标价格时需要有一个合适的价格来衡量分包人的价格，需要熟悉分包工程的范围，对分包人的能力进行评估。

（4）确定其他费用及利润。利润指的是承包人的预期利润，确定利润取值的目标是考虑既可以获得最大的可能利润，又要保证投标价格具有一定的竞争性。投标报价时承包人应根据市场竞争情况确定在该工程上的利润率。

（5）确定风险费。风险费对承包商来说是一个未知数，如果风险费估计不足，则由盈利来补贴；如果预计的风险没有全部发生，则风险费有剩余，这部分剩余和计划利润加在一起就是盈余。在投标时应该根据该工程规模及工程所在地的实际情况，由有经验的专业人员对可能的风险因素进行逐项分析后确定一个比较合理的费用比率。

（6）确定投标价格。将以上费用汇总后就可以得到工程的总价，再根据工程对象和竞争条件，确定报价决策，对计算出来的工程总价做某些必要的调整后，确定最后的投标报价。

2．投标报价的过程

投标报价是由询价、估价和报价组成的一个非常复杂的过程。

（1）询价。询价主要是了解劳务市场、建材市场、机械设备市场或租赁市场及施工分包市场的价格信息，它是工程估价的重要依据。

（2）估价。估价是在施工总进度计划、主要施工方法、分包施工单位和资源安排确定后，根据施工单位工料消耗定额和询价结果，承包商对完成招标工程所需费用进行计算和汇总。

（3）报价。报价是在估价的基础上，分析竞争对手的情况，考虑施工企业在该工程中的竞争地位及承包商自身的经营目标和预期盈利水平，运用一定的投标策略和投标报价技巧，最后确定的工程投标价格。

详细、准确的询价是合理估价的基础，而正确的估价则是报价的有利依据。

6.3.5　投标报价的决策、策略与技巧

1．投标报价的决策

投标报价决策是指投标人召集算标人、决策人和高级咨询顾问人员共同研究，就上述报价计算结果和报价的静态、动态风险分析进行讨论，作出调整报价计算的最后决定。在报价决策中应当考虑和注意以下问题。

（1）承包招标项目的可能性和可行性。如应充分分析招标文件，如招标工程的工期要求、付款方式、现场条件和技术复杂程度等，确定企业是否有能力承包该项目，其他竞争对手是否有明显的优势。

（2）报价决策的依据。决策的主要依据应当是自己的算标人员的计算书和分析指标。至于其他途径获得的所谓"标底价格"或竞争对手的"标价情报"等，只能作为参考。参加投标的单位要尽最大的努力去争取中标，但更为主要的是中标价格应当基本合理，不应导致亏损。以自己的报价计算为依据进行科学分析，在此基础上作出恰当的报价决策，能够保证不会落入竞争的陷阱而导致将来的亏损。

（3）在可接受的最小预期利润和可接受的最大风险内作出决策。由于投标情况纷繁复杂，投标中碰到的情况并不相同，很难界定需要决策的问题和范围。一般来说，报价决策并不仅限于具体的计算，而是应当由决策人与算标人员一起，对各种影响报价的因素进行恰当的分析，并作出果断的决策。除了对算标时提出的各种方案、基价、费用摊入系数等予以审定和进行必要的修正外，更重要的是决策人应从全局考虑期望的利润和承担风险的能力。

（4）低报价不是得标的唯一因素。招标文件中一般明确申明"本标不一定受给最低

报价者或其他任何投标者"。所以决策者可以在其他方面战胜对手。例如，可以提出某些合理的建议，或采用较好的施工方法，使业主能够降低成本、缩短工期。如果可能的话，还可以提出对业主优惠的支付条件等。总之，低报价是得标的重要因素，但不是唯一因素。

2. 投标报价的策略

承包商在作出投标决策后，必须深入地研究投标策略，投标策略一般可以从以下几个角度考虑。

(1) 靠提高经营管理水平取胜。主要靠搞好工程的施工组织设计，合理安排人力和机械，多方询价，精心采购材料和设备，合理安排工期和合理开支管理费用，提高企业的经营管理水平，降低企业的成本。

(2) 靠改进设计取胜。认真、深入地研究设计图样，发现不合理处，提出备选方案，提出降低造价的措施。

(3) 靠缩短工期的策略取胜。采取有效的措施，促使目标工期提前，从而使招标方早投产、早收益，这有利于吸引业主的兴趣。

(4) 低利润的策略。这种策略主要在承包商为打开市场或承包任务不足时采用。

(5) 发展的策略。承包商为了掌握某种新技术、新工艺，情愿目前少赚钱，而从企业发展的观点出发，以求将来企业争取更大的技术优势，增强企业的竞争力。

3. 投标报价的技巧

报价技巧是指在投标报价中采用一定的手法或技巧使业主可以接受，而中标后又能获得更多的利润。常用的报价技巧主要有以下几种。

(1) 根据招标项目的不同特点采用不同报价。投标报价时，既要考虑自身的优势和劣势，也要分析招标项目的特点。按照工程项目的不同特点、类别、施工条件等来选择报价策略。

① 遇到如下情况报价可高些：施工条件差的工程；专业要求高的技术密集型工程，而本公司在这方面又有专长，声望也高；总造价低的小工程，以及自己不愿意做、又不方便不投标的工程；特殊的工程，如港口码头、地下开挖工程等；工期要求急的工程；投标对手少的工程；支付条件差的工程。

② 遇到如下工程报价可低一些：施工条件好的工程，工作简单、工程量大而一般公司都可以做的工程；本公司目前急于打入某一市场、某一地区，或在该地区面临工程结束，机械设备等无工地转移时；本公司在附近有工程，而本项目又可以利用该工程的设备、劳务，或有条件短期内突击完成的工程；投标对手多，竞争激烈的工程；非急需工程；支付条件好的工程。

(2) 不平衡报价法。这一方法是指一个工程项目总报价基本确定后，通过调整内部各个项目的报价，以期望既不提高总报价、不影响中标，又能在结算时得到更理想的经济效益。一般可以考虑在以下几个方面采用不平衡报价。

① 能够早日结账的项目(如开办费、基础工程、土方开挖、桩基工程等)可适当提高报价。

② 预计今后工程量会增加的项目，单价适当提高，这样在最终结算时可多赚钱；将工程量可能减少的项目单价降低，工程结算时损失不大。

③ 设计图样不明确，估计修改后工程量要增加的，可以提高单价；而工程内容解释不清楚的，则可适当报低一些单价，待澄清后再要求提价。

④ 暂定项目，又叫任意项目或选择项目，对这类项目要具体分析。因为这类项目要在开工后再由业主研究决定是否实施，以及由哪家承包商实施。如果工程不分标，另由一家承包商施工，则其中肯定要做的单价可高些，不一定做的则应低一些。如果工程分标，该暂定项目也可能由其他承包商施工时，则不宜报高价，以免抬高报价。

采用不平衡报价法，要注意单价调整时，不能太高也不能太低，一般来说，单价调整幅度不宜超过±10％，只有对投标单位具有特别优势的某些分项，才可适当增大调整幅度。采用不平衡报价一定要建立在对工程量表中工程量仔细核对分析的基础上，特别是对报低单价的项目，如工程量执行时增多将造成承包商的重大损失；不平衡报价过多和过于明显，可能会引起业主的反对，甚至导致废标。

（3）多方案报价法。对于一些招标文件，如果发现工程范围不很明确，条款不清楚或很不公正，或技术规范要求过于苛刻时，则要在充分估计投标风险的基础上，按多方案报价法处理。即按原招标文件报一个价，然后再提出如果某某条款做某些变动，目标即可降低多少，由此可报出一个较低的价。这样可降低总造价，吸引业主。

（4）增加建议方案。有时招标文件中规定，可以提一个建议方案，即是可以修改原设计方案，提出投标者的方案。投标者这时应抓住机会，组织一批有经验的设计师和施工工程师，对原招标文件的设计和施工方案仔细研究，提出更为合理的方案以吸引业主，促成自己的方案中标。这种新建议方案可以降低总造价或缩短工期，或使工程运用更为合理。但要注意对原方案也一定要报价。建议方案不要写得太具体，要保留方案的技术关键，防止业主将此方案交给其他承包商。同时要强调的是，建议方案一定要比较成熟，有很好的操作性。

（5）分包商报价的采用。由于现代工程的综合性和复杂性，总承包商不可能将全部工程内容完全独家包揽，特别是有专业性较强的工程内容，须分包给其他专业工程公司施工，还有些招标项目，业主规定某些工程内容必须由他指定的几家分包商承担。因此，总承包商通常还应在投标前先取得分包商的报价，并增加总承包商摊入的一定的管理费，而后作为自己投标总价的一个组成部分一并列入报价单中。应当注意，分包商在投标前可能同意接受总承包商压低其报价的要求，但等到总承包商得标后，他们常以种种理由要求提高分包价格，这将使总承包商处于十分被动的地位。解决的办法是，总承包商在投标前找两三家分包商分别报价，而后选择其中一家信誉较好、实力较强、报价合理的分包商签订协议，同意该分包商作为本分包工程的唯一合作者，并将分包商的姓名列到投标文件中，但要求该分包商相应地提交投标保函。这种把分包商的利益同投标人捆在一起的做法，不但可以防止分包商事后反悔和涨价，还可能迫使分包商报出较合理的价格，以便共同争取得标。

（6）突然降价法。报价是一项保密性的工作，但是竞争对手往往都会通过各种渠道、手段来刺探对手的情况，因此在报价时可以采取先按一般情况报价或者表现对该工程的兴趣不大，但快到投标截止日期时再突然降价，以此迷惑对手。运用此方法时，在准备投标报价的过程中要考虑好降价的幅度，在临近投标截止日期时，再根据情报信息和分析判断，对报价作出最后的决策。

（7）无利润投标法。缺乏竞争优势的承包商，在不得已的情况下，只好在投标报价中根本不考虑利润去夺标。这种办法一般是处于以下条件时采用。

① 有可能在中标后，将大部分工程分包给索价较低的一些分包商。

② 对于分期建设的项目，先以低价获得首期工程，而后凭借首期工程的经验、临时设施和创立的信誉，赢得机会创造第二期工程中的竞争优势以获取第二期工程，并在以后的实施中赚得利润。

③ 较长时间内，承包商没有在建工程项目，如果再不得标，就难以维持生存。因此，虽然本工程无利可图，只要有一定的管理费能维持公司的日常运转，就可以设法度过暂时的困难，以图将来东山再起。

【例6.1】 某承包商通过资格预审后，组织了一个投标报价班子对招标文件进行了深入的研究和分析，通过分析发现业主提出的工期过于苛刻，且合同条款中规定工期每延后1天罚合同价的1‰。若承包商要保证该工期的要求，必须采取措施和赶工，这将大大增加承包商的成本。承包商投标报价小组还发现原设计方案采用的是剪力墙结构，过于保守。因此，承包商在投标文件中说明业主要求的工期难以实现，因而计算出了自己认为合理的和能接受的工期，即比业主要求的工期增加了3个月，并对增加后的工期编制了施工进度计划，并据此报价，承包商还建议将剪力墙结构体系改成框架-剪力墙结构，并对这两种结构体系进行了技术经济分析和比较，证明框架-剪力墙结构不仅完全能保证工程结构的可靠性和安全性、增加建筑物的使用面积和提高空间利用的灵活性，而且还可以降低工程造价约2%。该承包商将技术标和商务标分别封装密封，加盖了该公司公章和法定代表人亲笔签名，在投标截止日期前2天的下午将投标文件送交给了业主，并在投标截止日期当天下午，即在规定的开标时间前40分钟，该承包商又向业主递交了一份补充材料，其中声明将原投标报价降低3%。

问题：该承包商在此工程的投标报价中运用了哪几种报价技巧？其运用是否恰当？为什么？

解：该承包商运用了三种报价技巧，即多方案报价法、增加建议方案法和突然降价法。其中，多方案报价法运用不当，因为运用该报价技巧时，承包商必须同时对原方案（即业主的工期要求）和现方案（即承包商认为合理的工期）报价，而在此案例中，承包商仅说明业主要求的工期难以实现，未就按该工期完成该工程增加的费用进行计算，且并未就该工期要求进行相应的报价。

增加建议方案运用恰当，因为运用该报价技巧时，该承包商对剪力墙结构和框架-剪力墙结构两种结构体系进行了技术经济分析和比较，这意味着对这两个方案都进行了报价，通过分析比较，论证了建议方案（即框架-剪力墙结构体系）的技术可行性和经济合理性，对业主有很强的说服力。

突然降价法运用恰当，因为运用该报价技巧时，承包商将原投标文件的递交时间比规定的投标截止日期仅提前了2天，这既符合招投标的有关规定，又为竞争对手调整、确定最终报价留有一定的时间，起到了迷惑对手的作用，若承包商提前时间太多，会引起竞争对手的怀疑，而在开标前40分钟突然递交补充材料，这时竞争对手已经没有时间再调整报价了。

6.3.6 签订合同

投标人在中标后，根据《中华人民共和国合同法》和《建设工程施工合同管理办法》的规定，依据招标文件、投标文件与招标方签订工程承包合同。

1. 工程承包合同的类型

依据承包价格的确定方式不同，工程承包合同可分为三种类型：可调价格合同、固定价格合同、成本加酬金合同。

1）可调价格合同

可调价格合同是指在约定的合同价格的基础上，如果出现物价的涨落，合同价格可以相应调整。一般适用于物价不稳定的国家和地区。

我国的大部分省、市确定合同价格的依据是当地的定额，与定额相配套有各种各样的调价方式：月或季度的调价系数、竣工期调价系数、材料信息价或市场价与招标文件规定的基期价的差额等。

2）固定价格合同

根据风险范围的不同，固定价格合同可分为固定总价合同和固定单价合同。

（1）固定总价合同。固定总价合同是指承包商以约定的固定合同金额，完成设计规范规定的全部工作的合同。当然，当委托项目内容、设计、规范发生变更时，相应的合同金额也会发生变更。一般来说，固定总价合同对承包商的风险相对较大，故在投标报价时应适当提高不可预见费，以防范风险。

（2）固定单价合同。这种方式是把工程细分为单位单项工程子项，业主在招标前估算出每个单位单项工程的数量，投标人只需确定每个单位单项工程子目的价格，实际支付按照实际发生的工程量乘以每个单位单项工程子目的价格进行。

3）成本加酬金合同

采用这种合同，首先要确定一个目标成本，这个目标成本是根据估算的工程量和单价表编制出来的。在此基础上，根据目标成本来确定酬金的数额，可以是百分比例的形式，也可以是一笔固定的酬金或者是浮动的酬金，也可能是目标成本加奖罚。成本加酬金之和即为合同价。

具体采用哪一种形式的合同，是由业主根据项目的特点、技术经济指标研究的深度以及确保工程成本、工期和质量要求等因素综合考虑后决定的，业主选择合同形式时所要考虑的因素包括以下几方面。

（1）项目的复杂程度。建设规模大且技术复杂的工程项目，承包风险较大，各项费用不易估算准确，则不宜采用固定总价合同。但对此类工程，可以在同一工程中采用不同的合同形式，如对有把握的部分采用固定价合同，而对估算不准的部分采用单价合同或成本加酬金合同。这有利于业主和承包商合理分担施工中的不确定风险因素。

（2）项目设计的具体深度。建设项目的设计深度，即建设工程的工作范围的明确程度和预计完成工程量的准确程度是选择合同形式的重要因素。

（3）项目施工技术的难度。如果施工中有较大部分采用新技术和新工艺，当业主和承包商在这方面过去都没有经验，且在国家颁布的标准、规模、定额中又没有可作为依据的标准时,这类工程不宜采用固定价合同,较为保险的是选用成本加酬金合同。这样既有利于避免投标人盲目地提高承包价款,同时也可以避免承包商对施工难度估计不足而导致承包亏损。

(4)项目进度要求的紧迫程度。一些紧急工程,如灾后恢复工程等,要求尽快开工且工期较紧,此时可能仅有实施方案,但没有施工图样,因此承包商不可能报出合理的投标价格,对此类工程,以邀请招标的方式选择有信誉、有能力的承包商采用成本加酬金合同较为合适。

总之,一个工程项目究竟采用哪种合同形式不是固定不变的。有时候,同一个项目中各个不同的工程部分或不同阶段,可以采用不同形式的合同。制定合同的分标或分包规划时,必须依据实际情况权衡各种利弊,进而作出最佳合同选择决策。

6.4 评标方法

评标方法可采用评议法、综合评分法和合理低价法等,所采用的评标方法应在招标文件中确定。

6.4.1 评议法

评议法不量化评标指标,而是通过对投标单位的能力、业绩、财务状况、信誉、投标价格、工期质量、施工方案(或施工组织设计)等内容进行定性的分析和比较。进行评议后,选择投标单位在各项指标上都优良者为中标单位,也可以用无记名投票的方式确定中标单位。这种方法是定性的评价方法,由于没有对各投标书的量化比较,评标的科学性较差。其优点是简单易行,在较短时间内即可以完成。

6.4.2 综合评分法

根据综合评分法,最大限度地满足招标文件规定的各项综合评价标准的投标,应当推荐为中标候选人。衡量投标文件是否最大限度地满足招标文件规定的各项评价标准,可以采取折算为货币的方法、打分的方法或者其他方法。需量化的因素及其权重应当在招标文件中明确规定。

在综合评分法中,最为常见的方法是百分法,这种方法是先在评标办法中确定若干评价因素,并确定各评价因素在百分以内所占的比例和评分标准。开标后评标小组每位成员按评分标准,对投标书打分,最后统计各投标人的得分,总分最高者为中标人。评标委员会对各个因素进行量化时,应当将量化建立在同一基础或者标准上,即这种评标方法的价格因素的比较需要一个基准价(或者被称为参考价),一般以标底作为基准价,这样各投标文件才具有可比性。对技术部分和商务部分进行量化后,评标委员会应当对这两部分的量化结果进行加权,计算出每一投标报价的最终评审结果。

根据综合评分法完成评标后,评标委员会应当拟定一份"综合评估比较表",和书面评标报告一起交给招标人。"综合评估比较表"应载明投投标人的投标报价、所做的任何修正、对商务偏差的调整、对技术偏差的调整、对各评审因素的评估及对每一投标报价的最终评审结果。

6.4.3 合理低标价法

所谓合理低标价法，即指根据经评审的最低投标价法，能够满足招标文件的实质性要求，并且经评审的最低投标价的投标，应当推荐为中标候选人。这一方法是按照评标程序，经初审后以合理低标价作为中标的主要条件。所谓合理低价是指经过审查并进行答辩，证明该投标报价是能够完成项目的有效报价。

采用合理低标价法评标时，评标委员会应根据招标文件中规定的评标价格调整方法，对所有投标人的投标报价以及投标文件的商务部分进行价格调整，而在比较价格时必须考虑一些修正因素，需要考虑的修正因素包括：一定条件下的优惠条件（如世界银行贷款项目对借款国国内投标有 7.5％的评标优惠）；工期提前的效益对报价的修正；同时投多个标的评标修正等。所有的这些修正因素都应当在招标文件中明确规定。这种评标方法一般适用于具有通用技术、性能标准，或者招标人对其技术、性能没有特殊要求的招标项目。这种评标方法是一般项目首选的评标方法。

采用合理低标价法的，中标人的投标应当符合招标文件规定的技术要求和标准，且合理低价并不一定是最低标。根据经评审的最低标价法完成详细评审后，评标委员会应当拟一份"标价比较表"，"标价比较表"应当载明投标人的投标报价、对商务偏差的价格调整和说明，以及经评审的最终投标价。合理低标价法的分析评分方法有"投标报价与标底比较法""各投标报价相互比较法"等。

6.5 某工程投标报价实例

某小区门卫接待室工程施工图如图 6.2～图 6.5 所示。结构类型为钢筋混凝土框架结构，抗震设防烈度为 6 度，土壤类别为二类土，建筑耐火等级为二级。

工程外围护墙采用 250mm 厚加气混凝土砌块，内隔墙采用 200mm 厚加气混凝土砌块，M5 混合砂浆砌筑；首层墙体地面以下采用 MU10 灰砂砖，M5 水泥砂浆砌筑。其他见室内、室外工程做法表（表 6-1）。

钢筋混凝土工程：除图中注明外混凝土强度等级均为 C25，包括基础、柱、梁、板；基础垫层混凝土强度等级采用 C10 素混凝土；构造柱、门窗过梁等后浇构件混凝土强度等级为 C20。

本工程设计图样采用"平法"表示，施工单位在施工前应仔细阅读图集 11G101-1 中所规定的制图规则，准确理解构造详图。

框架填充墙与梁、柱连接构造详见中南标图集 03ZG003 第 36 页；填充墙长度大于 5m 时，墙中间设置构造柱，构造柱的构造详见中南标图集 03ZG003 第 37 页。

未尽事宜，按国家现行的有关技术规范和施工验收规范执行。

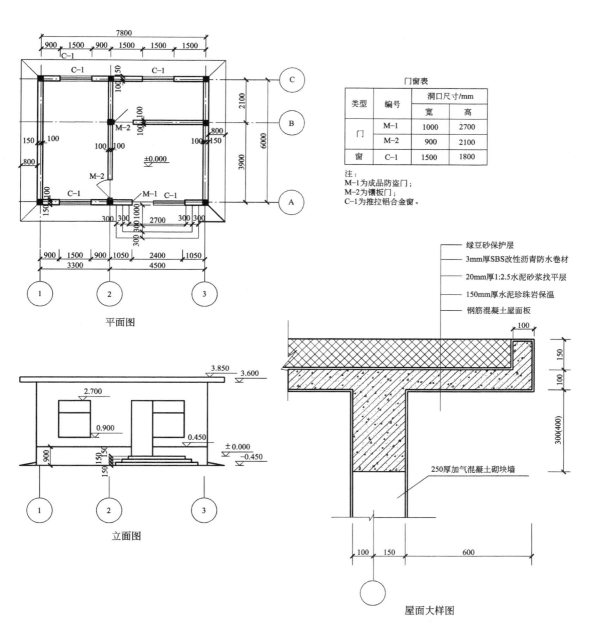

门窗表

类型	编号	洞口尺寸/mm	
		宽	高
门	M-1	1000	2700
	M-2	900	2100
窗	C-1	1500	1800

注：
M-1为成品防盗门；
M-2为镶板门；
C-1为推拉铝合金窗。

图 6.2　建筑施工图

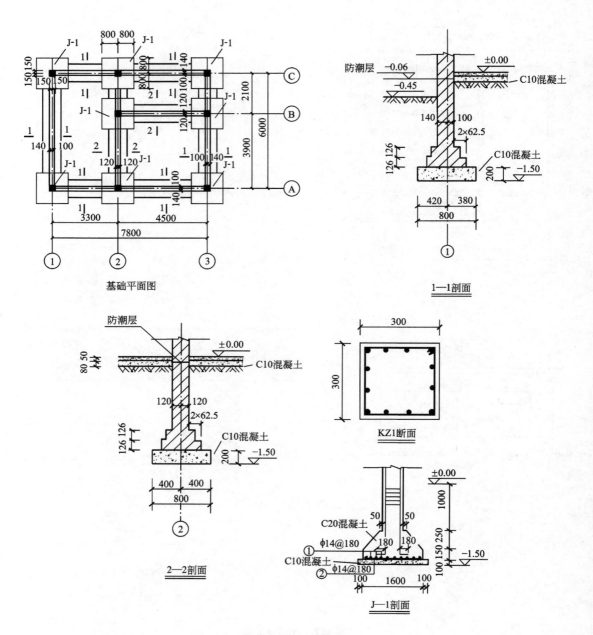

图 6.3　基础平面图

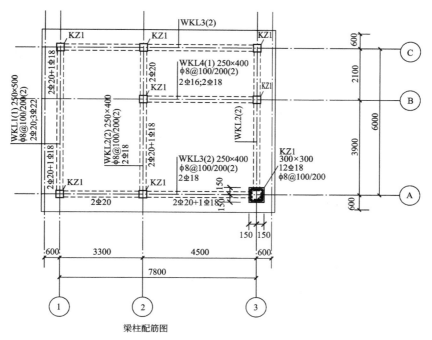

梁柱配筋图

图 6.4 梁柱配筋图

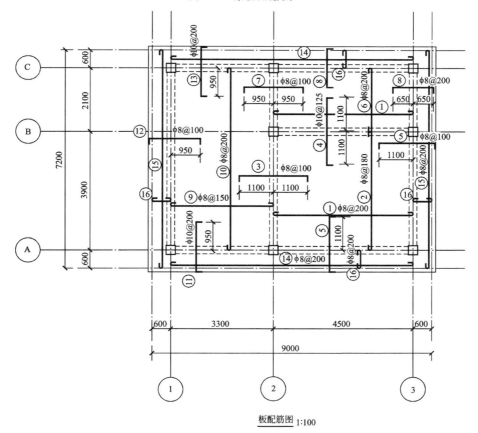

板配筋图 1:100

图 6.5 板配筋图

197

表 6-1　室内、室外工程做法表［选自中南标(05ZJ001)］

材料做法 部位	面层材料	做法号	备注
地面	陶瓷地砖	地 19	颜色自定
踢脚	面砖	踢 17	颜色同地面
内墙	白色乳胶漆	内墙 4	
顶棚	白色乳胶漆	顶 2	
外墙	浅灰色涂料	外墙 23	
散水	水泥砂浆	散 4	
台阶	陶瓷地砖	台 5	颜色自定

6.5.1　清单工程量计算

1. 土建工程量计算(表 6-2)

表 6-2　土建工程量计算表

序号	项目名称及计算式	单位	数量
1	建筑面积：$(7.8+0.3)\times(6+0.3)=51.03(m^2)$	m^2	51.03
	场地平整：$(7.8+0.3)\times(6+0.3)=51.03(m^2)$	m^2	51.03
2	挖基坑土方： 独立基础，8 个 $1.8\times1.8\times(1.5-0.45)\times8=27.216(m^3)$	m^3	27.22
3	挖沟槽土方： 条形砖基础，垫层底宽 800mm，$H=1.5-0.45=1.05(m)$ 1-1：$0.8\times1.05\times(6-1.8+6-1.8\times2+7.8-1.8\times2+7.8-1.8\times2)=$ $12.6(m^3)$ 2-2：$0.8\times1.05\times(6-1.8\times2+4.5-1.8)=4.284(m^3)$ $12.6+4.284=16.884(m^3)$	m^3	16.88
4	混凝土垫层： 独立基础下垫层，长 1800mm，宽 1800mm，8 个 $1.8\times1.8\times0.1\times8=2.592(m^3)$ 条形砖基础下垫层： 底宽 800mm，高 200mm 1-1：$0.8\times0.1\times(6-1.8+6-1.8\times2+7.8-1.8\times2+7.8-1.8\times2)+0.8$ $\times0.1\times(6-1.6+6-1.6\times2+7.8-1.6\times2+7.8-1.6\times2)=2.512(m^3)$ 2-2：$0.8\times0.1\times(6-1.8\times2+4.5-1.8)+0.8\times0.1\times(6-1.6\times2+4.5-$ $1.6)=0.864(m^3)$ $2.592+2.512+0.864=5.968(m^3)$	m^3	5.97

（续）

序号	项目名称及计算式	单位	数量
5	柱下独立基础： 截锥式独立基础，8个 $[1.6 \times 1.6 \times 0.15 + \frac{1}{3} \times 0.25 \times (0.4^2 + 1.6^2 + 0.4 \times 1.6)] \times 8 = 5.312(\text{m}^3)$	m³	5.31
6	条形砖基础： MU10灰砂砖砌筑，240mm厚，2阶大放脚，高1300mm $0.24 \times (1.3 + 0.197) \times [(7.8 - 0.3 \times 2 + 4.5 - 0.3 + 7.8 - 0.3 \times 2 + 6 - 0.3 + 6 - 0.3 \times 2 + 6 - 0.3 \times 2)] = 0.24 \times 1.497 \times 35.1 = 12.61(\text{m}^3)$	m³	12.61
7	柱混凝土： 截面为300mm×300mm，高为3.6+1.0=4.6(m)，8根 $0.3 \times 0.3 \times (3.6 + 1.0) \times 8 = 3.312(\text{m}^3)$	m³	3.31
8	回填土： ① 基坑回填土 $27.22 - 2.59 - 5.31 - 0.3 \times 0.3 \times 1.0 \times 8 = 18.6(\text{m}^3)$ ② 沟槽回填土 $16.88 - (2.512 + 0.864) - 0.24 \times (1.497 - 0.45) \times 35.1 = 4.68(\text{m}^3)$ ③ 室内回填土 $[(3.3 - 0.2) \times (6 - 0.2) + (4.5 - 0.2) \times (3.9 - 0.2) + (4.5 - 0.2) \times (2.1 - 0.2)] \times (0.45 - 0.13) = 13.46(\text{m}^3)$ $18.6 + 4.68 + 13.46 = 36.74(\text{m}^3)$	m³	36.74
9	余土弃置6km： $27.22 + 16.88 - 36.74 = 7.36(\text{m}^3)$	m³	7.36
10	框架梁混凝土： 计算梁高时需减去现浇板的厚度100mm WKL1：$0.25 \times (0.5 - 0.1) \times (6 - 0.3) = 0.57(\text{m}^3)$ WKL2：$0.25 \times (0.4 - 0.1) \times (6 - 0.3 \times 2) \times 2 = 0.81(\text{m}^3)$ WKL3：$0.25 \times (0.4 - 0.1) \times (7.8 - 0.3 \times 2) \times 2 = 1.08(\text{m}^3)$ WKL4：$0.25 \times (0.4 - 0.1) \times (4.5 - 0.3) = 0.315(\text{m}^3)$ $0.57 + 0.81 + 1.08 + 0.315 = 2.775(\text{m}^3)$	m³	2.78
11	板混凝土： $9 \times 7.2 \times 0.1 + 0.15 \times 0.1 \times (9 - 0.1 + 7.2 - 0.1) \times 2 = 6.96(\text{m}^3)$	m³	6.96
12	过梁混凝土： 过梁高取240mm，支座为250mm，宽同墙厚 M1过梁：$(2.5 + 0.5) \times 0.25 \times 0.24 = 0.18(\text{m}^3)$ C1过梁：$(1.5 + 0.5) \times 0.25 \times 0.24 \times 3 = 0.36(\text{m}^3)$ M2过梁：$(0.9 + 0.25) \times 0.20 \times 0.24 \times 2 = 0.1104(\text{m}^3)$ $0.18 + 0.36 + 0.1104 = 0.6504(\text{m}^3)$	m³	0.65
13	砌块墙： 外墙：$[(6 - 0.3) \times (3.6 - 0.4) + (6 - 0.3 \times 2) \times (3.6 - 0.3)] \times 0.25 + [(7.8 - 0.3 \times 2) \times (3.6 - 0.3) - 2 \times 1.5 \times 1.8] \times 0.25 + [(7.8 - 0.3 \times 2) \times (3.6 - 0.3) - 2 \times 1.5 \times 1.8 - 1.0 \times 2.7] \times 0.25 - 0.18 - 0.36 = 9.015 + 4.59 + 3.915 - 0.54 = 16.98(\text{m}^3)$ 内墙：$[(4.5 - 0.3) \times (3.6 - 0.3) - 0.9 \times 2.1] \times 0.20 + [(6 - 0.3 \times 2) \times (3.6 - 0.3) - 0.9 \times 2.1] \times 0.20 - 0.1104 = 2.394 + 3.186 - 0.1104 = 5.4696(\text{m}^3)$ $16.98 + 5.4696 = 22.4496(\text{m}^3)$	m³	22.45

（续）

序号	项目名称及计算式	单位	数量
14	屋面卷材防水： $(7.8+0.3+0.6×2)×(6+0.3+0.6×2)=69.75(m^2)$	m^2	69.75
15	水泥珍珠岩保温层： $(7.8+0.3+0.5×2)×(6+0.3+0.5×2)=66.43(m^2)$	m^2	66.43
16	成品防盗门：1个 $1.0×2.7=2.7(m^2)$	m^2	2.7
17	镶板门：2个 $0.9×2.1×2=3.78(m^2)$	m^2	3.78
18	推拉铝合金窗：4个 $1.5×1.8×4=10.8(m^2)$	m^2	10.8
19	台阶： $(2.7+0.3×4)×(1.0+0.3×2)=6.24(m^2)$	m^2	6.24
20	散水： $(7.8+0.3+0.8×2)×(6+0.3+0.8×2)-(7.8+0.3)×(6+0.3)-(2.7+0.3×4)×0.8=22.48(m^2)$	m^2	22.48
21	陶瓷地砖地面： $(3.3-0.2)×(6-0.2)+(4.5-0.2)×(3.9-0.2)+(4.5-0.2)×(2.1-0.2)+0.2×0.9×2=42.42(m^2)$	m^2	42.42
22	面砖踢脚(100mm 高)： $[(3.3-0.2)×2+(6-0.2)×2+(4.5-0.2)×4+(2.1-0.2)×2+(3.9-0.2)×2-0.9×2-1.0]×0.1=4.34(m^2)$	m^2	4.34
23	内墙抹灰、内墙白色乳胶漆： $[(3.3-0.2)×2+(6-0.2)×2+(4.5-0.2)×4+(2.1-0.2)×2+(3.9-0.2)×2]×3.6-2.7-3.78×2-10.8=145.26(m^2)$	m^2	145.26
24	顶棚抹灰、顶棚白色乳胶漆： $(3.3-0.2)×(6-0.2)+(4.5-0.2)×(3.9-0.2)+(4.5-0.2)×(2.1-0.2)+[(8.1+0.6)×2+(6.3+0.6)×2]×0.6=60.78(m^2)$	m^2	60.78
25	外墙抹灰、外墙浅灰色涂料： $[(7.8+0.3)×2+(6+0.3)×2]×3.85-10.8-2.7=97.38(m^2)$	m^2	97.38

2. 钢筋工程量计算（表6-3）

表6-3 钢筋工程量计算表

筋号	级别	直径	钢筋图形	计算公式	根数	总根数	单长/m	总长/m	总重/kg
构件名称：KZ-1				构件数量：2			本构件钢筋重：49.54kg		
全部纵筋插筋.1	Φ	18	270⌐1755	4200/3+400−45+15×d	12	24	2.025	48.6	97.2
箍筋.1	Φ	8	250 ⬜250	2×[(300−2×25)+(300−2×25)]+2×(11.9×d)	2	4	1.19	4.76	1.88
构件名称：KZ-1				构件数量：6			本构件钢筋重：50.332kg		
全部纵筋插筋.1	Φ	18	270⌐1788	4300/3+400−45+15×d	12	72	2.058	148.176	296.352
箍筋.1	Φ	8	250 ⬜250	2×[(300−2×25)+(300−2×25)]+2×(11.9×d)	2	12	1.19	14.28	5.641
构件名称：DJ-1				构件数量8			本构件钢筋重：28.75kg		
横向底筋.1	Φ	14	1310	1400−45−45+12.5×d	2	16	1.485	23.76	28.75
横向底筋.2	Φ	14	1310	1400−45−45+12.5×d	6	48	1.485	71.28	86.249
纵向底筋.1	Φ	14	1310	1400−45−45+12.5×d	2	16	1.485	23.76	28.75
纵向底筋.2	Φ	14	1310	1400−45−45+12.5×d	6	48	1.485	71.28	86.249
物件名称：KZ-1				物件数量：2			本构件钢筋重：128.724kg		
全部纵筋.1	Φ	18	216⌐3275	4700−4200/3−500+500−25+12×d	12	24	3.491	83.784	167.568
箍筋.1	Φ	8	250 ⬜250	2×[(300−2×25)+(300−2×25)]+2×(11.9×d)	38	76	1.19	90.44	35.724
箍筋.2	Φ	8	250 ⬜106	2×{[(300−2×25−2×d−18)/3×1+18+2×d]+(300−2×25)}+2×(11.9×d)	76	152	0.902	137.104	54.156

（续）

筋号	级别	直径	钢筋图形	计算公式	根数	总根数	单长/m	总长/m	总重/kg
构件名称：KZ-1				构件数量：6			本构件钢筋重：127.932kg		
全部纵筋.1	Φ	18	216⌐__3242	$4700-4300/3-400$ $+400-25+12×d$	12	72	3.458	248.976	497.952
箍筋.1	Φ	8	250 [250]	$2×[(300-2×25)$ $+(300-2×25)]$ $+2×(11.9×d)$	38	228	1.19	271.32	107.171
箍筋.2	Φ	8	250 [106]	$2×\{[(300-$ $2×25-2×d-18)$ $/3×1+18+2×d]$ $+(300-2×25)\}$ $+2×(11.9×d)$	76	456	0.902	411.312	162.468
构件名称：LJ-2				构件数量：4			本构件钢筋重：10.443kg		
砌体加筋.1	Φ	6	60⌐__1060	$1000+60+60$	42	168	1.12	188.16	41.772
构件名称：LJ-1				构件数量：4			本构件钢筋重：6.962kg		
砌体加筋.1	Φ	6	60⌐__1060	$1000+60+60$	28	112	1.12	125.44	27.848
构件名称：WKL-1				构件数量：1			本构件钢筋重：129.131kg		
1跨.上通长筋1	Φ	20	475⌐__6250__⌐475	$300-25+475+5700$ $+300-25+475$	2	2	7.2	14.4	35.568
1跨.左支座筋1	Φ	18	475⌐__2175	$300-25+$ $475+5700/3$	1	1	2.65	2.65	5.3
1跨.右支座筋1	Φ	18	475⌐__2175	$5700/3+300$ $-25+475$	1	1	2.65	2.65	5.3
1跨.下部钢筋1	Φ	22	330⌐__6250__⌐330	$300-25+15×d+$ $5700+300-25+15×d$	3	3	6.91	20.73	61.775
1跨.箍筋1	Φ	8	450 [200]	$2×[(250-2×25)$ $+(500-2×25)]$ $+2×(11.9×d)$	36	36	1.49	53.64	21.188
构件名称：WKL-2				构件数量：2			本构件钢筋重：97.247kg		
1跨.上通长筋1	Φ	18	375⌐__6250__⌐375	$300-25+375+$ $5700+300-25+375$	2	4	7	28	56
1跨.下部钢筋1	Φ	18	270⌐__4469	$300-25+15×$ $d+3600+33×d$	1	2	4.739	9.478	18.956

（续）

筋号	级别	直径	钢筋图形	计算公式	根数	总根数	单长/m	总长/m	总重/kg
1 跨.下部钢筋 2	Φ	20	300 ⌐ 4535	$300-25+15\times d+3600+33\times d$	2	4	4.835	19.34	47.77
2 跨.下部钢筋 1	Φ	20	300 ⌐ 2735	$33\times d+1800+300-25+15\times d$	2	4	3.035	12.14	29.986
1 跨.箍筋 1	Φ	8	350 [200]	$2\times[(250-2\times25)+(400-2\times25)]+2\times(119\times d)$	25	50	1.29	64.5	25.478
2 跨.箍筋 1	Φ	8	350 [200]	$2\times[(250-2\times25)+(400-2\times25)]+2\times(11.9\times d)$	16	32	1.29	41.28	16.306
构件名称：WKL—3			构件数量：2				本构件钢筋重：119.125kg		
1 跨.上通长筋 1	Φ	18	375 ⌐ 8050 ⌐ 375	$300-25+375+7500+300-25+375$	2	4	8.8	35.2	70.4
1 跨.下部钢筋 1	Φ	20	300 ⌐ 3935	$300-25+15\times d+3000+33\times d$	2	4	4.235	16.94	41.842
2 跨.下部钢筋 1	Φ	18	270 ⌐ 5069	$33\times d+4200+300-25+15\times d$	1	2	5.339	10.678	21.356
2 跨.下部钢筋 2	Φ	20	300 ⌐ 5135	$33\times d+4200+300-25+15\times d$	2	4	5.435	21.74	53.698
1 跨.箍筋 1	Φ	8	350 [200]	$2\times[(250-2\times25)+(400-2\times25)]+2\times(11.9\times d)$	22	44	1.29	56.76	22.42
2 跨.箍筋 1	Φ	8	350 [200]	$2\times[(250-2\times25)+(400-2\times25)]+2\times(1.9\times d)$	28	56	1.29	72.24	28.535
构件名称：WKL—4			构件数量：1				本构件钢筋重：52.807kg		
1 跨.上通长筋 1	Φ	16	375 ⌐ 4750 ⌐ 375	$300-25+375+4200+300-25+375$	2	2	5.5	11	17.38
1 跨.下部钢筋 1	Φ	18	270 ⌐ 4750 ⌐ 270	$300-25+15\times d+4200+300-25+15\times d$	2	2	5.29	10.58	21.16
1 跨.箍筋 1	Φ	8	350 [200]	$2\times[(250-2\times25)+(400-2\times25)]+2\times(11.9\times d)$	28	28	1.29	36.12	14.267
构件名称：B—1			构件数量：1				本构件钢筋重：72.443kg		

（续）

筋号	级别	直径	钢筋图形	计算公式	根数	总根数	单长/m	总长/m	总重/kg
SLJ—1.1	Φ	8	4500	$4250+\max(250/2,$ $5\times d)+\max(250/2,$ $5\times d)+12.5\times d$	19	19	4.6	87.4	34.523
SLJ—1.2	Φ	8	3900	$3650+\max(250/2,$ $5\times d)+\max(250/2,$ $5\times d)+12.5\times d$	24	24	4	96	37.92
构件名称：B—2				构件数量：1			本构件钢筋重：37.288kg		
SLJ—2.1	Φ	8	2100	$1850+\max(250/2,$ $5\times d)+\max(250/2,$ $5\times d)+12.5\times d$	22	22	2.2	48.4	19.118
SLJ—2.2	Φ	8	4500	$4250+\max(250/2,$ $5\times d)+\max(250/2,$ $5\times d)+12.5\times d$	10	10	4.6	46	18.17
构件名称：B—3				构件数量：1			本构件钢筋重：90.929kg		
SLJ—3.1	Φ	8	3300	$3050+\max(250/2,$ $5\times d)+\max(250/2,$ $5\times d)+12.5\times d$	39	39	3.4	132.6	52.377
SLJ—3.2	Φ	8	6000	$5750+\max(250/2,$ $5\times d)+\max(250/2,$ $5\times d)+12.5\times d$	16	16	6.1	97.6	38.552
构件名称：B—4				构件数量：1			本构件钢筋重：21.715kg		
SLJ—4.1	Φ	8	7760	$7800-20-$ $20+12.5\times d$	3	3	7.86	23.58	9.314
SLJ—4.2	Φ	8	705	$600+\max(250/2,$ $5\times d)-20+12.5\times d$	39	39	0.805	31.395	12.401
构件名称：B—5				构件数量：1			本构件钢筋重：21.571kg		
SLJ—5.1	Φ	8	705	$600-20+\max(250/2,$ $5\times d)+12.5\times d$	1	1	0.805	0.805	0.318
SLJ—5.2	Φ	8	705	$600+\max(250/2,$ $5\times d)-20+12.5\times d$	1	1	0.805	0.805	0.318
SLJ—5.3	Φ	8	7410	$7450-20-$ $20+12.5\times d$	3	3	7.51	22.53	8.899

（续）

筋号	级别	直径	钢筋图形	计算公式	根数	总根数	单长/m	总长/m	总重/kg
SLJ—5.4	Φ	8	⌐ 685 ⌐	$725-20-20+12.5\times d$	6	6	0.785	4.71	1.86
SLJ—5.5	Φ	8	⌐ 705 ⌐	$600+\max(250/2, 5\times d)-20+12.5\times d$	32	32	0.805	25.76	10.175
构件名称：B—6				构件数量：1			本构件钢筋重：21.571kg		
SLJ—6.1	Φ	8	⌐ 7410 ⌐	$7450-20-20+12.5\times d$	3	3	7.51	22.53	8.899
SLJ—6.2	Φ	8	⌐ 705 ⌐	$600-20+\max(250/2, 5\times d)+12.5\times d$	1	1	0.805	0.805	0.318
SLJ—6.3	Φ	8	⌐ 705 ⌐	$600+\max(250/2, 5\times d)-20+12.5\times d$	1	1	0.805	0.805	0.318
SLJ—6.4	Φ	8	⌐ 685 ⌐	$725-20-20+12.5\times d$	6	6	0.785	4.71	1.86
SLJ—6.5	Φ	8	⌐ 705 ⌐	$600-20+\max(250/2, 5\times d)+12.5\times d$	32	32	0.805	25.76	10.175
构件名称：B—7				构件数量：1			本构件钢筋重：21.715kg		
SLJ—7.1	Φ	8	⌐ 7760 ⌐	$7800-20-20+12.5\times d$	3	3	7.86	23.58	9.314
SLJ—7.2	Φ	8	⌐ 705 ⌐	$600-20+\max(250/2, 5\times d)+12.5\times d$	39	39	0.805	31.395	12.401
构件名称：FJ—3				构件数量：1			本构件钢筋重：38.889kg		
FJ—3.1	Φ	8	60⌐ 2200 ⌐60	$1100+1100+60+60$	37	37	2.32	85.84	33.907
FJ—3.2	Φ	8	60⌐ 1200 ⌐120	$975+60+250-25+15\times d+6.25\times d$	1	1	1.43	1.43	0.565
FJ—分布筋	Φ	6	2975	$2950-125+150$	4	4	2.975	11.9	2.642
FJ—分布筋	Φ	6	2000	$1700+150+150$	4	4	2	8	1.776
构件名称：FJ—4				构件数量：1			本构件钢筋重：58.819kg		
FJ—4.1	Φ	10	60⌐ 2200 ⌐60	$1100+1100+60+60$	34	34	2.32	78.88	48.669
FJ—分布筋	Φ	6	3200	$2900+150+150$	4	4	3.2	12.8	2.842

（续）

筋号	级别	直径	钢筋图形	计算公式	根数	总根数	单长/m	总长/m	总重/kg
FJ—分布筋	Φ	6	⊏ 2600	2300+150+150	4	4	2.6	10.4	2.309
构件名称：FJ—5				构件数量：1			本构件钢筋重：68.233kg		
FJ—5.1	Φ	8	60⌐ 750 ⌐120	$525+250-25+15 \times d+60+6.25 \times d$	2	2	0.98	1.96	0.774
FJ—5.2	Φ	8	60⌐ 1750 ⌐60	1100+650+60+60	37	37	1.87	69.19	27.33
FJ—分布筋	Φ	6	⊏ 2000	1700+150+150	4	4	2	8	1.776
FJ—分布筋	Φ	6	⊏ 3650	3900-125-125	2	2	3.65	7.3	1.621
FJ—5.1	Φ	8	60⌐ 750 ⌐120	$525+250-25+15 \times d+60+6.25 \times d$	2	2	0.98	1.96	0.774
FJ—5.2	Φ	8	60⌐ 1750 ⌐60	1100+650+60+60	43	43	1.87	80.41	31.762
FJ—分布筋	Φ	6	⊏ 2600	2300+150+150	4	4	2.6	10.4	2.309
FJ—分布筋	Φ	6	⊏ 4250	4500-125-125	2	2	4.65	8.5	1.887
构件名称：FJ—7				构件数量：1			本构件钢筋重：16.881kg		
FJ—7.1	Φ	8	60⌐ 1900 ⌐60	950+950+60+60	19	19	2.02	38.38	15.16
FJ—7.2	Φ	8	60⌐ 1050 ⌐120	$825+250-25+15 \times d+60+6.25 \times d$	1	1	1.28	1.28	0.506
FJ—分布筋	Φ	6	⊏ 650	350+150+150	3	3	0.65	1.95	0.433
FJ—分布筋	Φ	6	⊏ 1175	1150-125+150	3	3	1.175	3.525	0.783
构件名称：FJ—8				构件数量：1			本构件钢筋重：22.793kg		
FJ—8.1	Φ	8	60⌐ 750 ⌐120	$525+250-25+15 \times d+60+6.25 \times d$	2	2	0.98	1.96	0.774
FJ—8.2	Φ	8	60⌐ 1300 ⌐60	650+650+60+60	21	21	1.42	29.82	11.779
FJ—分布筋	Φ	6	⊏ 3200	2900+150+150	2	2	3.2	6.4	1.421

（续）

筋号	级别	直径	钢筋图形	计算公式	根数	总根数	单长/m	总长/m	总重/kg
FJ—分布筋	Φ	6	4250	4500－125－125	2	2	4.25	8.5	1.887
FJ—8.1	Φ	8	60⌐ 750 ⌐120	525＋60＋250－25＋15×d＋6.25×d	2	2	0.98	1.96	0.774
FJ—8.2	Φ	8	60⌐ 1300 ⌐60	650＋650＋60＋60	9	9	1.42	12.78	5.048
FJ—分布筋	Φ	6	1850	2100－125－125	2	2	1.85	3.7	0.821
FJ—分布筋	Φ	6	650	350＋150＋150	2	2	0.65	1.3	0.289
构件名称：FJ—11				构件数量：1			本构件钢筋重：19.567kg		
FJ—11.1	Φ	10	60⌐ 750 ⌐150	525＋250－25＋15×d＋60＋6.25×d	2	2	1.023	2.046	1.262
FJ—11.2	Φ	10	60⌐ 1600 ⌐60	950＋650＋60＋60	15	15	1.72	25.8	15.919
FJ—分布筋	Φ	6	1550	1250＋150＋150	3	3	1.55	4.65	1.032
FJ—分布筋	Φ	6	3050	3300－125－125	2	2	3.05	6.1	1.354
构件名称：FJ—12				构件数量：1			本构件钢筋重：45.663kg		
FJ—12.1	Φ	8	60⌐ 750 ⌐120	525＋60＋250－25＋15×d＋6.25×d	2	2	0.98	1.96	0.774
FJ—12.2	Φ	8	60⌐ 1600 ⌐60	650＋950＋60＋60	58	58	1.72	99.76	39.405
FJ—分布筋	Φ	6	5750	6000－125－125	2	2	5.75	11.5	2.553
FJ—分布筋	Φ	6	4400	4100＋150＋150	3	3	4.4	13.2	2.93
构件名称：FJ—13				构件数量：1			本构件钢筋重：19.667kg		
FJ—13.1	Φ	10	60⌐ 750 ⌐150	525＋60＋250－25＋15×d＋6.25×d	2	2	1.023	2.046	1.262
FJ—13.2	Φ	10	60⌐ 1600 ⌐60	650＋950＋60＋60	15	15	1.72	25.8	15.919
FJ—分布筋	Φ	6	3050	3300－125－125	2	2	3.05	6.1	1.354
FJ—分布筋	Φ	6	1700	1400＋150＋150	3	3	1.7	5.1	1.132

6.5.2　编制工程量清单

某小区门卫接待室工程

招标工程量清单

招　标　人：

（单位盖章）

造价咨询人：

（单位盖章）

年　月　日

某小区门卫接待室工程

招标工程量清单

招标人：   造价咨询人：

　　　（单位盖章）   （单位资质专用章）

法定代表人   法定代表人
或其授权人：   或其授权人：

（签字或盖章）   （签字或盖章）

编制人：   复核人：

　　　（造价人员签字   （造价工程师签字
　　　盖专用章）   盖专用章）

编制时间：　年　月　日   复核时间：　年　月　日

总 说 明

工程名称：某小区门卫接待室工程 　　　　　　　　　　　　第 1 页　共 1 页

1. 工程概况

　　本工程建筑层数为 1 层，建筑面积 51.03m²，建筑工程等级为：三类普通办公室，建筑高度主体 3.85m。结构类型为钢筋混凝土框架结构，抗震设防列度为 6 度，建筑耐火等级为二级。

2. 编制依据

（1）某小区门卫接待室建筑施工图及结构施工图和有关图集。

（2）《建设工程工程量清单计价规范》（GB 50500—2013）。

（3）《房屋建筑与装饰工程工程量计算规范》（GB 50854—2013）。

某小区门卫接待室工程分部分项工程和单价措施项目清单与计价表见表6-4～表6-7。

表6-4 分部分项工程和单价措施项目清单与计价表

工程名称：某小区门卫接待室工程 　　　　　　　　　　　　　　　　第1页　共4页

序号	项目编码	项目名称	项目特征描述	计量单位	工程量	金额/元		
						综合单价	合价	其中暂估价
	A.1	土石方工程						
1	010101001001	平整场地	1. 土壤类别：二类土 2. 弃土运距：场内	m²	51.03			
2	010101003001	挖沟槽土方	1. 土壤类别：二类土 2. 挖土深度：1.05m	m³	16.88			
3	010101004002	挖基坑土方	1. 土壤类别：二类土 2. 挖土深度：1.05m	m³	27.22			
4	010103001001	回填土方	1. 密实度要求：符合质量验收规范 2. 填方材料品种：原土	m³	36.74			
5	010103002001	余方弃置	1. 废弃料品种：二类土 2. 运距：6km	m³	7.36			
		分部小计						
	A.4	砌筑工程						
6	010401001001	砖基础	1. 砖品种、规格、强度等级：MU10 灰砂砖 2. 基础类型：条形 3. 砂浆强度等级：M5 水泥砂浆	m³	12.61			
7	010402001001	砌块墙外墙	1. 砌块品种、规格、强度等级：加气混凝土砌块 250mm 2. 墙体类型：外墙 3. 砂浆强度等级：M5 混合砂浆	m³	16.98			
8	010402001002	砌块墙内墙	1. 砌块品种、规格、强度等级：加气混凝土砌块 200mm 厚 2. 墙体类型：内墙 3. 砂浆强度等级：M5 混合砂浆	m³	5.47			
		分部小计						
	A.5	混凝土及钢筋混凝土工程						
9	010501001001	垫层	1. 混凝土种类：商品混凝土 2. 混凝土强度等级：C10	m³	5.97			
10	010501003001	独立基础	1. 混凝土种类：商品混凝土 2. 混凝土强度等级：C25	m³	5.31			
			本页小计					

表 6－5　分部分项工程和单价措施项目清单与计价表

工程名称：某小区门卫接待室工程　　　　　　　　　　　　　　　　　第 2 页　共 4 页

序号	项目编码	项目名称	项目特征描述	计量单位	工程量	综合单价	合价	其中暂估价
11	010502001001	矩形柱	1. 混凝土种类：商品混凝土 2. 混凝土强度等级：C25	m³	3.31			
12	010503005001	过梁	1. 混凝土种类：商品混凝土 2. 混凝土强度等级：C20	m³	0.65			
13	010505001001	有梁板	1. 混凝土种类：商品混凝土 2. 混凝土强度等级：C25	m³	9.74			
14	010507001001	散水	1. 垫层材料种类、厚度：100mm 厚三合土 2. 面层厚度：20mm 厚 1：2.5 水泥砂浆	m²	22.48			
		分部小计						
	A.8	门窗工程						
15	010801001001	木质门	1. 门代号及洞口尺寸：M2，900mm×200mm	m²	3.78			
16	010802004001	防盗门	1. 门代号及洞口尺寸：M1，1000mm×2700mm	m²	2.7			
17	010807006001	铝合金窗	1. 窗代号：C1 2. 框、扇材质：铝合金	m²	10.8			
		分部小计						
	A.9	屋面及防水工程						
18	010902001001	屋面卷材防水	1. 卷材品种、规格、厚度：3mm 厚 SBS 改性沥青防水卷材 2. 防水层数：2 层 3. 防水层做法：满铺	m²	69.75			
		分部小计						
	A.10	保温、隔热、防腐工程						
19	011001001001	保温隔热屋面	保温隔热材料品种、规格、厚度：150mm 厚水泥珍珠岩	m²	66.43			
		分部小计						
	A.11	楼地面装饰工程						
		本页小计						

表 6－6　分部分项工程和单价措施项目清单与计价表

工程名称：某小区门卫接待室工程　　　　　　　　　　　　　　　　第 3 页　共 4 页

序号	项目编码	项目名称	项目特征描述	计量单位	工程量	金额/元		
						综合单价	合价	其中暂估价
20	011102003001	块料地面	1. 找平层厚度、砂浆配合比：80mm 厚 C15 混凝土 2. 结合层厚度、砂浆配合比：20mm 厚 1：4 干硬性水泥砂浆 3. 面层材料品种、规格、颜色：棕黄色陶瓷地砖	m²	42.42			
21	011105003001	块料踢脚线	1. 踢脚线高度：100mm 2. 粘贴层厚度、材料种类：20mm 厚 1：2.5 水泥砂浆 3. 面层材料品种、规格、颜色：棕黄色陶瓷地砖	m²	4.34			
22	011107002001	块料台阶面	1. 找平层厚度、砂浆配合比：300mm 厚 3：7 灰土；60mm 厚 C15 混凝土台阶 2. 黏结材料种类：25mm 厚 1：4 干硬性水泥砂浆 3. 面层材料品种、规格、颜色：棕黄色陶瓷地砖	m²	6.24			
		分部小计						
	A.12	墙、柱面装饰与隔断、幕墙工程						
23	011201001001	墙面一般抹灰	1. 墙体类型：内墙、砌块墙 2. 底层厚度、砂浆配合比：15mm 厚 1：1：6 水泥石灰砂浆 3. 面层厚度、砂浆配合比：5mm 厚 1：0.5：3 水泥石灰砂浆	m²	145.26			
24	011201001002	墙面一般抹灰外墙	1. 墙体类型：砌块墙 2. 底层厚度、砂浆配合比：15mm 厚 1：3 水泥砂浆 3. 面层厚度、砂浆配合比：5mm 厚 1：2.5 水泥砂浆	m²	97.38			

（续）

序号	项目编码	项目名称	项目特征描述	计量单位	工程量	金额/元		
						综合单价	合价	其中 暂估价
		分部小计						
	A.13	天棚工程						
25	011301001001	天棚抹灰	1. 基层类型：混凝土 2. 抹灰厚度、材料种类：10厚1：1粉刷石灰砂浆	m²	60.78			
		分部小计						
	A.14	油漆、涂料、裱糊工程						
26	011406001001	抹灰面油漆	1. 基层类型：混合砂浆 2. 刮腻子遍数：两遍 3. 油漆品种、刷漆遍数：白色乳胶漆两遍	m²	145.26			
27	011406001002	抹灰面油漆	1. 基层类型：石膏砂浆 2. 刮腻子遍数：两遍 3. 油漆品种、刷漆遍数：白色乳胶漆两遍	m²	60.78			
			本页小计					

表6－7 分部分项工程和单价措施项目清单与计价表

工程名称：某小区门卫接待室工程　　　　　　　　　　　第4页 共4页

序号	项目编码	项目名称	项目特征描述	计量单位	工程量	综合单价	合价	暂估价
						金额/元		其中
28	011407001001	墙面喷刷涂料	1. 基层类型：水泥砂浆 2. 涂料品种、喷刷遍数：浅灰色涂料	m²	97.38			
		分部小计						
		措施项目						
29	01B001	垫层模板		项	1			
30	011702001001	基础模板		项	1			
31	011702002001	矩形柱模板		项	1			
32	011702009001	过梁模板		项	1			
33	011702014001	有梁板模板		项	1			
34	011702029001	散水模板		项	1			
		分部小计						

本页小计

合　计

6.5.3 编制投标报价

某小区门卫接待室工程

投标总价

投 标 人：

（单位盖章）

年 月 日

投 标 总 价

招　标　人：_____

工 程 名 称：某小区门卫接待室工程_____

投标总价（小写）：72892.61 元_____

　　（大写）：柒万贰仟捌佰玖拾贰元陆角壹分_____

投　标　人：_____

　　　　　　　　　　　　（单位盖章）

法定代表人
或其授权人：_____

　　　　　　　　　　　　（签字或盖章）

编　制　人：_____

　　　　　　　　　　（造价人员签字盖专用章）

编制时间：　　年　　月　　日

总 说 明

工程名称：某小区门卫接待室工程 　　　　　　　　　　　　　第 1 页　共 4 页

---

1. 工程概况

　　本工程建筑层数为 1 层，建筑面积 51.03m²，建筑工程等级为：三类普通办公室，建筑高度主体 3.85m。结构类型为钢筋混凝土框架结构，抗震设防列度为 6 度，建筑耐火等级为二级。

2. 编制依据

（1）某小区门卫接待室建筑施工图及结构施工图和有关图集。

（2）《建设工程工程量清单计价规范》（GB 50500—2013）。

（3）《房屋建筑与装饰工程工程量计算规范》（GB 50854—2013）。

（4）《湖北省房屋建筑与装饰工程消耗量定额及基价表》（2013 版）。

（5）《湖北省建设工程公共专业消耗量定额及基价表》（2013 版）。

（6）《湖北省建筑安装工程费用定额》（2013 版）。

（7）2014 年 5 月武汉市价格信息。

某小区门卫接待室单位工程投标报价汇总表见表6-8。

表6-8 单位工程投标报价汇总表

工程名称：某小区门卫接待室工程　　　　　　　　　　第1页　共1页

序号	汇总内容	金额/元	其中：暂估价/元
一	分部分项工程费	57116.31	
1.1	土石方工程	1816.35	
1.2	砌筑工程	12128.75	
1.3	混凝土及钢筋混凝土工程	11408.27	
1.4	门窗工程	6917.8	
1.5	屋面及防水工程	4195.46	
1.6	保温、隔热、防腐工程	4333.23	
1.7	楼地面装饰工程	4748.75	
1.8	墙、柱面装饰与隔断、幕墙工程	5368.23	
1.9	天棚工程	1002.87	
1.10	油漆、涂料、裱糊工程	5196.6	
	其中：人工费	16905.91	
	其中：施工机具使用费	592.48	
二	措施项目合计	9809.6	
2.1	单价措施项目费	7898.16	
	其中：人工费	3388.95	
	其中：施工机具使用费	218.89	
2.2	总价措施项目费	1911.44	
三	其他项目费	—	
四	规费	3515.34	—
六	税金	2451.36	—
九	含税工程造价	72892.61	
	投标报价合计：	72892.61	0

某小区门卫接待室分部分项工程和单价措施项目清单与计价表见表 6-9～表 6-12。

表 6-9　分部分项工程和单价措施项目清单与计价表

工程名称：某小区门卫接待室工程　　　　　　　　　　　　　　第 1 页　共 4 页

序号	项目编码	项目名称	项目特征描述	计量单位	工程量	综合单价	合价	其中暂估价
	A.1	土石方工程						
1	010101001001	平整场地	1. 土壤类别：二类土 2. 弃土运距：场内	m²	51.03	5.2	265.36	
2	010101003001	挖沟槽土方	1. 土壤类别：二类土 2. 挖土深度：1.05m	m³	16.88	22.84	385.54	
3	010101004002	挖基坑土方	1. 土壤类别：二类土 2. 挖土深度：1.05m	m³	27.22	25.35	690.03	
4	010103001001	回填土方	1. 密实度要求：符合质量验收规范 2. 填方材料品种：原土	m³	36.74	9.15	336.17	
5	010103002001	余方弃置	1. 废弃料品种：二类土 2. 运距：6km	m³	7.36	18.92	139.25	
		分部小计					1816.35	
	A.4	砌筑工程						
6	010401001001	砖基础	1. 砖品种、规格、强度等级：MU10 灰砂砖 2. 基础类型：条形 3. 砂浆强度等级：M5 水泥砂浆	m³	12.61	307.92	3882.87	
7	010402001001	砌块墙外墙	1. 砌块品种、规格、强度等级：加气混凝土砌块 250mm 2. 墙体类型：外墙 3. 砂浆强度等级：M5 混合砂浆	m³	16.98	367.3	6236.75	
8	010402001002	砌块墙内墙	1. 砌块品种、规格、强度等级：加气混凝土砌块 200mm 厚 2. 墙体类型：内墙 3. 砂浆强度等级：M5 混合砂浆	m³	5.47	367.3	2009.13	
		分部小计					12128.75	

表6-10 分部分项工程和单价措施项目清单与计价表

工程名称：某小区门卫接待室工程　　　　　　　　　　　　　　第2页 共4页

序号	项目编码	项目名称	项目特征描述	计量单位	工程量	综合单价	合价	其中暂估价
	A.5	混凝土及钢筋混凝土工程						
9	010501001001	垫层	1. 混凝土种类：商品混凝土 2. 混凝土强度等级：C10	m³	5.97	395.87	2363.34	
10	010501003001	独立基础	1. 混凝土种类：商品混凝土 2. 混凝土强度等级：C25	m³	5.31	421.77	2239.6	
11	010502001001	矩形柱	1. 混凝土种类：商品混凝土 2. 混凝土强度等级：C25	m³	3.31	463.78	1535.11	
12	010503005001	过梁	1. 混凝土种类：商品混凝土 2. 混凝土强度等级：C20	m³	0.65	524.83	341.14	
13	010505001001	有梁板	1. 混凝土种类：商品混凝土 2. 混凝土强度等级：C25	m³	9.74	419.7	4087.88	
14	010507001001	散水	1. 垫层材料种类、厚度：100mm厚三合土 2. 面层厚度：20mm厚1:2.5水泥砂浆	m²	22.48	37.42	841.2	
		分部小计					11408.27	
	A.8	门窗工程						
15	010801001001	木质门	1. 门代号及洞口尺寸：M2，900mm×200mm	m²	3.78	586.74	2217.88	
16	010802004001	防盗门	1. 门代号及洞口尺寸：M1，1000mm×2700mm	m²	2.7	324.03	874.88	
17	010807006001	铝合金窗	1. 窗代号：C1 2. 框、扇材质：铝合金	m²	10.8	354.17	3825.04	
		分部小计					6917.8	
	A.9	屋面及防水工程						

表 6-11　分部分项工程和单价措施项目清单与计价表

工程名称：某小区门卫接待室工程　　　　　　　　　　　　　　　　　第 3 页　共 4 页

序号	项目编码	项目名称	项目特征描述	计量单位	工程量	金额/元		
						综合单价	合价	其中暂估价
18	010902001001	屋面卷材防水	1. 卷材品种、规格、厚度：3mm 厚 SBS 改性沥青防水卷材 2. 防水层数：2 层 3. 防水层做法：满铺	m²	69.75	60.15	4195.46	
		分部小计					4195.46	
	A.10	保温、隔热、防腐工程						
19	011001001001	保温隔热屋面	保温隔热材料品种、规格、厚度：150mm 厚水泥珍珠岩	m²	66.43	65.23	4333.23	
		分部小计					4333.23	
	A.11	楼地面装饰工程						
20	011102003001	块料地面	1. 找平层厚度、砂浆配合比：80mm 厚 C15 混凝土 2. 结合层厚度、砂浆配合比：20mm 厚 1：4 干硬性水泥砂浆 3. 面层材料品种、规格、颜色：棕黄色陶瓷地砖	m²	42.42	65.94	2797.17	
21	011105003001	块料踢脚线	1. 踢脚线高度：100mm 2. 粘贴层厚度、材料种类：20mm 厚 1：2.5 水泥砂浆 3. 面层材料品种、规格、颜色：棕黄色陶瓷地砖	m²	4.34	83.41	362	
22	011107002001	块料台阶面	1. 找平层厚度、砂浆配合比：300mm 厚 3：7 灰土；60mm 厚 C15 混凝土台阶 2. 黏结材料种类：25mm 厚 1：4 干硬性水泥砂浆 3. 面层材料品种、规格、颜色：棕黄色陶瓷地砖	m²	6.24	254.74	1589.58	

表6-12　分部分项工程和单价措施项目清单与计价表

工程名称：某小区门卫接待室工程　　　　　　　　　　　　　　第4页　共4页

序号	项目编码	项目名称	项目特征描述	计量单位	工程量	综合单价	合价	其中 暂估价
		分部小计					4748.75	
	A.12	墙、柱面装饰与隔断、幕墙工程						
23	011201001001	墙面一般抹灰	1. 墙体类型：内墙、砌块墙 2. 底层厚度、砂浆配合比：15mm厚1：1：6水泥石灰砂浆 3. 面层厚度、砂浆配合比：5mm厚1：0.5：3水泥石灰砂浆	m²	145.26	21.45	3115.83	
24	011201001002	墙面一般抹灰外墙	1. 墙体类型：砌块墙 2. 底层厚度、砂浆配合比：15mm厚1：3水泥砂浆 3. 面层厚度、砂浆配合比：5mm厚1：2.5水泥砂浆	m²	97.38	23.13	2252.4	
		分部小计					5368.23	
	A.13	天棚工程						
25	011301001001	天棚抹灰	1. 基层类型：混凝土 2. 抹灰厚度、材料种类：10厚1：1粉刷石灰砂浆	m²	60.78	16.5	1002.87	
		分部小计					1002.87	
	A.14	油漆、涂料、裱糊工程						
26	011406001001	抹灰面油漆	1. 基层类型：混合砂浆 2. 刮腻子遍数：两遍 3. 油漆品种、刷漆遍数：白色乳胶漆两遍	m²	145.26	19.46	2826.76	

（续）

序号	项目编码	项目名称	项目特征描述	计量单位	工程量	金额/元		其中
						综合单价	合价	暂估价
27	011406001002	抹灰面油漆	1. 基层类型：石膏砂浆 2. 刮腻子遍数：两遍 3. 油漆品种、刷漆遍数：白色乳胶漆两遍	m²	60.78	19.46	1182.78	
28	011407001001	墙面喷刷涂料	1. 基层类型：水泥砂浆 2. 涂料品种、喷刷遍数：浅灰色涂料	m²	97.38	12.19	1187.06	
		分部小计					5196.6	
		措施项目						
29	01B001	垫层模板		项	1	422.85	422.85	
30	011702001001	基础模板		项	1	831.51	831.51	
31	011702002001	矩形柱模板		项	1	1785.5	1785.5	
32	011702009001	过梁模板		项	1	723.37	723.37	
33	011702014001	有梁板模板		项	1	4134.93	4134.93	
34	011702029001	散水模板		项	1			
		分部小计					7898.16	
		合　计					65014.47	

某小区门卫接待室综合单价分析表(部分)见表 6-13~表 6-19。

表 6-13 综合单价分析表

工程名称:某小区门卫接待室工程

项目编码	010101001001	项目名称		平整场地	计量单位		m²	工程量	51.03

<table>
<tr><th colspan="10">清单综合单价组成明细</th></tr>
<tr><th rowspan="2">定额编号</th><th rowspan="2">定额项目名称</th><th rowspan="2">定额单位</th><th rowspan="2">数量</th><th colspan="4">单价/元</th><th colspan="4">合价/元</th></tr>
<tr><th>人工费</th><th>材料费</th><th>机械费</th><th>管理费和利润</th><th>人工费</th><th>材料费</th><th>机械费</th><th>管理费和利润</th></tr>
<tr><td>G1-283</td><td>平整场地</td><td>100m²</td><td>0.0244</td><td>189</td><td>0</td><td>0</td><td>23.73</td><td>4.62</td><td>0</td><td>0</td><td>0.58</td></tr>
<tr><td>人工单价</td><td colspan="4" style="text-align:center">小计</td><td></td><td></td><td>4.62</td><td>0</td><td>0</td><td>0.58</td></tr>
<tr><td>普工60元/工日</td><td colspan="4" style="text-align:center">未计价材料费</td><td></td><td></td><td colspan="4" style="text-align:center">0</td></tr>
<tr><td colspan="5" style="text-align:center">清单项目综合单价</td><td colspan="5" style="text-align:center">5.2</td></tr>
</table>

材料费明细	主要材料名称、规格、型号	单位	数量	单价/元	合价/元	暂估单价/元	暂估合价/元

表 6-14   综合单价分析表

工程名称：某小区门卫接待室工程

项目编码	010101004002	项目名称	挖基坑土方	计量单位	m²	工程量	27.22

清单综合单价组成明细

定额编号	定额项目名称	定额单位	数量	单价/元				合价/元			
				人工费	材料费	机械费	管理费和利润	人工费	材料费	机械费	管理费和利润
G1-149	人工挖基坑一、二、类土深度2m以内	100m³	0.01	2236.8	0	14.92	282.82	22.37	0	0.15	2.83
人工单价		小计						22.37	0	0.15	2.83
普工 60 元/工日		未计价材料费					0				
清单项目综合单价							25.35				

材料费明细	主要材料名称、规格、型号			单位	数量	单价/元	合价/元	暂估单价/元	暂估合价/元

表 6-15　综合单价分析表

工程名称：某小区门卫接待室工程

项目编码	010103002001	项目名称	余方弃置	计量单位	m³	工程量	7.36

清单综合单价组成明细

定额编号	定额项目名称	定额单位	数量	单价/元				合价/元			
				人工费	材料费	机械费	管理费和利润	人工费	材料费	机械费	管理费和利润
G1-241	自卸汽车运土方（载重8t以内）运距1km以内	1000m³	0.001	0	37.8	7192.41	903.36	0	0.04	7.19	0.9
G1-242×5	自卸汽车运土方（载重8t以内）30km以内每增加1km子目乘以系数5	1000m³	0.001	0	0	9580.65	1203.33	0	0	9.58	1.2
人工单价		小计						0	0.04	16.77	2.11
		未计价材料费						0			
清单项目综合单价								18.92			

材料费明细	主要材料名称、规格、型号		单位	数量	单价/元	合价/元	暂估单价/元	暂估合价/元
	其他材料费				—	0.04	—	0
	材料费小计				—	0.04	—	0

表 6 - 16　综合单价分析表

工程名称：某小区门卫接待室工程

项目编码	010401001001	项目名称	砖基础	计量单位	m³	工程量	12.61

清单综合单价组成明细

定额编号	定额项目名称	定额单位	数量	单价/元				合价/元			
				人工费	材料费	机械费	管理费和利润	人工费	材料费	机械费	管理费和利润
A1-1	直形砖基础 水泥砂浆 M5	10m³	0.1	945.2	1675.74	43.06	415.17	94.52	167.57	4.31	41.52
人工单价			小计					94.52	167.57	4.31	41.52
技工 92 元/工日；普工 60 元/工日			未计价材料费					0			
清单项目综合单价								307.92			

材料费明细	主要材料名称、规格、型号	单位	数量	单价/元	合价/元	暂估单价/元	暂估合价/元
	混凝土实心砖 240×115×53	千块	0.5236	230	120.43		
	其他材料费			—	47.15	—	0
	材料费小计			—	167.57	—	0

表 6-17 综合单价分析表

工程名称：某小区门卫接待室工程

项目编码	010501003001	项目名称	独立基础	计量单位	m³	工程量	5.31

清单综合单价组成明细

定额编号	定额项目名称	定额单位	数量	单价/元				合价/元			
				人工费	材料费	机械费	管理费和利润	人工费	材料费	机械费	管理费和利润
A2—70换	独立基础 C20 商品混凝土	10m³	0.1	467.36	3552.39	0	196.34	46.75	355.37	0	19.64
人工单价		小计						46.75	355.37	0	19.64
技工 92 元/工日；普工 60 元/工日		未计价材料费						0			
清单项目综合单价								421.77			

材料费明细	主要材料名称、规格、型号	单位	数量	单价/元	合价/元	暂估单价/元	暂估合价/元
	普通商品混凝土 16～18cm 石子粒径 5～31.5mm 强度等级 C25	m³	1.0154	348	353.36		
	其他材料费			—	2.02	—	0
	材料费小计			—	355.38	—	0

表 6 - 18　综合单价分析表

工程名称：某小区门卫接待室工程

项目编码	010507001001		项目名称		散水	计量单位	m²	工程量	22.48

清单综合单价组成明细

定额编号	定额项目名称	定额单位	数量	单价/元				合价/元			
				人工费	材料费	机械费	管理费和利润	人工费	材料费	机械费	管理费和利润
A13 - 2	垫层三合土	10m³	0.01	844	1147.46	18.08	252.33	8.44	11.47	0.18	2.52
A13 - 20	水泥砂浆厚度 20mm	100m²	0.01	635.36	610.58	37.54	196.96	6.35	6.11	0.38	1.97
人工单价		小计						14.79	17.58	0.56	4.49
技工 92 元/工日；普工 60 元/工日		未计价材料费						0			
清单项目综合单价								37.42			

材料费明细	主要材料名称、规格、型号			单位	数量	单价/元	合价/元	暂估单价/元	暂估合价/元
	其他材料费					—	17.58	—	0
	材料费小计					—	17.58	—	0

表 6-19 综合单价分析表

工程名称：某小区门卫接待室工程

项目编码	011702001001	项目名称	矩形柱模板	计量单位	项	工程量	1

清单综合单价组成明细

定额编号	定额项目名称	定额单位	数量	单价/元				合价/元			
				人工费	材料费	机械费	管理费和利润	人工费	材料费	机械费	管理费和利润
A7-40	矩形柱胶合板模板钢支撑	100m²	0.331	2583.28	1541.53	129.73	1139.73	855.07	510.25	42.94	377.25
人工单价		小计						855.07	510.25	42.94	377.25
技工 92 元/工日；普工 60 元/工日		未计价材料费						0			
清单项目综合单价								1785.5			

材料费明细	主要材料名称、规格、型号	单位	数量	单价/元	合价/元	暂估单价/元	暂估合价/元
	模板板枋材	m³	0.0583	2167	126.34		
	胶合板模板 1830×915×12	m²	7.944	32.06	254.68		
	支撑钢管及扣件	kg	17.2517	5.5	94.88		
	其他材料费		—		34.44	—	0
	材料费小计		—		510.34	—	0

注：此处只列举了部分清单项目的综合单价分析表。

某小区门卫接待室工程的总价措施项目清单与计价表见表 6-20。

表 6-20　总价措施项目清单与计价表

工程名称：某小区门卫接待室工程　　　　　　　　　　　　　　　　第 1 页　共 1 页

项目编码	项目名称	计算基础	费率/(%)	金额/元	调整费率/(%)	调整后金额/元	备注
A	房屋建筑工程			1911.44			
011707001001	安全文明施工费			1883.99			
1	安全施工费			1022.53			
1.1	房屋建筑工程(12层以下或檐高≤40m)	建筑工程人费＋建筑工程机械费	7.2	670.48			
1.2	装饰工程	装饰装修工程人工费＋装饰装修工程机械费	3.29	334.95			
1.3	土石方工程	土石方工程人工费＋土石方工程机械费	1.06	17.1			
2	文明施工费，环境保护费			497.25			
2.1	房屋建筑工程(12层以下或檐高≤40m)	建筑工程人工费＋建筑工程机械费	3.68	342.69			
2.2	装饰工程	装饰装修工程人工费＋装饰装修工程机械费	1.29	131.33			
2.3	土石方工程	土石方工程人工费＋土石方工程机械费	1.44	23.23			
3	临时设施费			364.21			
3.1	房屋建筑工程(12层以下或檐高≤40m)	建筑工程人工费＋建筑工程机械费	2.4	223.49			
3.2	装饰工程	装饰装修工程人工费＋装饰装修工程机械费	1.23	125.23			
3.3	土石方工程	土石方工程人工费＋土石方工程机械费	0.96	15.49			
01B999	工程定位复测费			27.45			
7.1	房屋建筑工程(12层以下或檐高≤40m)	建筑工程人工费＋建筑工程机械费	0.13	12.11			

（续）

项目编码	项目名称	计算基础	费率/(%)	金额/元	调整费率/(%)	调整后金额/元	备注
7.2	装饰工程	装饰装修工程人工费＋装饰装修工程机械费	0.13	13.24			
7.3	土石方工程	土石方工程人工费＋土石方工程机械费	0.13	2.1			
合计				1911.44			

编制人(造价人员)：　　　　　　　　　　　　　复核人(造价工程师)：

注：1. "计算基础"中安全文明施工费可为"定额基价""定额人工费"或"定额人工费＋定额机械费"，其他项目可为"定额人工费"或"定额人工费＋定额机械费"。

2. 按施工方案计算的措施费，若无"计算基础"和"费率"的数值，也可只填"金额"数值，但应在备注栏说明施工方案出处或计算方法。

某小区门卫接待室工程规费、税金项目计价表见表6-21。

表6-21 规费、税金项目计价表

工程名称：某小区门卫接待室工程

序号	项目名称	计算基础	计算基数	计算费率/(%)	金额/元
1	规费	社会保险费＋住房公积金＋工程排污费	3515.34		3515.34
1.1	社会保险费	养老保险金＋失业保险金＋医疗保险金＋工伤保险金＋生育保险金	2628.34		2628.34
1.1.1	养老保险金	房屋建筑工程＋装饰工程＋土石方工程	1669.8		1669.8
1.1.1.1	房屋建筑工程	建筑工程人工费＋建筑工程机械费＋其他项目人工费＋其他项目机械费	9312.17	11.68	1087.66
1.1.1.2	装饰工程	装饰装修工程人工费＋装饰装修工程机械费	10180.92	5.26	535.52
1.1.1.3	土石方工程	土石方工程人工费＋土石方工程机械费	1613.14	2.89	46.62
1.1.2	失业保险金	房屋建筑工程＋装饰工程＋土石方工程	166.57		166.57
1.1.2.1	房屋建筑工程	建筑工程人工费＋建筑工程机械费＋其他项目人工费＋其他项目机械费	9312.17	1.17	108.95
1.1.2.2	装饰工程	装饰装修工程人工费＋装饰装修工程机械费	10180.92	0.52	52.94
1.1.2.3	土石方工程	土石方工程人工费＋土石方工程机械费	1613.14	0.29	4.68
1.1.3	医疗保险金	房屋建筑工程＋装饰工程＋土石方工程	516.02		516.02
1.1.3.1	房屋建筑工程	建筑工程人工费＋建筑工程机械费＋其他项目人工费＋其他项目机械费	9312.17	3.7	344.55
1.1.3.2	装饰工程	装饰装修工程人工费＋装饰装修工程机械费	10180.92	1.54	156.79
1.1.3.3	土石方工程	土石方工程人工费＋土石方工程机械费	1613.14	0.91	14.68
1.1.4	工伤保险金	房屋建筑工程＋装饰工程＋通用安装工程＋土石方工程	194.23		194.23
1.1.4.1	房屋建筑工程	建筑工程人工费＋建筑工程机械费＋其他项目人工费＋其他项目机械费	9312.17	1.36	126.65

（续）

序号	项目名称	计算基础	计算基数	计算费率/(%)	金额/元
1.1.4.2	装饰工程	装饰装修工程人工费＋装饰装修工程机械费	10180.92	0.61	62.1
1.1.4.4	土石方工程	土石方工程人工费＋土石方工程机械费	1613.14	0.34	5.48
1.1.5	生育保险金	房屋建筑工程＋装饰工程＋通用安装工程＋土石方工程	81.72		81.72
1.1.5.1	房屋建筑工程	建筑工程人工费＋建筑工程机械费＋其他项目人工费＋其他项目机械费	9312.17	0.58	54.01
1.1.5.2	装饰工程	装饰装修工程人工费＋装饰装修工程机械费	10180.92	0.25	25.45
1.1.5.4	土石方工程	土石方工程人工费＋土石方工程机械费	1613.14	0.14	2.26
1.2	住房公积金	房屋建筑工程＋装饰工程＋土石方工程	682.59		682.59
1.2.1	房屋建筑工程	建筑工程人工费＋建筑工程机械费＋其他项目人工费＋其他项目机械费	9312.17	4.87	453.5
1.2.2	装饰工程	装饰装修工程人工费＋装饰装修工程机械费	10180.92	2.06	209.73
1.2.3	土石方工程	土石方工程人工费＋土石方工程机械费	1613.14	1.2	19.36
1.3	工程排污费	房屋建筑工程＋装饰工程＋土石方工程	204.41		204.41
1.3.1	房屋建筑工程	建筑工程人工费＋建筑工程机械费＋其他项目人工费＋其他项目机械费	9312.17	1.36	126.65
1.3.2	装饰工程	装饰装修工程人工费＋装饰装修工程机械费	10180.92	0.71	72.28
1.3.3	土石方工程	土石方工程人工费＋土石方工程机械费	1613.14	0.34	5.48
2	税金	分部分项工程费＋措施项目合计＋其他项目费＋规费＋税前包干项目	70441.25	3.48	2451.36
合计					5966.7

某小区门卫接待室工程单位工程人材机分析表见表 6 - 22。

表 6 - 22　单位工程人材机分析表

工程名称：某小区门卫接待室工程

序号	名称及规格	单位	数量	市场价/元	合计/元
一	人工				
1	普工	工日	110.0718	60	6604.31
2	技工	工日	141.3511	92	13004.3
3	高级技工	工日	2.7408	138	378.23
	小计				19986.84
二	材料				
1	白水泥	kg	11.5607	0.62	7.17
2	水泥 32.5	kg	5220.791	0.398	2077.87
3	商品混凝土 C10 碎石 20	m³	1.0421	338	352.23
4	商品混凝土 C25 碎石 20	m³	0.6598	351	231.59
5	蒸压灰砂砖 240×115×53	千块	0.5815	270	157.01
6	混凝土实心砖 240×115×53	千块	6.6026	230	1518.6
7	碎砖	m³	2.6338	25.67	67.61
8	加气混凝土砌块 600×300×100 以上	m³	21.3365	225	4800.71
9	中(粗)砂	m³	16.1473	93.19	1504.77
10	生石灰	kg	679.6786	0.23	156.33
11	石灰膏	m³	1.2421	138	171.41
12	纸筋	kg	4.5442	0.53	2.41
13	黏土	m³	2.1743	26.72	58.1
14	钢防盗门	m²	2.5974	303	787.01
15	普通木门(成品)	m²	3.6681	550	2017.46
16	铝合金推拉窗	m²	10.2211	253.29	2588.9
17	陶瓷锦砖	m²	57.0648	11.35	647.69
18	乳胶漆	kg	58.4123	6.26	365.66
19	镀锌铁丝 12#	kg	7.3628	5.7	41.97
20	镀锌铁丝 22#	kg	0.1511	5.7	0.86
21	铁钉	kg	13.0266	6.92	90.14
22	地脚	个	53.784	1.95	104.88
23	膨胀螺栓	套	114.7608	0.47	53.94

（续）

序号	名称及规格	单位	数量	市场价/元	合计/元
24	棉纱头	kg	1.1224	6	6.73
25	豆包布（白布）宽0.9m	m	0.3709	9.22	3.42
26	麻刀	kg	0.1285	3.8	0.49
27	草袋	m²	26.7546	2.15	57.52
28	梁卡具	kg	3.712	5.5	20.42
29	支撑钢管及扣件	kg	52.7944	5.5	290.37
30	水	m³	41.0595	3.15	129.34
31	电	kW·h	11.1486	0.968	10.79
32	砂纸	张	12.3624	0.4	4.94
33	模板板枋材	m³	0.5074	2167	1099.54
34	二等中枋 55～100cm²	m³	0.0139	2898	40.28
35	板条 1000×30×8	百根	0.1349	186	25.09
36	胶合板模板 1830×915×12	m²	24.5349	32.06	786.59
37	防腐油	kg	1.1654	2.06	2.4
38	石膏粉	kg	17.3073	0.54	9.35
39	色粉	kg	3.3109	10.12	33.51
40	成品腻子粉	kg	173.0736	3.8	657.68
41	珍珠岩	m³	13.472	221	2977.31
42	SBS改性沥青防水卷材玻纤胎 3mm	m²	95.4459	32	3054.27
43	JH801涂料	kg	97.38	2.56	249.29
44	改性沥青嵌缝油膏	kg	23.4639	1.79	42
45	密封油膏	kg	3.9604	3.74	14.81
46	改性沥青黏结剂	kg	43.2101	2.5	108.03
47	软填料	kg	4.293	8.08	34.69
48	隔离剂	kg	11.7033	5.74	67.18
49	801胶	kg	68.3504	2.6	177.71
50	改性沥青乳胶	kg	20.925	4	83.7
51	石油液化气	kg	18.135	9.2	166.84
52	商品混凝土 C10 碎石20	m³	6.0596	325	1969.37
53	其他材料费（占材料费）	元	8.7532	1	8.75
54	小五金费	元	13.0043	1	13

（续）

序号	名称及规格	单位	数量	市场价/元	合计/元
55	普通商品混凝土 16～18cm 石子粒径 5～31.5mm 强度等级 C25	m³	18.6375	348	6485.85
	小计				36435.58
三	配比材料				
1	水泥混合砂浆 M5	m³	1.7735	210.55	373.41
2	水泥砂浆 M5.0	m³	2.976	198.37	590.35
3	水泥石灰砂浆 1∶1∶4	m³	0.626	253.43	158.65
4	水泥石灰砂浆 1∶1∶6	m³	2.513	214.67	539.47
5	水泥砂浆 1∶2	m³	0.5715	335.09	191.5
6	水泥砂浆 1∶3	m³	0.4541	271.64	123.35
7	水泥砂浆 1∶4	m³	1.096	231.35	253.56
8	水泥石灰砂浆 1∶0.5∶3	m³	0.8425	280.72	236.51
9	水泥浆	m³	0.3455	599.75	207.21
10	水泥石灰砂浆 1∶0.5∶4	m³	1.6847	249.44	420.23
11	石灰纸筋浆	m³	0.1216	162.15	19.72
12	石灰麻刀浆	m³	0.0106	186.82	1.98
13	石灰碎砖三合土 1∶3∶6	m³	2.2705	113.61	257.95
14	灰土 3∶7	m³	1.8907	87.25	164.96
15	水泥珍珠岩 1∶12	m³	10.3631	338.31	3505.94
	小计				7044.79
四	机械				
1	夯实机 电动 夯击能力 20～62N·m 小	台班	2.6517	28.7	76.1
2	汽车式起重机提升质量 5t 中	台班	0.1217	458.96	55.86
3	载货汽车装载质量 6t 中	台班	0.3103	455.54	141.35
4	自卸汽车装载质量 8t 大	台班	0.1854	653.97	121.25
5	洒水车 罐容量 4000L 中	台班	0.0044	499.28	2.2
6	灰浆搅拌机 拌筒容量 200L 小	台班	2.1242	110.4	234.51
7	木工圆锯机直径 500mm 小	台班	0.3618	29.36	10.62
8	电动空气压缩机排气量 1m³/min 小	台班	0.5356	150.05	80.37
9	安装综合机械费	台班	0.2041	381.91	77.95
10	机械费调整	元	−0.0001	1	

（续）

序号	名称及规格	单位	数量	市场价/元	合计/元
11	折旧费	元	66.1948	1	66.19
12	大修理费	元	11.8255	1	11.83
13	经常修理费	元	45.0391	1	45.04
14	安拆及场外运输费	元	24.4784	1	24.48
15	汽油	kg	2.9674	8.45	25.07
16	柴油	kg	17.9028	7.4	132.48
17	电	kW·h	92.5755	0.968	89.61
18	人工	工日	3.2816	92	301.91
19	税费	元	25.6494	1	25.65
	小计				1522.47
					57944.89

编制人：　　　　　　　　审核人：　　　　　　　　编制日期：

本 章 小 结

工程建设项目招标的方式主要有公开招标和邀请招标两种方式。

评标的方法有评议法、综合评分法、合理低标价法。

清单工程量的计算，应严格按照《计量规范》规定的规则进行。

工程量清单的编制，应依据相关规范的规定和招标方的具体要求编制。

投标报价的编制除依据相关规范和满足招标方的要求外，还需考虑实际施工的现场条件和施工单位的自身条件。

习　　题

思考题

（1）简述招标工程量清单的编制过程。

（2）简述投标报价的形成过程。

第**7**章
计算机在工程造价管理中的应用

本章主要介绍了计算机技术在工程造价领域的应用，以及广联达造价软件的特点。通过学习本章，应达到以下目标。

(1) 了解计算机在工程造价中的应用现状。

(2) 熟悉广联达工程量清单整体解决方案的特点。

知识要点	能力要求	相关知识
计算机在工程造价管理领域的应用	(1) 了解计算机辅助造价技术 (2) 了解工程造价信息网	(1) 计算机辅助工程量计算软件 (2) 计算机辅助造价计算软件
广联达工程量清单整体解决方案	(1) 熟悉广联达工程量清单整体解决方案 (2) 了解广联达软件操作的基本特点	(1) GBQ 4.0 工程量清单计价系统 (2) 广联达图形算量软件 GCL2013 (3) 广联达钢筋算量 GGJ2013

7.1 概　　述

随着 IT 技术应用范围的扩大，计算机也应用到了工程造价的编制工作中，从录入工程量清单到输出概预算结果及各种报表只需要几个小时就能完成，大大提高了劳动生成率，而且概预算的结果表现形式多种多样，可从不同的角度进行造价的分析和组合，从不同的角度反映工程概预算的结果。同时，因为 Internet 技术具有快捷、迅速、方便的传递信息的特点，通过 Internet 可以更及时、更多地采集和发布材料价格，积累的已完工程数据、标准等均可通过 Internet 得到更广泛的利用，扩大资源共享的范围。因此工程造价管理的发展进入到当今以信息技术为背景的经济时代以后，计算机技术的辅助就显得尤为必要和重要了。

7.1.1 计算机辅助：技术手段

我国有相当长一段时间是使用定额计价方式，在计算造价的过程中，存在大量的计算和分析工作(如工程量计算和材料分析等)。随着我国工程造价行业的不断发展，以及计算机应用技术和信息技术的飞速发展，以计算工程造价为核心目的的软件也飞速发展起来，软件的计算机技术含量不断提高，语言从最早的 FoxPro 发展到现在的 Delphi、C++ Builder 等，软件结构也从单机版逐步过渡到局域网网络版(C/S 结构；客户端/服务器结构)。目前，计算机辅助造价计算软件主要分为以下两个部分。

1. 计算机辅助工程量计算软件

造价领域使用的"工程量计算软件"根据数据录入操作方式大体分为两种：一种是图形法(平面解析法和 CAD 方法)；另一种是表格法(图表结合法)。

(1) 图形法软件的操作流程：熟悉施工图样→建立工程文件→画图方式图样输入(定义工程参数→选择楼层→定义主轴→输入主体→计算当前层→输入建筑装饰→计算当前层→利用计算公式输入)→计算汇总→打印→转入套价预算软件→数据备份归档。图形法的输入方式是以图形的方式输入，对输入的图形对象的属性进行设置，通过计算汇总得到各种汇总表，其特点是输入的数据是以图形方式显示给用户，给人以直观、整体效果好的视觉，同时构件之间的扣减、计算过程中装饰部分和结构之间的数据共享在一定程度上得到了解决。

(2) 表格法软件的操作流程：熟悉施工图样→建立工程文件→填表方式图样输入(按门窗表、三线表、基础、天棚楼地面、砖石墙、屋面、建筑面积、捣制、预制构件、零星工程、装饰模块输入→构件产生的项、量的调整)→计算汇总→打印→转入套价预算软件→数据备份归档。表格法是通过在表格上直接输入构件，以示意图加以说明。如果说图形法是把图样在计算机上重复输入一遍，表格法则是预算人员把图样信息按"统筹法"归纳整理后再输入计算机的，目的是为了迎合造价人员的工作习惯和加快数据的输入过程，其特点是显示给用户的直接是每个构件产生的项和量，即开放式的中间结果。有了这个中间结果，用户可以很灵活地参与处理各种复杂的预算问题，同时在工作过程中做到心中有数。对三线表、门窗表、房间表、梁、板、柱的引用能够实现一数多用、数据共享。

表格法是以手工习惯和统筹法设计的输入操作方式，缺点是图形方面和层管理方面的功能较弱；而图形法是尽量发挥计算机图形化的特点，以图形方式输入数据，缺点是输入速度和项、量调整功能较弱。随着技术手段的不断发展和提高，今后的"工程量计算软件"会综合图形法和表格法的特长，具备以下特点。

① 完整正确的工程量计算规则，丰富完整的汇总报表和统计报表。

② 易学易用的设计、快速灵活的输入方式。

③ 开放式的中间结果(每个构件产生的项量)。

④ 各种复杂图形的计算、扣减处理。

⑤ 科学合理的底层数据模型和数据库结构。

⑥ 统一的数据格式和必要的外部接口(如 CAD、Excel 等)。

⑦ 网络版侧重协同工作、协调工作的功能。预算工作多数是由若干人组成，网络版

可以充分发挥网络功能，如并行地处理同一对象，协调某一工作的进行，从而实现真正的高效率。

⑧ 利用 Internet 的资源，可以直接从网上接受信息和发布信息。

⑨ 在技术成熟的情况下，利用扫描仪或其他外围设备实现更加智能化的辅助输入方式。

2. 计算机辅助造价计算软件

1）工程造价概预算软件

工程造价概预算软件，即算价软件，该类软件分为两小类。

（1）定额方式的概预算软件：这种软件的主要功能是套用定额和计算价差来计算工程造价的费用，是比较传统的计算方法，算法比较成熟，相应的软件也比较成熟。

（2）工程量清单方式下的概预算软件：为了和国际接轨，我国逐渐采用工程量清单的招标方式，投标单位根据工程量清单及招标文件的内容，结合自身的实力和竞争所需要采取的优惠条件，评估施工期间所要承担的价格、取费等风险，提出有竞争力的综合单价、综合合价、总报价及相关材料进行投标。工程量清单下的概预算软件与传统的定额方式的软件有些不同，在计算过程中可以根据企业自身的情况对定额的组成进行调整，而且定额所起的作用只是给出工程量，价格由市场来形成，即"量价分离"。

2）定额管理软件

虽然工程招投标逐渐采用工程量清单的方法，但定额依然是不可缺少的，定额是在一定的社会生产力发展水平的条件下，完成工程建设中的某项产品与各种生产消费之间的特定的数量关系，它主要体现的是在工程建设中单位产品上人工、材料、机械消耗的额度，它主要体现的是量。定额一般是由各个省、市的定额站组织编制和发布的，这种定额反映的是社会平均水平，不能体现某个个体的水平，企业为了提高市场竞争力，根据企业自身的技术能力、管理水平和装备来编制企业定额。尤其在工程量清单计价方法大力推广的今天，这一需求显得更为明显。

3）项目管理软件

这种软件在企业在施工过程中对工程的进度、资源的配置和工期的缩短有很大的帮助。项目管理软件根据使用者的不同分为施工方的项目管理软件和业主的项目管理软件。施工方的项目管理软件以缩短工期、提高效率、节约劳力、降低消耗为目标。采用这种技术，不仅在计划制定期间可使得工期、资源、成本优化，更重要的是在计划的执行过程中，通过信息反馈，进行有效的监督、控制和调整，能够保证项目预定目标的实现。面向业主的项目管理软件主要体现在从宏观上掌握工程的进度、工程的计划和资金的控制，业主根据施工方完成工程的情况来拨付相应的工程款，根据施工方上报的工程计划来进行备款，通过对资金的有效控制来控制项目的质量和工程的进度。

7.1.2 借助 IT 网络：信息网络

Internet 的出现大大提高了人们获取信息的效率及信息资源的利用率，实现了全球信息资源的共享。工程造价信息网（图 7.1），正是借助 Internet 技术的快捷、迅速、方便的传递信息的特点，更多地采集、发布材料价格，积累已完工程数据、标准等扩大资源共享的范围，比如广联达的数字网。一般工程造价信息网主要包括以下内容。

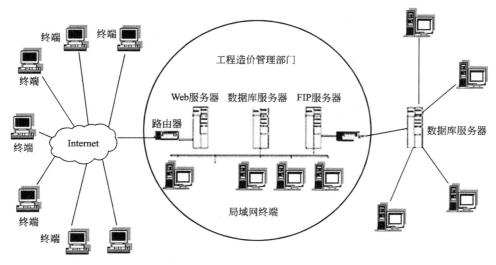

图 7.1　工程造价信息网网络结构图

（1）提供不同类别、不同规格、不同品牌、不同产地的材料价格。

（2）造价管理部门通过网络及时发布各种造价指数，方便用户的查询。

（3）用户从网站上下载工程量清单的标准格式，填写各个工程项目所需的工程量，然后将填好数据的文件上传到造价信息网站，同时确定类似工程，通过类似工程和造价指数确定各种工程量的单价，相应程序会根据用户提供的数据快速计算出各个工程项目的造价和工程总造价，并且可以让用户下载计算结果。

（4）辅助审价。帮助投资评审部门加快其评审速度，并建立起一套投资评审的数据库，为将来项目的评审提供数据支持。

7.1.3　计算机辅助应用的广阔前景

目前造价行业信息技术的运用有几个部分：以 C/S 技术实现工程造价概预算，图形算量，投资评审；用数据仓库技术对已完工程数据进行积累，运用数据挖掘技术对现有工程进行评价和建立指标体系；运用 Internet 技术作为内外联系的平台，对造价信息进行发布和收集。

面对未来的 IT 技术应用应该建立在网络化（基于 Internet 的 B/S 结构）的基础上，使功能结构平台化，由多模块构成。它能够充分收集各方面的相关信息，把握造价的各个关键环节，并且能不断利用"数据挖掘、分析技术"对历史数据和新的工程数据形成经验性的积累，从而形成一个"工程造价计算—分析—积累—形成指标—运用于新的造价工作中"不断循环积累的平台性全过程造价管理软件系统。

近年来，国际建筑业提出了计算机集成施工（CZC）的设想，它是把计算机辅助设计（CAD）、计算机辅助施工（CAC）及企业管理信息系统（DSS）和决策支持系统（MIS）形成有机整体，以实现建筑产品从规划设计、施工管理到运营全过程的自动化。而工程造价管理作为贯穿建筑产品过程各层面的管理，也应该通过计算机及支撑软件形成一个完整的系统，实现整体的集成化和建筑施工系统的自动化。造价管理信息系统应开发出运算模型和其他尚待开发的人工智能、专家系统等适合更加庞杂的工程造价管理的处理分析软件，完成经济评价、仿真模拟和风险预测等工程造价管理的分析预测工作，帮助管理者进行科学决策。计算机技术与决策科学结合，应上升到 DSS 辅助决策系统，以便为决策提供准确的依据，实现对造价的动态管理。

总之，随着计算机辅助和网络信息系统的广泛引入，将会使工程造价的确定和控制更加科学、可靠，更趋现代化、系统化。将来，计算机辅助和网络系统将会成为工程造价管理的一个必不可少的技术手段和操作平台。

7.2 广联达工程量清单整体解决方案

"广联达工程量清单整体解决方案"以《建设工程工程量清单计价规范》（以下简称《计价规范》）实施思想为核心，实现从"量、价、组价"到企业定额编制的一体化信息解决方案，可协助企业科学确定造价，快速有效地开展招投标及造价管理（图 7.2）。

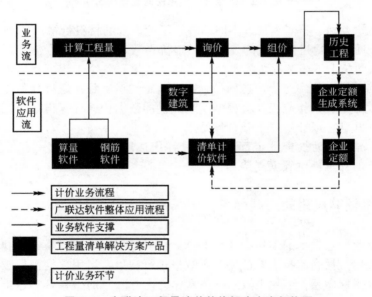

图 7.2 广联达工程量清单整体解决方案架构图

7.2.1 GBQ 4.0 工程量清单计价系统

广联达工程量清单计价软件 GBQ4.0（图 7.3）是在对《计价规范》及相关技术规定的深入分析、理解、研究的基础上，以建筑、装饰、安装、市政、园林绿化等专业工程量清单计价规范为依据，以方便工程造价工作人员的造价控制工作和提升建筑企业的运行效率为目的的一款全新的计价软件。它是面向未来建筑行业技术发展方向的新一代工程造价管理工具。

图 7.3　GBQ 4.0 工程量清单计价系统开始界面

组价是整个造价管理的核心，GBQ 4.0 系统在整个工程量清单整体解决方案中处于核心地位，它通过开放的数据接口、规范化的业务流程与其他系统结合成一体。

1．GBQ 4.0 的系统构架

GBQ 4.0 的系统构架，如图 7.4 所示。该框架是以《计价规范》为基础的。

1）报价管理

与各地区消耗量定额配套使用，投标时可针对业主提供的工程量清单项目进行工作内容对应消耗量定额的自由组合确定；随时查看每一清单项目的所有费用情况，并修改其计算方法。由于实现了工程量清单计价规则与地区预算定额的完美结合，使得业务流程更加清晰、明确、高效。

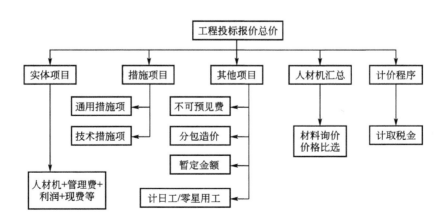

图 7.4　GBQ 4.0 的系统构架

2）预算处理功能（图 7.5 和图 7.6）

GBQ 4.0 系统的预算处理能力主要体现在以下几方面。

分部分项工程量清单综合单价分析表

工程名称：某小区门卫接待室工程　　　　第 1 页　共 4 页

序号	项目编码	工程项目名称	单位	数量	综合单价/元 人工费	材料费	机械使用费	管理费	利润
1	010101001001	平整场地	m²	51.03	4.62			0.35	0.23
	G1-283	平整场地	100m	1.2463	189.00			14.36	9.37
2	010101003001	挖沟槽土方	m³	16.88	20.24		0.05	1.54	1.01
	G1-140	人工挖沟槽　一、二类	100m	0.1688	2024.40		5.17	154.25	100.67
3	010101004002	挖基坑土方	m³	27.22	22.37		0.15	1.71	1.12
	G1-149	人工挖基坑　一、二类	100m	0.2722	2236.80		14.92	171.13	111.69
4	010103001001	回填方	m³	36.74	6.37		1.76	0.62	0.4
	G1-282	填土夯实	100m	0.3674	636.60		176.22	61.77	40.32
5	010103002001	余方弃置	m³	7.36		0.04	16.77	1.27	0.83

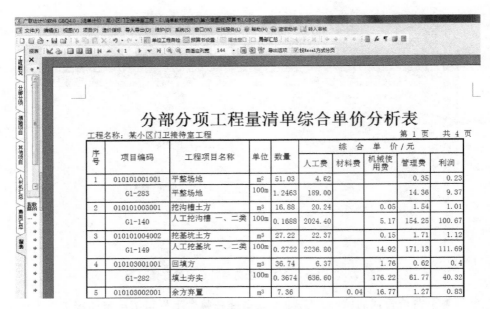

图 7.5　预算处理功能(1)

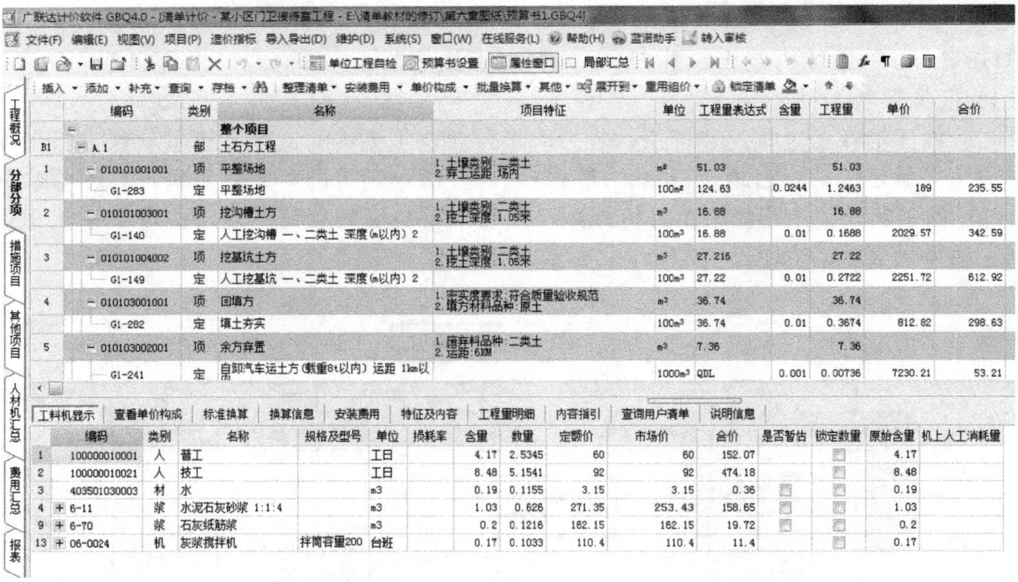

图 7.6　预算处理功能(2)

(1) 可修改清单项目的相应调价系数，提供多种调价方法，并保留原有预算定额的所有预算处理功能，提供不同方法和用途的预算定额换算功能。方便及时提供了多种处理功能对造价预算工作进行管理。能够清楚反映清单项目的详细成本、利润状况及工程造价。

(2) 利用 Internet 技术，将整个造价预算业务工作与网络有机联系起来，使用户对每一个材料都可进行网络询价、分析价格趋势、多供应商价格比选等方面的工作。

（3）利用 Delphi 编程技术，系统可以实时分析清单项目的人工、材料、机械用量，并形成报表。同时，软件可根据用户的实际需要，分析用户指定的某类材料，并可直接形成对应报表。

（4）利用数据管理这一机制，提供包括清单项、定额、材料、费用等数据资料的保存、修改、维护，将整个造价预算业务活动提升到更高层次，使用户可以不断积累数据资料形成企业的个别成本体系。

（5）内置清单计价和定额计价两种计价方式，适应在造价改革过渡时期的多种计价要求。

2. GBQ 4.0 系统的特点

1）有效管理清单组价工作

工程量清单是指业主提供工程量清单（包括清单项目和工程量），施工方根据清单项目内容进行综合单价组价报标的方法。清单项目本身是没有单价的，其单价的确定就是项目内容的确定过程，每个项目内容可以对应一条政府或企业定额。如何快速地确定项目工作内容的消耗量标准是每个造价人员首要解决的问题，GBQ 4.0 中工程量清单针对的工作内容与所选取的预算定额有关系，可以在每个工作内容可能涉及的预算定额中进行选择，也可以自行定义与工作内容相关的预算定额，如图 7.7 所示。

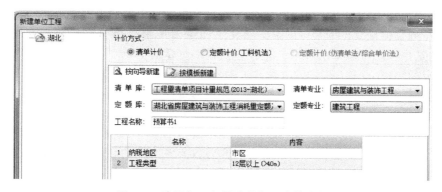

图 7.7　选取与工程量清单相适应的定额

2）充分发挥平台管理作用，积累企业历史资料

GBQ 4.0 系统是一套建筑企业综合造价管理系统，它从工程量清单的原始数据形成开始，实时处理造价数据的换算、调价、分部、费用取定、材料分析、报表输出等一系列工作。在这些工作当中，用户可能随时会定义属于临时性或单独性的数据资料，系统针对各个类型的数据都提供了修改、保存、维护的系统功能，使得用户的数据资料能够不断积累，有利于用户对各类数据的造价指标进行分析，如图 7.8 所示。

3）帮助造价工作者实现基本造价数

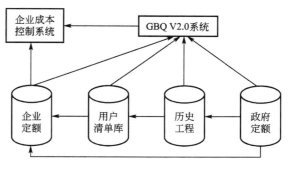

图 7.8　综合造价管理系统示意图

据的实时分析

　　GBQ 4.0 系统以其简便实用的特点，最大限度地满足了造价工作者的需求，利用先进的计算技术，使之能够实时分析已完工程项目中清单、定额等数据，进行如人材机分析、工料机反查定位、材料转换等处理工作，同时还可自定义多种分析汇总方式，并随时快捷地输出各类分析汇总的报表。

　　4）与工程量计算系统协作进行造价管理工作

　　工程量计算系统提供一个工程项目每个分部分项工程的工程量，此部分的数据与 GBQ 4.0 系统是密切关联的，通过数据的无缝连接，GBQ 4.0 系统可随意调用工程量数据，最大限度地提高了整个业务流程的工作效率与速度，为施工企业提供了快速报价的时间保证。

7.2.2　广联达企业定额生成系统

　　我国造价改革的目的是形成"企业自主报价、市场形成价格、政府宏观调控"的行业环境，其本质意义是通过实行工程量清单这种具有开放性和竞争性的市场经济报价基础形式，以及在招投标办法中推行合理低价中标的原则，促使市场竞争的各方不断加强对工程造价全过程的控制和管理，提升企业个体竞争力，从而不断带动和提升整个行业的竞争力。因此，体现社会平均水平的"政府定额"必将会逐步向体现个体竞争力水平的"企业定额"（企业的真实成本）过渡。企业定额在工程量清单报价体系中的作用将变得至关重要，因为它是企业综合水平的表现，是企业的核心竞争力。

　　"企业定额"（企业的真实成本）是通过对工程造价全过程管理中各种历史因素的不断循环积累、分析而形成的动态结果。所以，真正的工程造价全过程管理的意义在于不断循环，形成积累资料，并作用于下一个工程，从而提升面对每一个工程的竞争能力。

　　广联达公司推出的面向企业定额的 IT 应用解决方案，建立在网络化应用的基础上，功能结构平台化，并由多模块构成。它能够充分收集各方面的相关信息，把握造价全过程的各个关键环节，并且能不断利用"数据挖掘、分析技术"对历史数据和新的工程数据进行不断的分析和积累，从而形成一个"工程造价计算—分析—积累（整理）—形成指标—运用于新的造价工作中"不断循环积累的平台性企业定额应用解决方案。

　　图 7.9 所示为企业定额整体结构框图，表明了"广联达——企业定额应用解决方案"的运作流程，通过框图中各个程序模块之间的信息互传，让全过程造价中的建筑工程造价信息流转起来，从而形成有效的数据积累和再次应用。

　　"广联达——企业定额应用解决方案"的应用，需要结合企业自身的运作模式，系统可以根据不同企业各自的业务范围进行删减和修改，以保证匹配性和有效性。

7.2.3　广联达图形算量软件 GCL2013

　　在工程量清单计价模式下，计算工程量的工作比定额模式下对招投标双方的要求都更加迫切了。招标方必须自行或委托咨询部门在施工之前在有限的时间内把所有涉及的工程量全部准确无误地计算完毕。投标方更需要算量，目的之一是要审核招标方提供的工程量，以便研究报价策略和技巧；其二是由于企业要考虑施工方案、方法等，计算出的工程

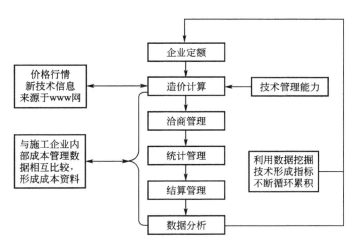

图 7.9　企业定额整体结构框图

量主要满足企业自身水平的组价量。关键一点是，投标时间非常紧张，在造价改革的新时期，行业及个体竞争的加剧要求更高的效率，工程量清单模式要求造价人员计算工程量快速、精确，结果易懂，修改灵活，以便有充裕的时间运用技巧组价、报价（表 7-1）。广联达推出的满足清单算量要求的工程量计算软件——GCL2013，适应了不同模式下的算量要求。用户只需按照图样提供的信息定义好各种构件的材质、尺寸等属性，同时定义好构件立面的楼层信息，然后将构件沿着定义好的轴线画入或布置到软件中相应的位置，最后在汇总过程中软件将会自动按照相应的规则进行扣减计算（图 7.10），并得到相应的报表。由于软件内置了清单工程量计算规则及当地定额计算规则，所以能够同时满足清单环境下招标人、投标人的不同需求。

表 7-1　不同计价模式下的量算要求

项目	定额计价模式	清单计价模式
量算角色	实体工程量由投标人按照施工图样自行计算，招标人不需要量算	首先由招标人完成工程量计算，并提供工程量清单。投标人要复核招标人提供的清单，编制方案量进行组价报价
关注重点要求	按照同样的计算规则进行计算，算量更多关注的是准确性和速度	招标人要对工程量清单的准确性负责，否则会出现索赔；投标人算量的重点要从单纯的计算转变到确定单价水平上，要对清单工程量认真复核，并能根据工程实际施工方案，快速计算出方案量，以此确定报价策略，形成自己的单价

招标方可以选套清单项，选配相应的工程项目名细特征，并直接打印工程量清单报表，帮助招标方形成招标文件中规范的工程量清单，也可参考套用相应定额，形成标底；投标方可通过画图在复核招标方提供的清单工程量的同时，根据招标方提供的工程量清单计算相应的施工方案工程量，并套取相应的定额子目，同时与家族组价类软件进行无缝连接，使用户更方便地根据市场情况和工程特点调整价格，采用相应的报价策略快速完成烦琐的组价过程。

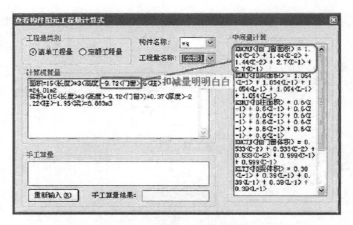

图 7.10　计算墙面抹灰时自动扣减门窗面积

7.2.4　广联达钢筋算量 GGJ2013

在一个工程的计价工作中，"量"的工作往往要占到整个计价工作的 80% 以上，而钢筋工程量的计算则是算"量"中最为枯燥烦琐的，需要大量地翻阅图样、查阅相关图集和规范、列式比较判断、计算统计工作。在工程量清单计价方式下，实行量价分离。工程造价的核心竞争从"量"转移到组价水平上，这对"量"的计算又提出了更快、更准等新的要求。否则，对消耗量的分析和对价所做的工作将达不到目标。GGJ2013 完美地解决了平法的自动快速钢筋计算（图 7.11）。

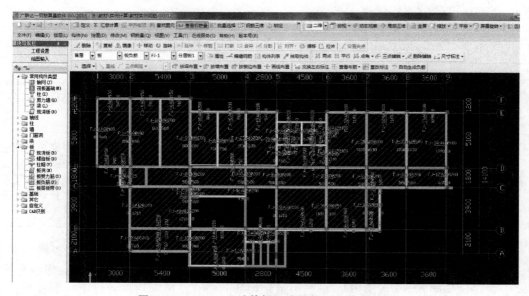

图 7.11　GGJ2013 计算框架梁钢筋工程量的界面

1. 钢筋号管理

每一个构件，一般都有十几种甚至几十种钢筋，每一根钢筋应用于不同的部位或起到不同的作用，GGJ2013对钢筋号采用全汉字显示，如"上通长筋""左支座筋"等，一目了然，便于各方交流和查看历史工程钢筋号的管理，如图7.12所示。

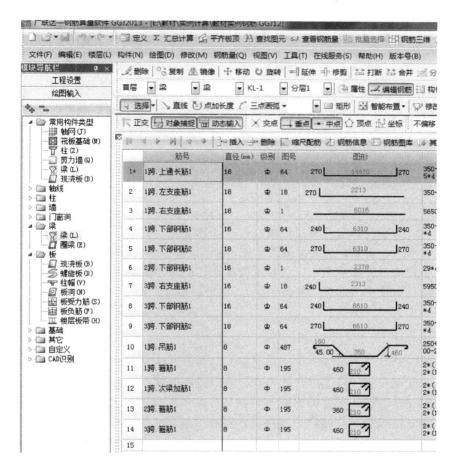

图7.12 用汉字"筋号"显示钢筋计算部位和名称

2. 钢筋长度计算公式易读，更易理解

用软件进行钢筋工程量的计算，"计算准确"是首要的要求，GGJ2013中每一根钢筋的每一个数据都按照该数据的计算来源进行清晰的显示和表达(图7.13)，如钢筋锚固按判断过程显示。可见，GGJ2013是真正"易看得懂"的钢筋计算工具，能使"计算准确"真正掌握在使用者手中。

3. 箍筋根数计算公式易读，更易理解

GGJ2013中可查看箍筋根数的详细计算过程，提高了校对的工作效率，便于各方之间校对数据和查看历史工程。

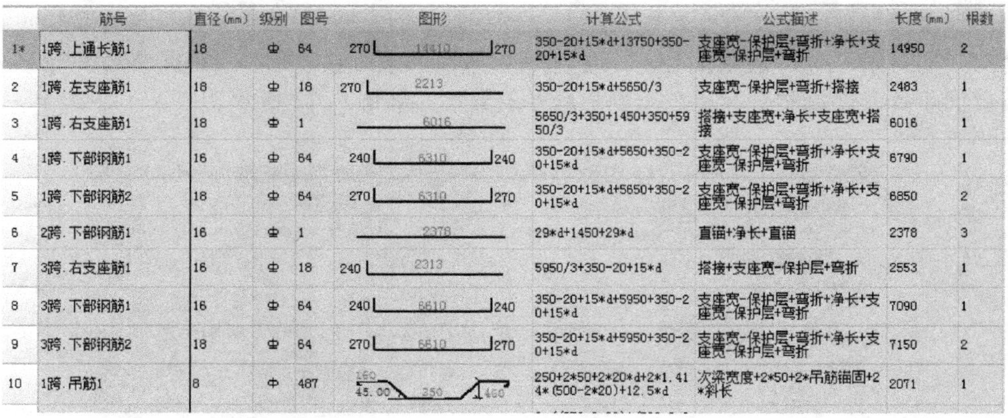

筋号	直径(mm)	级别	图号	图形	计算公式	公式描述	长度(mm)	根数
1* 1跨.上通长筋1	18	Φ	64	270⌐14910⌐270	350-20+15*d+13750+350-20+15*d	支座宽-保护层+弯折+净长+支座宽-保护层+弯折	14950	2
2 1跨.左支座筋1	18	Φ	18	270⌐2213	350-20+15*d+5650/3	支座宽-保护层+弯折+搭接	2483	1
3 1跨.右支座筋1	18	Φ	1	6016	5650/3+350+1450+350+5950/3	搭接+支座宽+净长+支座宽+搭接	6016	1
4 1跨.下部钢筋1	16	Φ	64	240⌐6310⌐240	350-20+15*d+5650+350-20+15*d	支座宽-保护层+弯折+净长+支座宽-保护层+弯折	6790	1
5 1跨.下部钢筋2	18	Φ	64	270⌐6310⌐270	350-20+15*d+5650+350-20+15*d	支座宽-保护层+弯折+净长+支座宽-保护层+弯折	6850	2
6 2跨.下部钢筋1	16	Φ	1	2378	29*d+1450+29*d	直锚+净长+直锚	2378	3
7 3跨.右支座筋1	16	Φ	18	240⌐2313	5950/3+350-20+15*d	搭接+支座宽-保护层+弯折	2553	1
8 3跨.下部钢筋1	16	Φ	64	240⌐6610⌐240	350-20+15*d+5950+350-20+15*d	支座宽-保护层+弯折+净长+支座宽-保护层+弯折	7090	2
9 3跨.下部钢筋2	18	Φ	64	270⌐6610⌐270	350-20+15*d+5950+350-20+15*d	支座宽-保护层+弯折+净长+支座宽-保护层+弯折	7150	2
10 1跨.吊筋1	8	Φ	487	160 45.00 250 450	250+2*50+2*20+2*1.414*(500-2*20)+12.5*d	次梁宽度+2*50+2*吊筋锚固+2*斜长	2071	1

图 7.13　用汉字描述计算公式

4. 剪力墙的建模处理

在工程中剪力墙的钢筋计算是最难的，在计算墙身钢筋时，既要考虑对门窗洞口的扣减，也要考虑暗柱、暗梁、连梁对墙身钢筋的影响。GGJ2013采用建模的方式，一次性地考虑了墙中各种构件的相互关系，自动适应暗柱的形状，自动考虑水平钢筋同暗柱、端柱之间的关系，自动按平法的规定处理连梁。这种建模处理使广大造价人员不再受剪力墙的钢筋计算的困扰。

5. 现浇板的建模处理

现浇板的建模处理，可以根据已经画好的梁或剪力墙快速地进行板的布置、确定钢筋的布置范围，并能对梁和墙进行自动扣减，确保钢筋根数的计算正确。现浇板钢筋计算有弧形、折形等各种形状，同时可能有各种洞口。此外，现浇板的钢筋布置常常相互交错，较为复杂。GGJ2013中采用建模处理技术，直接绘制现浇板的平面形状，并可实现自由控制钢筋计算长度，方便查看每一根钢筋的长度和根数，另外钢筋的显示方式与图样一致，直观方便。

6. 协同工作

一个工程的钢筋工程量计算常常需要多人进行合作，GGJ2013具有多人协同工作的机制，可将各人计算的部分进行合并处理，方便实用。

7. 报表完善

钢筋工程量的计算需要从各个角度对数据进行统计分析，如分楼层统计、按不同构件统计、按不同钢筋类型统计等，GGJ2013提供了丰富的内置报表，满足对钢筋数据统计的要求。同时，可定制特殊报表，其内置的外观设计器可设计各种美观的报表，如图7.14所示。

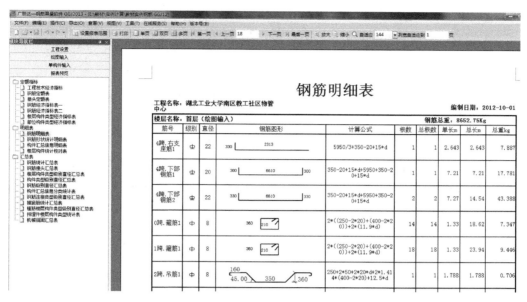

图 7.14　多样化的钢筋数据统计表

习　　题

思考题

（1）广联达工程量清单整体解决方案包括哪些内容？

（2）运用广联达钢筋抽样软件计算案例中某梁的钢筋工程量。

参 考 文 献

[1] 刘富勤，程瑶．建筑工程概预算 [M]．武汉：武汉理工大学出版社，2014.

[2] 刘富勤，陈德方．工程量清单的编制与投标报价 [M]．北京：北京大学出版社，2006.

[3] 龙敬庭．建筑工程概预算 [M]．武汉：武汉理工大学出版社，2008.

[4] 张建平．工程估价 [M]．北京：科学出版社，2006.

[5] 沈祥华．建筑工程概预算 [M]．4 版．武汉：武汉理工大学出版社，2009.

[6] 张毅．装饰装修工程概预算与工程量清单计价 [M]．哈尔滨：哈尔滨工业大学出版社，2010.

[7] 朱艳．建筑装饰工程概预算教程 [M]．北京：中国建材工业出版社，2004.

[8] 陈英．建筑工程概预算 [M]．武汉：武汉理工大学出版社，2005.

[9] 杨会云．建筑工程计量与计价 [M]．北京：科学出版社，2010.

[10] 袁建新．施工图预算与工程造价控制 [M]．北京：中国建筑工业出版社，2008.

[11] 吴贤国．建筑工程概预算 [M]．北京：中国建筑工业出版社，2007.

[12] 中华人民共和国国家标准．建设工程工程量清单计价规范（GB 50500—2013)[S]．北京：中国计划出版社，2013.

[13] 中华人民共和国国家标准．房屋建筑与装饰工程工程量计算规范（GB 50854—2013)[S]．北京：中国计划出版社，2013.

[14] 规范编制组．2013建设工程计价计量规范辅导 [M]．北京：中国计划出版社，2013.

[15] 造价站．2013湖北省房屋建筑与装饰工程消耗量定额及基价表 [S]．武汉：长江出版社，2013.

[16] 造价站．2013湖北省建设工程公共专业消耗量定额及基价表 [S]．武汉：长江出版社，2013.

[17] 造价站．湖北省建筑安装工程费用定额(2013版) [S]．武汉：长江出版社，2013.

[18] 全国造价工程师执业资格考试培训教材编审组．建设工程计价 [M]．北京：中国计划出版社，2013.